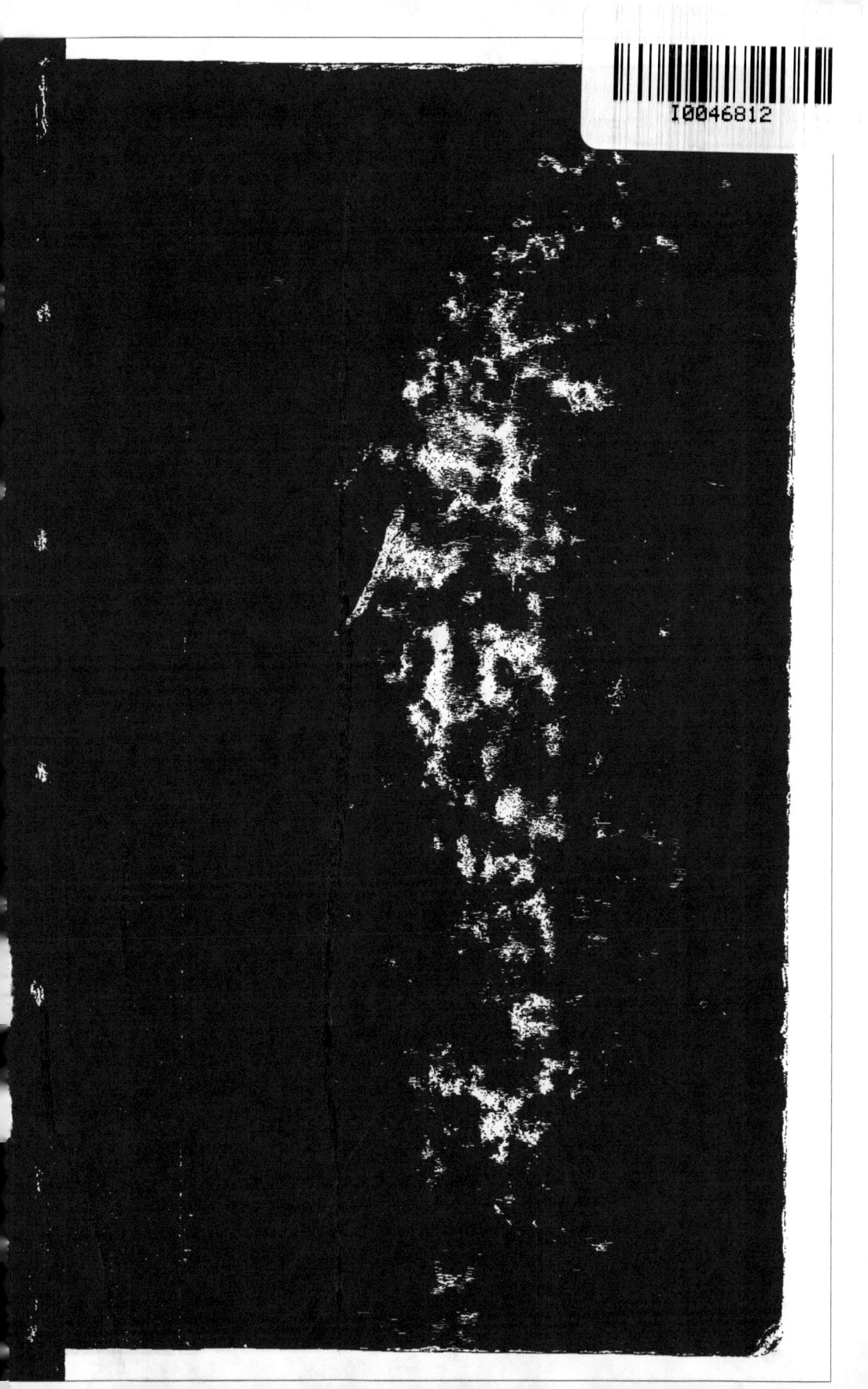

I0046812

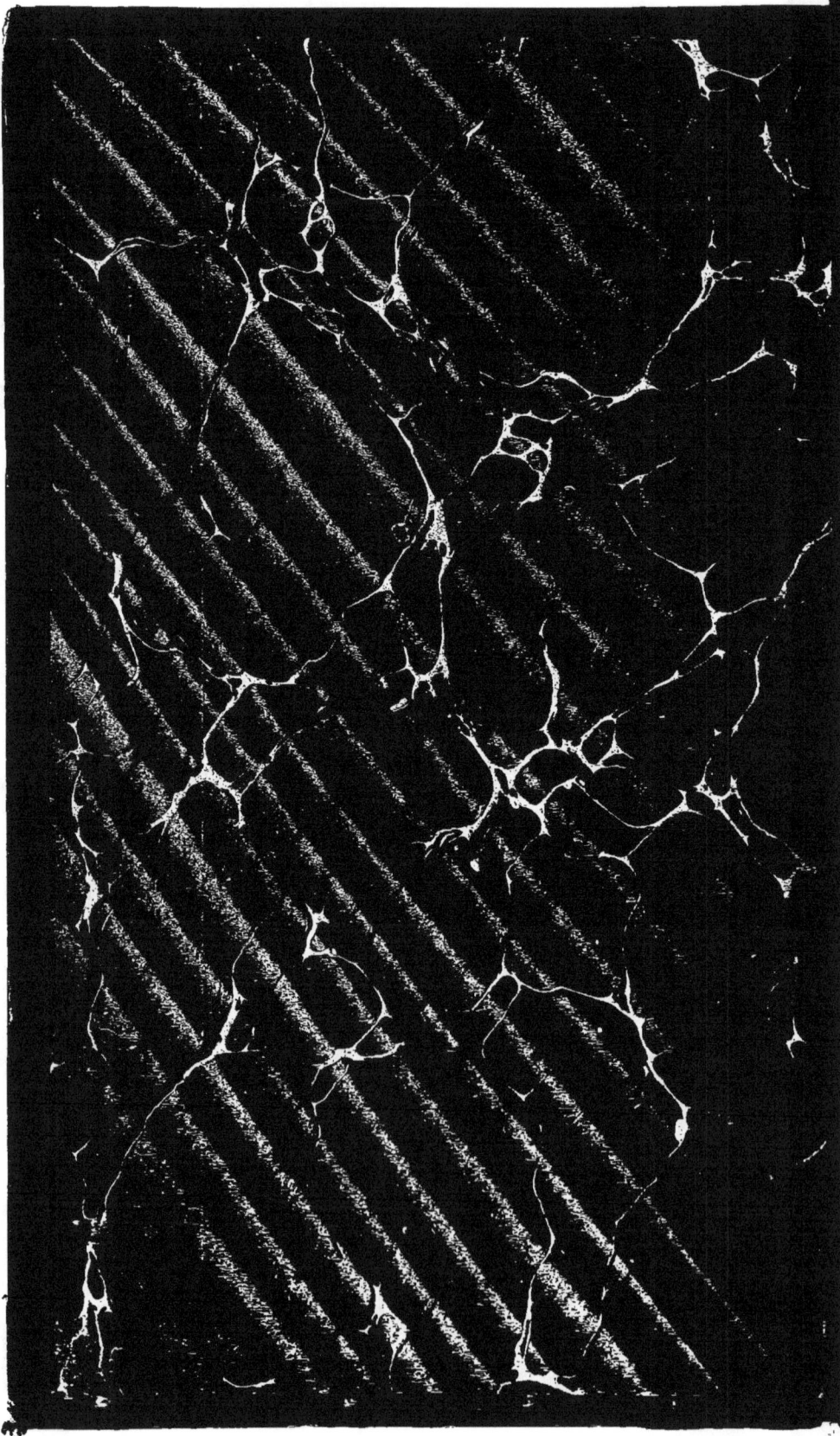

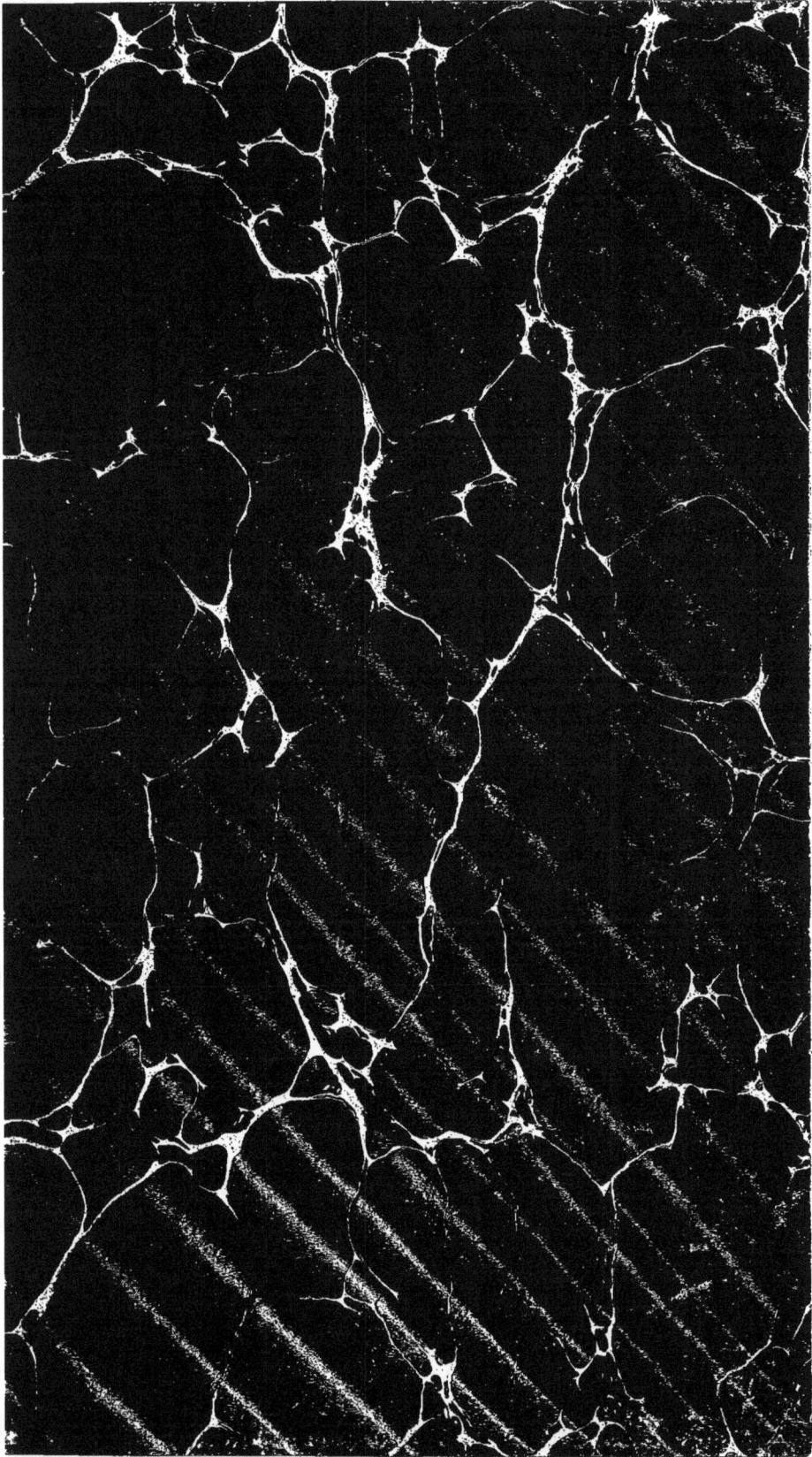

32110

TRAITÉ
D'ALGÈBRE

BIBLIOTHÈQUE IMPÉRIALE
IMPR.

OUVRAGES DU MÊME AUTEUR :

Traité d'Algèbre à l'usage des classes de mathématiques élémentaires. 4e édition, mise en harmonie avec les derniers programmes officiels, par J. Bertrand et H. Garcet. 1 volume in-8. Prix.   5 fr.

Traité d'Arithmétique; 3e édition contenant les matières exigées par les derniers programmes officiels. 1 volume in-8. Prix.   4 fr.

Imprimerie générale de Ch. Lahure, rue de Fleurus, 9, à Paris.

TRAITÉ
D'ALGÈBRE

PAR

JOSEPH BERTRAND

MEMBRE DE L'INSTITUT (ACADÉMIE DES SCIENCES)
PROFESSEUR A L'ÉCOLE POLYTECHNIQUE ET AU COLLÉGE DE FRANCE

DEUXIÈME PARTIE
à l'usage des classes de mathématiques spéciales

QUATRIÈME ÉDITION
MISE EN HARMONIE AVEC LES DERNIERS PROGRAMMES OFFICIELS
PAR JOSEPH BERTRAND
ET
PAR HENRI GARCET
Ancien élève de l'École normale
Professeur de mathématiques au lycée Napoléon

PARIS

LIBRAIRIE DE L. HACHETTE ET Cⁱᵉ
BOULEVARD SAINT-GERMAIN, N° 77

1866

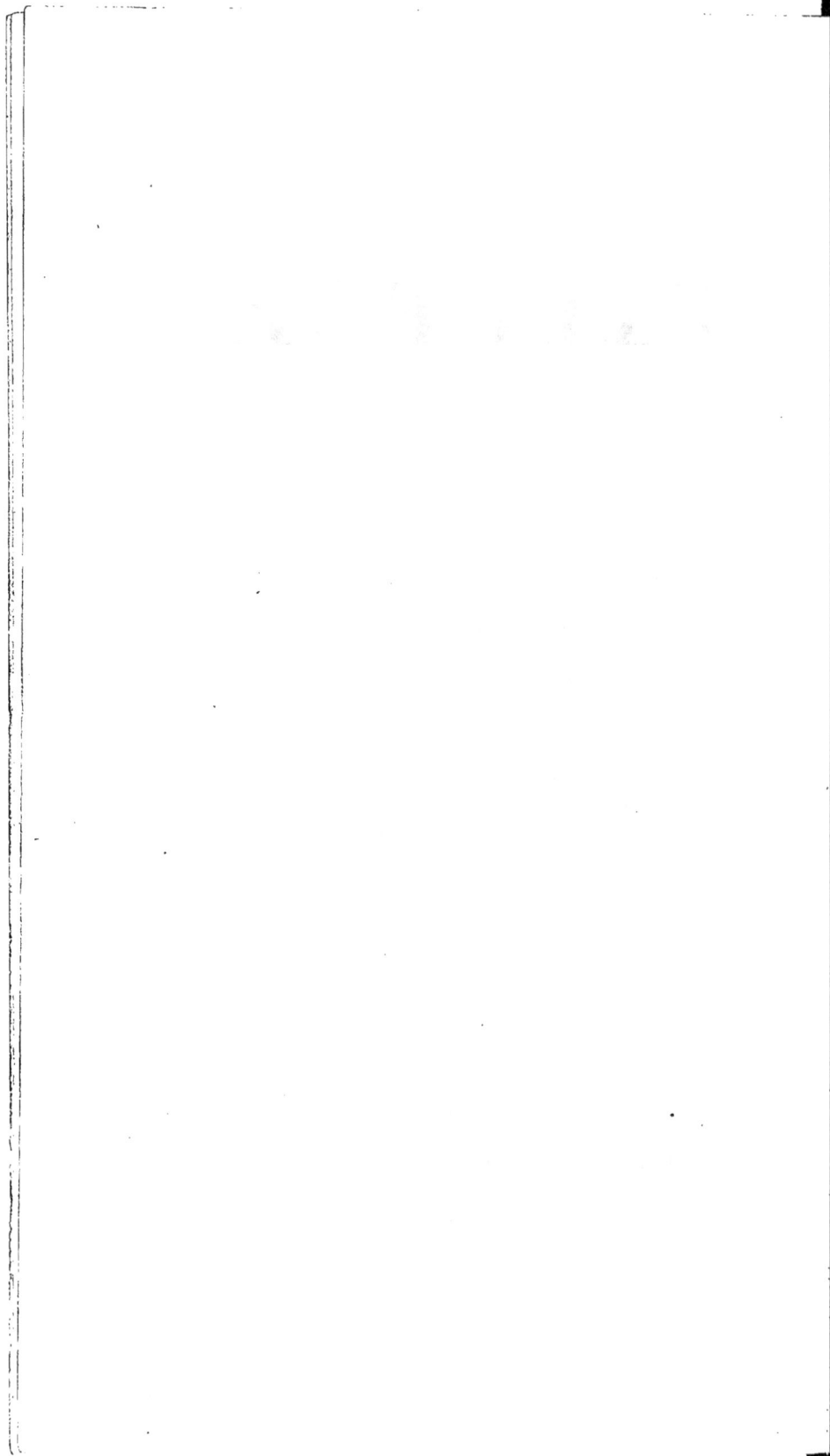

TRAITÉ
D'ALGÈBRE.

LIVRE PREMIER.
COMPLÉMENT DES ÉLÉMENTS D'ALGÈBRE.

1. Nous comprenons sous le titre de *Complément des éléments d'algèbre*, les notions sur les séries et leur convergence, le développement de la formule du binome et ses applications, la théorie algébrique des logarithmes et la résolution des équations exponentielles.

CHAPITRE PREMIER.
DES SÉRIES.

§ I. Notions préliminaires.

2. DÉFINITIONS. Une *série* est une suite illimitée de quantités qui se succèdent suivant une loi déterminée. Ces quantités sont les *termes* de la série.

Nous représenterons les termes d'une série par u_0, u_1, u_2..... u_n,..... On dit que u_n est le *terme général :* sa valeur dépend de

celle de n, et, en y donnant à n les valeurs successives 0, 1, 2,....,
on obtient les divers termes.

On désigne par S_n la somme algébrique des n premiers termes
de la série ; de sorte que l'on a :

$$S_n = u_0 + u_1 + u_2 + \ldots + u_{n-1}.$$

3. SÉRIES CONVERGENTES OU DIVERGENTES. On dit qu'une série
est *convergente*, lorsqu'il existe une limite finie dont la somme
S_n s'approche indéfiniment, à mesure que n croît indéfiniment.
La limite S, vers laquelle elle tend, se nomme la *somme* de la
série.

Si, au contraire, la somme S_n ne tend pas vers une limite fixe,
la série est dite *divergente*. Une série divergente ne représente
rien, et ne peut être d'aucun usage en analyse.

4. EXEMPLE. Une progression par quotient est une série convergente, lorsque sa raison est moindre que l'unité. On a vu
(I, **970**), en effet, qu'en supposant q moindre que 1, la somme

$$a + aq + aq^2 + aq^3 + \ldots + aq^n + \ldots$$

s'approche indéfiniment de la limite déterminée $\dfrac{a}{1-q}$.

Une progression géométrique indéfinie, dont la raison surpasse l'unité, est divergente. Car la somme de ses termes croît
indéfiniment avec leur nombre.

5. REMARQUE. *Pour qu'une série soit convergente, il faut qu'à
partir d'un terme suffisamment éloigné, les termes tendent vers zéro,
quand* n *augmente indéfiniment.* En effet, si une série est convergente et a pour limite S, on peut prendre n assez grand, pour
que les sommes S_n, S_{n+1}, S_{n+2} diffèrent de S aussi peu que l'on
voudra. Les différences $S_{n+1} - S_n$, $S_{n+2} - S_{n+1}$, sont alors aussi
petites qu'on le veut. Or $S_{n+1} - S_n = u_n$, $S_{n+2} - S_{n+1} = u_{n+1}$. Donc
les termes u_n, u_{n+1} tendent vers zéro.

Mais *cette condition nécessaire n'est pas suffisante.* Pour le prouver, nous allons faire voir que la série, dite *harmonique,*

$$[1] \qquad 1 + \frac{1}{2} + \frac{1}{3} + \frac{1}{4} + \ldots + \frac{1}{n} + \ldots,$$

dont les termes diminuent indéfiniment, est cependant divergente. Et, en effet, si l'on groupe les termes de la manière suivante :

$$1 + \frac{1}{2} + \left(\frac{1}{3} + \frac{1}{4}\right) + \left(\frac{1}{5} + \frac{1}{6} + \frac{1}{7} + \frac{1}{8}\right) + \dots.$$

$$+ \left(\frac{1}{n+1} + \frac{1}{n+2} + \frac{1}{n+3} + \dots + \frac{1}{2n}\right) + \dots,$$

on reconnaît que chaque partie, renfermée entre parenthèses,
est plus grande que $\frac{1}{2}$, car la dernière, par exemple, contient
n termes, tous supérieurs ou au moins égaux à $\frac{1}{2n}$. Or la série se
compose d'une infinité de groupes semblables ; il est donc évident que la somme peut dépasser toute limite assignée.

6. Caractère général des séries convergentes. Le caractère
d'une série convergente consiste dans la condition suivante.

*Pour qu'une série soit convergente, il faut et il suffit qu'on puisse
prendre dans la série un nombre* n *de termes assez grand à partir
du premier, pour que la somme des* p *suivants,*

[a] $u_n + u_{n+1} + u_{n+2} + \dots + u_{n+p-1},$

soit, quelque grand que soit p, *inférieure, en valeur absolue, à une
quantité donnée, si petite qu'elle soit, et tende vers zéro, quand* n
croît indéfiniment.

La condition est nécessaire : car, si la série est convergente,
on peut donner à n une valeur assez grande, pour que, quel que
soit p, les deux sommes S_n et S_{n+p} diffèrent de leur limite commune S aussi peu qu'on voudra (3) : leur différence, c'est-à-dire
la somme [a], est donc, pour cette valeur de n, inférieure, en
valeur absolue, à un nombre donné, si petit qu'il soit ; et elle
tend vers zéro, quand n croît indéfiniment.

La condition est suffisante : car, si elle est remplie, on peut
choisir pour n une valeur déterminée n' assez grande, pour que
la somme,

[b] $u_{n'} + u_{n'+1} + u_{n'+2} + \dots + u_{n'+p},$

soit, en valeur absolue, inférieure, quelque grand que soit p, à un nombre donné α, si petit qu'il soit ; par suite, pour cette valeur n', la somme [b] étant comprise entre $-\alpha$ et $+\alpha$, la somme $S_{n'+p}$ est comprise entre les deux nombres fixes $S_{n'} - \alpha$ et $S_{n'} + \alpha$. Et, cela ayant lieu pour toute valeur de p, il est évident que, *pour toute valeur de* n, *plus grande que* n', *la somme* S_n *sera comprise entre les mêmes limites, et ne pourra pas croître indéfiniment avec* n. D'ailleurs, si l'on donne à n' des valeurs de plus en plus grandes, la somme [b] tend vers zéro ; les deux nombres $S_{n'} - \alpha$, $S_{n'} + \alpha$ se rapprochent, par suite, indéfiniment l'un de l'autre ; la somme S_n a donc une limite finie et déterminée. La série est convergente.

7. REMARQUE. Il n'est pas toujours facile d'appliquer le caractère général qui précède, et de décider si une série est convergente ou divergente. Un des procédés les plus élémentaires consiste à comparer la série proposée à une autre série que l'on sait être convergente ou divergente ; cette comparaison conduit à quelques règles qui permettent de prononcer dans un grand nombre de cas. Nous nous occuperons d'abord des séries dont tous les termes sont positifs.

§ II. Des séries à termes positifs.

8. THÉORÈME I. *Une série, à termes positifs, est convergente, lorsque, à partir d'une certaine limite, le rapport d'un terme au précédent est constamment moindre qu'un nombre fixe plus petit que l'unité : il ne suffirait pas qu'il fût constamment moindre que l'unité.*

La série est divergente, lorsque, à partir d'une certaine limite, le rapport est plus grand que l'unité.

1° Considérons la série,

$$u_0 + u_1 + u_2 + \ldots + u_n + u_{n+1} + \ldots ;$$

et supposons qu'à partir du terme u_n, le rapport d'un terme au précédent soit constamment plus petit qu'un nombre fixe k inférieur à l'unité; nous aurons :

$$\frac{u_{n+1}}{u_n} < k, \quad \frac{u_{n+2}}{u_{n+1}} < k, \quad \frac{u_{n+3}}{u_{n+2}} < k, \ldots,$$

ou $\quad u_{n+1} < k u_n, \quad u_{n+2} < k u_{n+1}, \quad u_{n+3} < k u_{n+2}, \ldots$

On déduit évidemment de ces inégalités :

$$u_{n+1} < k u_n, \quad u_{n+2} < k^2 u_n, \quad u_{n+3} < k^3 u_n, \ldots;$$

en sorte que les termes de la série proposée, à partir de u_n, sont moindres que ceux de la progression géométrique décroissante,

$$u_n + k u_n + k^2 u_n + k^3 u_n + \ldots;$$

il est donc impossible que leur somme croisse sans limite. Lors donc qu'on prendra un nombre de termes de plus en plus grand dans la série proposée, la somme, qui va sans cesse en augmentant, puisque tous les termes sont positifs, ne pourra cependant pas surpasser tout nombre donné. Il est, dès lors, évident qu'elle a une limite, précisément égale au plus petit des nombres qu'elle ne peut surpasser.

2° Si, à partir d'une certaine limite, le rapport d'un terme au précédent est plus grand que l'unité, il est évident que les termes vont en croissant, et que, par suite, leur somme augmente sans limite. La série est donc divergente.

Remarque. La démonstration précédente serait en défaut, si l'on avait : $k = 1$. Dans ce cas, il y aurait doute; et la série pourrait être convergente ou divergente, comme on va le voir par des exemples.

9. Comment on applique ce théorème. Ordinairement le rapport d'un terme au précédent converge vers une limite l, quand n croît indéfiniment.

Si l est inférieur à l'unité, on peut choisir arbitrairement, entre l et 1, un nombre déterminé k. Puisque le rapport tend vers l, on peut prendre n assez grand, pour que ce rapport soit constamment inférieur à k, qui est plus petit que 1. *La série est donc convergente.*

Si l est plus grand que l'unité, on peut encore choisir arbitrairement, entre 1 et *l*, un nombre déterminé *k*; et le rapport, se rapprochant indéfiniment de *l*, finira par devenir constamment plus grand que *k*, qui est supérieur à l'unité. *La série est* donc *divergente.*

Si l = 1, *il y a doute;* et le théorème I est insuffisant, pour permettre de prononcer sur la convergence ou la divergence de la série. Cependant, *si le rapport* $\frac{u_{n+1}}{u_n}$ *finit par être toujours au-dessus de sa limite* 1, *la série est divergente;* car alors les termes finissent par aller toujours en croissant; et, comme ils sont tous positifs, leur somme peut devenir plus grande que toute quantité donnée.

10. LIMITE DE L'ERREUR COMMISE. La démonstration du théorème I fait connaître une limite de l'erreur que l'on commet, lorsque l'on s'arrête, dans la sommation d'une série convergente, à un terme d'un certain ordre. Supposons, en effet, qu'à partir du terme u_i, le rapport d'un terme au précédent soit constamment plus petit qu'un nombre *k* inférieur à l'unité; les termes u_{i+1}, u_{i+2}, u_{i+3},... seront (8) respectivement moindres que ku_i, $k^2 u_i$, $k^3 u_i$,...; et par suite, la somme des termes que l'on néglige, quand on s'arrête à u_{i-1}, sera moindre que $u_i + ku_i + k^2 u_i + k^3 u_i + \ldots$, ou que $\frac{u_i}{1-k}$. Ainsi, en désignant par ε l'erreur commise, on a :

$$\varepsilon < \frac{u_i}{1-k}.$$

11. EXEMPLES. 1° Soit la série :

$$[2] \quad 1 + \frac{1}{1} + \frac{1}{1.2} + \frac{1}{1.2.3} + \frac{1}{1.2.3.4} + \ldots + \frac{1}{1.2.3\ldots n} + \ldots$$

Le rapport du $(n+1)^{\text{me}}$ terme au précédent est $\frac{1}{n}$; sa limite est zéro, quand *n* croît indéfiniment. La série est donc convergente.

Si l'on s'arrête au terme $\frac{1}{1.2.3\ldots i}$, le rapport de l'un quelconque des termes qui le suivent au précédent est toujours infé-rieur à $\frac{1}{i+1}$; on peut donc prendre $k = \frac{1}{i+1}$; et l'on trouve, pour l'erreur commise :

$$\varepsilon < \frac{1}{1.2.3.\dots i}\left(1 + \frac{1}{i}\right).$$

2° Si l'on considère la série harmonique [1] (n° **5**), le rapport du n^{me} terme au précédent est $\frac{n-1}{n}$, ou $\left(1 - \frac{1}{n}\right)$. Il est toujours plus petit que 1; mais sa limite est 1, quand n croît indéfini-ment. Il y a doute; mais on a démontré (**5**), par un procédé particulier, que la série est divergente.

3° Soit encore la série :

$$[3] \qquad 1 + \frac{1}{2^2} + \frac{1}{3^2} + \frac{1}{4^2} + \dots + \frac{1}{n^2} + \dots ;$$

le rapport du n^{me} terme au précédent est $\frac{(n-1)^2}{n^2}$, ou $\left(1 - \frac{1}{n}\right)^2$: et sa limite est encore l'unité. Le théorème I ne nous apprend donc rien. Mais, que l'on groupe les termes de la manière sui-vante :

$$1 + \left(\frac{1}{2^2} + \frac{1}{3^2}\right) + \left(\frac{1}{4^2} + \frac{1}{5^2} + \frac{1}{6^2} + \frac{1}{7^2}\right)$$

$$+ \left(\frac{1}{8^2} + \frac{1}{9^2} + \dots + \frac{1}{15^2}\right) + \dots ,$$

c'est-à-dire, de telle sorte que chaque groupe commence par un terme dont le dénominateur est une puissance de 2; la valeur du premier groupe sera plus petite que 2 fois $\frac{1}{2^2}$ ou que $\frac{1}{2}$; celle du second sera moindre que 4 fois $\frac{1}{4^2}$, ou que $\frac{1}{4}$; celle du troi-sième sera inférieure à 8 fois $\frac{1}{8^2}$, ou à $\frac{1}{8}$; et ainsi de suite. La somme des termes de la série est donc moindre que celle des termes de la progression décroissante $1 + \frac{1}{2} + \frac{1}{4} + \frac{1}{8} + \ldots$ La série est donc convergente.

12. Cas où la série est ordonnée par rapport aux puissances d'une variable. Il arrive souvent qu'une série est ordonnée par rapport aux puissances entières et croissantes d'une variable x. Si le terme général u_n est égal à $A_n x^n$, le rapport $\frac{u_{n+1}}{u_n}$ sera égal à $\frac{A_{n+1}}{A_n} x$; et, si l'on désigne par l la limite vers laquelle tend le rapport des coefficients $\frac{A_{n+1}}{A_n}$, quand n croît indéfiniment, le rapport des deux termes aura lui-même pour limite lx. La série sera donc convergente, si l'on a (**9**) :

$$lx < 1, \quad \text{ou} \quad x < \frac{1}{l}.$$

Ainsi la série sera convergente, tant que x sera plus petit que $\frac{1}{l}$, et divergente, quand x sera $> \frac{1}{l}$. Il y aura doute, si l'on donne à x la valeur $\frac{1}{l}$.

Exemples. 1° La série

$$[4] \quad 1 + \frac{x}{1} + \frac{x^2}{1.2} + \frac{x^3}{1.2.3} + \ldots + \frac{x^n}{1.2.3 \ldots n} + \ldots$$

a pour coefficients les termes de la série [2]; le rapport des coefficients $\frac{A_{n+1}}{A_n}$ est donc égal à $\frac{1}{n}$, et sa limite $l = 0$. La série est donc convergente pour toute valeur de x inférieure à $\frac{1}{0}$, c'est-à-dire quel que soit x.

2° La série

$$[5] \quad \frac{x}{1} + \frac{x^2}{2} + \frac{x^3}{3} + \frac{x^4}{4} + \ldots + \frac{x^n}{n} + \ldots$$

a pour coefficients les termes de la série harmonique [1]; le rapport des coefficients est donc $\left(1 - \dfrac{1}{n}\right)$, et sa limite est 1. La série est donc convergente pour toute valeur de x plus petite que 1, et divergente pour toute valeur de x plus grande que 1. Il y aurait doute, pour $x = 1$: mais nous savons (5), qu'alors la série est divergente.

13. Théorème II. *Une série, à termes positifs, dont le terme général est* u_n, *est convergente, lorsque* $\sqrt[n]{u_n}$ *est, pour une certaine valeur de* n, *et pour toutes les valeurs plus grandes, plus petit qu'un nombre fixe* k, *inférieur à l'unité. Elle est divergente, lorsque* $\sqrt[n]{u_n}$ *est constamment plus grand que l'unité.*

1º Si, à partir d'une certaine valeur de n, on a constamment $\sqrt[n]{u_n} < k$, on en déduit les inégalités suivantes :

$$u_n < k^n, \quad u_{u+1} < k^{n+1}, \quad u_{n+2} < k^{n+2} \ldots ;$$

en sorte que les termes de la série proposée, à partir de u_n, sont moindres que ceux de la progression géométrique décroissante

$$k^n + k^{n+1} + k^{n+2} + {}^{n+3} + \ldots \ldots$$

On en conclut comme au nº 8, que la série est convergente.

2º Si, au contraire, à partir d'une certaine valeur de n, $\sqrt[n]{u_n}$ est constamment supérieur à l'unité, il en est de même de u_n ; par suite les termes vont en augmentant : et leur somme peut dépasser toute grandeur donnée.

Remarque. La démonstration est en défaut, si $k = 1$. Dans ce cas, il y a doute ; et l'on ne peut affirmer, en général, si la série est convergente ou divergente.

14. Comment on applique le théorème. On prouve d'ailleurs, comme au nº **9**, que si $\sqrt[n]{u_n}$ tend vers une limite l plus petite que 1, la série est convergente ; que si l est supérieur à l'unité, la série est divergente ; et qu'il y a incertitude dans le cas où $l = 1$. Cependant si $\sqrt[n]{u_n}$ finit par être constamment au-dessus de sa limite 1, la série est divergente.

15. Limite de l'erreur commise. Dans le cas où la série est convergente, la démonstration précédente fournit une limite de l'erreur ε que l'on commet, lorsqu'on s'arrête à un terme u_{i-1}. On a évidemment :

$$\varepsilon < \frac{k^i}{1-k},$$

k étant une limite supérieure de $\sqrt[n]{u_n}$.

16. REMARQUE. Les limites dont les deux théorèmes I et II font dépendre la convergence sont nécessairement égales entre elles.

Soit en effet la série

$$u_0 + u_1 + u_2 + \ldots + u_n + \ldots$$

et

$$\lim \frac{u_{n+1}}{u_n} = k,$$

$$\lim \sqrt[n]{u_n} = k',$$

dans la série

$$u_0 + u_1 x + u_2 x^2 \ldots + u_n x^n + \ldots,$$

le rapport d'un terme au précédent a pour limite k_n, et par conséquent elle est convergente ou divergente suivant que x est plus petit ou plus grand que $\frac{1}{k}$, mais la racine n^{me} de terme général $u_n x^n$ a pour limite $k'x$, et par conséquent en vertu du théorème II, elle est convergente ou divergente suivant que n est plus petit ou plus grand que $\frac{1}{k}$, les deux résultats ne peuvent s'accorder que si k est égal à k'.

17. THÉORÈME III. *Si les termes d'une série,*

$$u_0 + u_1 + u_2 + u_3 + \ldots + u_n + \ldots,$$

vont constamment en diminuant, à partir du premier, cette série sera convergente ou divergente, en même temps que la série,

$$u_0 + 2u_1 + 4u_3 + 8u_7 + 16u_{15} + \ldots$$

En effet, supposons d'abord la première série convergente. On a évidemment les relations :

$$u_0 = u_0,$$
$$2u_1 = 2u_1,$$
$$4u_3 < 2u_2 + 2u_3,$$
$$8u_7 < 2u_4 + 2u_5 + 2u_6 + 2u_7,$$
$$16u_{15} < 2u_8 + 2u_9 + 2u_{10} + \ldots + 2u_{15},$$
$$\ldots\ldots\ldots\ldots\ldots\ldots\ldots\ldots\ldots\ldots$$

Si l'on ajoute, membre à membre, ces inégalités, on a :

$$u_0 + 2u_1 + 4u_3 + 8u_7 + 16u_{15} + \ldots,$$
$$< u_0 + 2u_1 + 2u_2 + 2u_3 + 2u_4 + \ldots + 2u_{15} + \ldots ;$$

donc la somme d'un certain nombre de termes de la seconde série est plus petite que le double de la somme des termes de la première, terminés au terme de même indice. Or, celle-ci est convergente, par hypothèse ; donc la seconde l'est, à plus forte raison. Donc la convergence de la première entraîne celle de la seconde.

Supposons maintenant que la première série soit divergente. En groupant les termes d'une autre manière, on a évidemment :

$$u_0 = u_0,$$
$$2u_1 > u_1 + u_2,$$
$$4u_3 > u_3 + u_4 + u_5 + u_6,$$
$$8u_7 > u_7 + u_8 + u_9 + \ldots + u_{14},$$
$$\ldots\ldots\ldots\ldots\ldots\ldots\ldots\ldots\ldots\ldots$$

d'où, en ajoutant membre à membre,

$$u_0 + 2u_1 + 4u_3 + 8u_7 + \ldots.$$
$$> u_0 + u_1 + u_2 + u_3 + u_4 + u_5 + \ldots + u_{14} + \ldots.$$

Ainsi la somme d'un certain nombre de termes de la seconde série est plus grande que la somme des termes de la première, terminés au terme d'indice double. Or celle-ci croît indéfiniment, par hypothèse : donc la seconde est divergente. Ainsi la divergence de la première entraîne la divergence de la seconde.

C'est ce qu'il fallait démontrer.

18. APPLICATIONS. Prenons, pour la première série, la suivante :

$$[6] \qquad 1 + \frac{1}{2^\alpha} + \frac{1}{3^\alpha} + \frac{1}{4^\alpha} + \ldots + \frac{1}{n^\alpha} + \ldots;$$

la seconde sera :

$$1 + 2^{1-\alpha} + 4^{1-\alpha} + 8^{1-\alpha} + \ldots$$

Or cette dernière est une progression géométrique, dont la raison est $2^{1-\alpha}$. Donc elle est convergente, si α est plus grand que l'unité; elle est divergente, si α est égal ou inférieur à l'unité. Donc la première série est convergente, si $\alpha > 1$; et divergente, si $\alpha \leqq 1$.

Nous avons déjà obtenu ces résultats pour la série [1] où $\alpha = 1$, et pour la série [3] où $\alpha = 2$.

Prenons pour la première série, la suivante :

$$[7]\; 1 + \frac{1}{2(\log 2)^\alpha} + \frac{1}{3(\log 3)^\alpha} + \frac{1}{4(\log 4)^\alpha} + \ldots + \frac{1}{n(\log n)^\alpha} + \ldots$$

La seconde sera :

$$1 + \frac{1}{(\log 2)^\alpha} + \frac{1}{(\log 4)^\alpha} + \frac{1}{(\log 8)^\alpha} + \ldots + \frac{1}{(\log 2^n)^\alpha} + \ldots$$

ou, en remarquant que $(\log 2^n)^\alpha = n^\alpha (\log 2)^\alpha$,

$$1 + \frac{1}{(\log 2)^\alpha} \Big(1 + \frac{1}{2^\alpha} + \frac{1}{3^\alpha} + \ldots + \frac{1}{n^\alpha} + \ldots \Big).$$

Or la série, renfermée entre parenthèses, n'est autre que la série [6]. Donc elle est convergente, si α est plus grand que 1; et divergente, si α est égal ou inférieur à 1. Il en est donc de même de la série [7].

19. REMARQUE. Il n'est pas nécessaire, pour appliquer le théorème III, de commencer la seconde série par le premier terme de la première : car la convergence d'une série ne dépend que de ses termes éloignés. Ainsi, laissant de côté les i premiers termes, on considérera les deux séries :

$$u_i + u_{i+1} + u_{i+2} + u_{i+3} + \ldots,$$

$$u_i + 2u_{i+1} + 4u_{i+3} + 8u_{i+7} + \ldots;$$

elles seront convergentes et divergentes ensemble.

20. Théorème IV. *Une série, à termes positifs, est convergente, lorsque, à partir d'un certain terme, le rapport du logarithme de* $\dfrac{1}{u_n}$ *au logarithme de* n *est constamment plus grand qu'un nombre fixe* k, *supérieur à l'unité. Elle est divergente, si le rapport est constamment plus petit que l'unité.*

1° Si le rapport de $\log \dfrac{1}{u_n}$ à $\log n$ est constamment plus grand que k, il en résulte que l'on a :

$$\log \frac{1}{u_n} > k \log n, \quad \text{ou} \quad \log \frac{1}{u_n} > \log n^k;$$

et, par suite,

$$\frac{1}{u_n} > n^k, \quad \text{ou} \quad u_n > \frac{1}{n^k}.$$

Les termes de la série proposée sont donc, à partir de u_n, plus petits que les termes correspondants de la série

$$\frac{1}{n} + \frac{1}{(n+1)^k} + \frac{1}{(n+1)^k} + \ldots;$$

or cette dernière est convergente, puisque k est plus grand que 1 (**17**). Donc la série proposée est aussi convergente.

2° Si, au contraire, le rapport, à partir de u_n, est constamment inférieur à l'unité, on en conclut :

$$\log \frac{1}{u_n} < \log n, \quad \text{ou} \quad \frac{1}{u_n} < n, \quad \text{ou} \quad u_n > \frac{1}{n}.$$

Les termes de la série proposés sont donc, à partir de u_n, plus grands que ceux de la série

$$\frac{1}{n} + \frac{1}{n+1} + \frac{1}{n+2} + \ldots,$$

laquelle est divergente (5). La série proposée est donc divergente.

COMMENT ON APPLIQUE LE THÉORÈME. Si, comme cela arrive le plus ordinairement, le rapport de $\log \frac{1}{u_n}$ à $\log n$ converge vers une limite l, on prouvera, comme au n° **9**, que la série est convergente, quand l est supérieur à l'unité; qu'elle est divergente, quand l est inférieur à 1; et qu'il y a incertitude dans le cas où $l = 1$. Cependant, si le rapport finissait par être constamment inférieur à sa limite 1, la série serait divergente.

21. REMARQUES. Telles sont les règles les plus élémentaires, à l'aide desquelles on se prononce sur la convergence des séries à termes positifs. Il en existe d'autres, que nous n'avons pas à exposer ici. Nous ferons, toutefois, les deux remarques suivantes, qui trouvent fréquemment leur application.

1° *Si une série, dont tous les termes sont positifs, est convergente, elle le sera encore, quand on multipliera tous ses termes par un même nombre quelconque, ou même par des nombres différents, pourvu qu'ils soient finis.*

En effet, si l'on peut prendre n assez grand, pour que la somme

$$u_n + u_{n+1} + u_{n+2} + \ldots + u_{n+p-1},$$

soit, quelque soit p, aussi petite qu'on le veut, et tende vers zéro, quand n augmente indéfiniment (6), il en sera de même de la somme

$$A_n u_n + A_{n+1} u_{n+1} + A_{n+2} u_{n+2} + \ldots + A_{n+p-1} u_{n+p-1},$$

puisqu'elle est inférieure à la somme

$$A(u_n + u_{n+1} + u_{n+2} + \ldots + u_{n+p-1}),$$

dans laquelle A est le plus grand des coefficients introduits.

2° *Si l'on a une série convergente,*

$$u_0 + u_1 + u_2 + u_3 + \ldots + u_n + \ldots,$$

et qu'une autre série,

$$v_0 + v_1 + v_2 + v_3 + \ldots + v_n + \ldots,$$

soit telle, qu'à partir du terme d'un certain rang i, *on ait constamment :*

$$\frac{v_{n+1}}{v_n} < \frac{u_{n+1}}{u_n},$$

cette seconde série est aussi convergente. Car, si l'on multiplie la première par $\dfrac{v_i}{u_i}$, nombre fini, on obtient une nouvelle série qui, d'après la première remarque, est encore convergente. Or, à partir du terme v_i, les termes de cette nouvelle série,

$$v_i + v_i \frac{u_{i+1}}{u_i} + v_i \frac{u_{i+2}}{u_i} + \ldots,$$

sont plus grands que les termes correspondants de la seconde,

$$v_i + v_{i+1} + v_{i+2} + \ldots.$$

Donc cette dernière est, à plus forte raison, convergente.

§ III. Des séries dont tous les termes ne sont pas positifs.

22. THÉORÈME I. *Lorsqu'une série n'a pas tous ses termes de même signe, elle est convergente, si elle reste convergente, quand on donne le même signe (+ par exemple) à tous ses termes.*

En effet, puisque la série, à termes positifs, est convergente, on peut prendre pour n une valeur i assez grande, pour qu'à partir du terme u_i, la somme des p suivants soit aussi petite que l'on voudra, et tende vers zéro, à mesure que i croît [6]. Il en sera donc de même, à plus forte raison, de la somme algébrique des p termes correspondants de la série proposée, puisque, dans la première tous les termes s'ajoutent, et que, dans la seconde, les uns s'ajoutent, et les autres se retranchent. Donc la série proposée [6] est convergente.

On pourra donc appliquer à ces nouvelles séries les règles de convergence données pour celles dont tous les termes sont positifs, et déterminer de même une limite de l'erreur que l'on commet en s'arrêtant à un terme de rang quelconque. Mais il peut arriver qu'une série, dont les termes ne sont pas tous positifs, soit convergente ; et qu'elle devienne divergente, quand on donne le même signe à tous ses termes. Il est donc utile de donner des règles spécialement applicables à ce cas : nous ne donnerons que la suivante.

23. Théorème II. *Si dans une série, les termes sont alternativement positifs et négatifs, et qu'ils décroissent indéfiniment, la série est convergente.*

Soit, en effet, la série :

$$u_0 - u_1 + u_2 - u_3 + u_4 - \ldots + u_n - u_{n+1} + u_{n+2} - \ldots,$$

dans laquelle les termes $u_0, u_1, u_2, \ldots$ vont toujours en diminuant, de telle sorte que chacun soit plus petit que le précédent, et que u_n puisse devenir aussi petit qu'on le voudra, si n est suffisamment grand.

Nommons $S_0, S_1, S_2, \ldots S_n, \ldots$ les diverses sommes qu'on obtient, en arrêtant la série successivement, au terme u_0, au terme u_1, au terme $u_2, \ldots$ au terme u_n. Représentons ces sommes

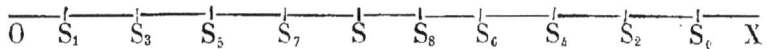

La première, S_0, sera représentée par OS_0. La seconde, S_1, étant égale a $u_0 - u_1$, est plus petite que S_0 ; représentons-la par la longueur OS_1. La troisième, S_2, étant égale à $S_1 + u_2$, est plus grande que S_1 ; mais elle est plus petite que S_0 ; car, pour la former, à S_0 on a ajouté $- u_1 + u_2$, quantité négative : elle sera donc représentée par OS_2. La quatrième, S_3, étant égale à $S_2 - u_3$, est plus petite que S_2 ; mais elle est plus grande que S_1 ; car, pour la former, à S_1 on a ajouté $u_2 - u_3$, quantité positive : nous la représentons par OS_3. Et ainsi de suite. D'après cela, les sommes $S_1, S_3, S_5, \ldots$ forment une série croissante, et les sommes, $S_0, S_2, S_4, \ldots$ forment une série décroissante. D'ailleurs les termes de la première série n'augmentent pas indéfiniment, car ils sont tous plus petits que les divers termes de la seconde; cela résulte de la loi même de leur formation. Dès lors, il est évident que ces termes ont une limite, qui est précisément le plus petit des nombres qu'ils ne peuvent pas dépasser. De même, les termes de la série décroissante, S_0, S_2, S_4,. ... ont une limite; car ils sont plus grands que chacun des termes de la série croissante; et cette limite est le plus grand des nombres auxquels ils restent constamment supérieurs. Enfin, ces deux limites sont les mêmes; car on a : $S_{2n} - S_{2n-1} = u_{2n}$; et, par conséquent, la différence entre deux termes correspondants des deux séries à indices pairs et impairs, peut devenir aussi petite que l'on voudra. Il y a donc, sur la droite OX, entre les extrémités des longueurs qui représentent S_{2n-1} et S_{2n}, une distance qui diminue indéfiniment, quand n augmente indéfiniment; de sorte que ces extrémités se rapprochent indéfiniment d'un point S, qui est leur limite commune. La longueur OS représente la *somme* de la série.

24. LIMITE DE L'ERREUR COMMISE. *L'erreur que l'on commet, lorsque l'on s'arrête à un terme* u_{i-1}, *est moindre que le terme suivant et de même signe que lui.* En effet, la somme S de la série est évidemment comprise entre S_{i-1} et S_i. Donc l'erreur commise, en prenant S_i pour valeur approchée de S, est moindre que la différence entre S_i et S_{i-1}, laquelle est $\pm u_i$. Les valeurs approchées, que l'on obtient en considérant un nombre de termes de plus en plus grand, sont donc alternativement trop grandes et trop petites : mais l'erreur est, en valeur absolue, moindre que le premier des termes que l'on néglige.

25. EXEMPLE. Soit la série :

$$[8] \quad x - \frac{x^2}{2} + \frac{x^3}{3} - \frac{x^4}{4} + \frac{x^5}{5} - \dots - \frac{x^{2n}}{2n} + \frac{x^{2n+1}}{2n+1} - \dots$$

Le rapport d'un terme au précédent est, en valeur absolue, $\frac{n}{n+1}x$; et sa limite est x. Donc la série sera convergente (**9** et **22**), si la valeur absolue de x est inférieure à l'unité. Elle sera divergente, si x est plus grand que 1. On verra plus tard, d'ailleurs, que, dans ce cas, les termes ne diminuent pas indéfiniment. Si $x=1$, la série est convergente (**22**) ; car elle devient :

$$1-\frac{1}{2}+\frac{1}{3}-\frac{1}{4}+\frac{1}{5}-\ldots,$$

et ses termes, alternativement positifs et négatifs, décroissent indéfiniment. Si, au contraire, on fait $x=-1$, on retrouve la série harmonique, qui est divergente.

Enfin, lorsque la série est convergente, l'erreur ε commise, en s'arrêtant au terme $\dfrac{x^{n-1}}{n-1}$, est moindre, en valeur absolue, que $\dfrac{x^n}{n}$, et de même signe que ce terme.

26. REMARQUE. Quand une série, dont tous les termes ne sont pas positifs, est convergente, indépendamment des signes de ses termes, on peut la considérer comme la différence des deux séries convergentes, dont l'une serait formée par les termes positifs, et l'autre par les termes négatifs. En effet, désignons par S_n la somme des n premiers termes de la série, et par $S'_{n'}$ et $S''_{n''}$ les sommes des termes positifs et des termes négatifs compris dans ces n termes; on a évidemment :

$$S_n = S'_{n'} - S''_{n''}.$$

Or, à mesure que n augmente, en même temps que n' et n'', ces trois sommes, qui sont convergentes, tendent simultanément vers leurs limites S. S', S''.

Mais il faut se bien garder d'étendre cette remarque aux séries qui deviendraient divergentes, si tous leurs termes devenaient positifs. On serait ainsi conduit à des erreurs graves. En voici un exemple remarquable.

La série harmonique [1] est divergente. Mais la série

$$[9] \quad 1-\frac{1}{2}+\frac{1}{3}-\frac{1}{4}+\frac{1}{5}-\frac{1}{6}+\ldots+\frac{1}{2n-1}-\frac{1}{2n}+\ldots,$$

composée des mêmes termes, pris alternativement avec le signe $+$ et avec le signe $-$, est convergente (**22**), puisque les termes vont en diminuant indéfiniment. Nous verrons plus tard, qu'elle a pour somme le logarithme népérien de 2.

Or, si, en changeant l'ordre des termes on écrit :

$$[10] \quad 1+\frac{1}{3}-\frac{1}{2}+\frac{1}{5}+\frac{1}{7}-\frac{1}{4}+\frac{1}{9}+\frac{1}{11}-\frac{1}{6}+\frac{1}{13}+\frac{1}{15}-\frac{1}{8}+\ldots\ldots,$$

il semble qu'on écrive la même chose, car les deux séries [9] et [10] ont les mêmes termes positifs, 1, $\frac{1}{3}$, $\frac{1}{5}$, $\frac{1}{7}$,......, et les mêmes termes négatifs $\frac{1}{2}$, $\frac{1}{4}$, $\frac{1}{6}$, $\frac{1}{8}$.... Cependant leurs sommes sont différentes. En effet, si l'on groupe les termes de la série [9] quatre par quatre, le n^{me} groupe sera

$$[\alpha] \qquad \frac{1}{4n-3}-\frac{1}{4n-2}+\frac{1}{4n-1}-\frac{1}{4n};$$

et l'on obtiendra la somme s de la série, en faisant la somme des valeurs que prend ce groupe, quand on y donne à n toutes les valeurs entières possibles. De même, si l'on groupe trois par trois les termes de la série [10], le n^{me} groupe sera :

$$[\beta] \qquad \frac{1}{4n-3}+\frac{1}{4n-1}-\frac{1}{2n};$$

et l'on obtiendra la somme s' de la série, en faisant la somme des valeurs que prend ce groupe, quand on y donne à n toutes les valeurs entières possibles. Or l'excès du groupe [β] sur le groupe [α] est évidemment

$$\frac{1}{4n-2}-\frac{1}{2n}+\frac{1}{4n}, \quad \text{ou} \quad \frac{1}{4n-2}-\frac{1}{4n},$$

ou enfin [γ] $\qquad \dfrac{1}{2}\left(\dfrac{1}{2n-1}-\dfrac{1}{2n}\right).$

On a donc identiquement, quel que soit n :

$$\left(\frac{1}{4n-3}+\frac{1}{4n-1}-\frac{1}{2n}\right)$$
$$=\left(\frac{1}{4n-3}-\frac{1}{4n-2}+\frac{1}{4n-1}-\frac{1}{4n}\right)+\frac{1}{2}\left(\frac{1}{2n-1}-\frac{1}{2n}\right).$$

Si donc on donne successivement à n, dans cette identité, les valeurs 1, 2, 3, ... n, et qu'on ajoute les résultats membre à membre, on aura, quelque grand que soit n :

$$\Sigma\left(\frac{1}{4n-3}+\frac{1}{4n-1}-\frac{1}{2n}\right)$$

$$=\Sigma\left(\frac{1}{4n-3}-\frac{1}{4n-2}+\frac{1}{4n-1}-\frac{1}{4n}\right)+\frac{1}{2}\Sigma\left(\frac{1}{2n-1}-\frac{1}{2n}\right).$$

Si l'on suppose enfin que n croisse indéfiniment, la première somme a pour limite s', et la seconde s. Quant à la dernière, elle a aussi s pour limite, puisque $\left(\frac{1}{2n-1}-\frac{1}{2n}\right)$ est le n^{me} groupe de la série [9], quand on y prend les termes deux.

Donc :
$$s'=s+\frac{1}{2}s,$$

d'où :
$$s'=\frac{3}{2}s.$$

Ainsi la somme de la série [10] est les $\frac{3}{2}$ de la somme de la série [9]. Il n'est donc pas permis de changer l'ordre des termes d'une série, lorsqu'elle n'est pas convergente indépendamment des signes de ses termes.

On comprend, en effet, que, dans le cas de la série [9], la somme de ses termes positifs est infinie, ainsi que la somme de ses termes négatifs; de sorte que la somme de la série est la différence de deux infinis, quantité tout à fait indéterminée, dont la vraie valeur doit dépendre de la loi suivant laquelle on s'avance simultanément dans les deux séries.

§ IV. Étude d'une série remarquable.

27. DÉFINITIONS DE e. Parmi les séries, dont on fait usage en analyse, une des plus remarquables est la série

$$[2] \quad 1+\frac{1}{1}+\frac{1}{1.2}+\frac{1}{1.2.3}+\frac{1}{1.2.3.4}+\ldots+\frac{1}{1.2.3\ldots n}+\ldots$$

Nous avons vu [11], que cette série est convergente, et que, si l'on s'arrête, dans la sommation des termes, au terme $\dfrac{1}{1.2.3.....i}$,

l'erreur commise est moindre que $\dfrac{1}{i}\cdot\dfrac{1}{1.2.3....i}$. On représente

par e la somme de la série.

La somme e est comprise entre 2 et 3. En effet, elle est plus grande que 2 ; et, pour prouver qu'elle est inférieure à 3, il suffit de montrer que l'on a :

$$\frac{1}{1.2}+\frac{1}{1.2.3}+\frac{1}{1.2.3.4}+\cdots+\frac{1}{1.2.3....n}+\cdots<1;$$

inégalité évidente, si l'on remarque que les termes du premier membre sont inférieurs aux termes de même rang de la progression décroissante,

$$\frac{1}{2}+\frac{1}{2^2}+\frac{1}{2^3}+\cdots+\frac{1}{2^n}+\cdots,$$

dont la somme est $\dfrac{\frac{1}{2}}{1-\frac{1}{2}}$, ou 1.

28. La série est incommensurable. En effet, supposons, s'il est possible, que l'on ait :

$$\frac{p}{q}=1+\frac{1}{1}+\frac{1}{1.2}+\frac{1}{1.2.3}+\cdots$$

$$+\frac{1}{1.2.3...q}+\frac{1}{1.2.3...q\,(q+1)}+\cdots,$$

p et q étant entiers. Si l'on multiplie les deux membres par le produit $1.2.3...q$, le premier membre et les $(q+1)$ premiers termes du second deviennent des nombres entiers : et si l'on désigne par N la somme de ces derniers, il vient :

$$1.2.3...(q-1)p$$

$$=N+\frac{1}{q+1}+\frac{1}{(q+1)(q+2)}+\frac{1}{(q+1)(q+2)(q+3)}+\cdots$$

D'ailleurs la somme des termes qui suivent N est moindre que la somme des termes de la progression décroissante,

$$\frac{1}{q+1} + \frac{1}{(q+1)^2} + \frac{1}{(q+1)^3} + \ldots,$$

c'est-à-dire, moindre que $\frac{1}{q}$; elle est donc une fraction prop ment dite. Un nombre entier serait donc égal à un nombre entier augmenté d'une fraction; ce qui est absurde. Donc la série e ne peut être égale à une fraction $\frac{p}{q}$; elle est incommensurable.

29. CALCUL DE e AVEC 20 DÉCIMALES. Le calcul de la valeur numérique de e en fraction décimale ne peut se faire qu'avec une certaine approximation (**23**). On commet une première erreur en s'arrêtant, dans la sommation de la série, à un terme d'un certain ordre, et en négligeant tous ceux qui le suivent. On en commet une seconde, en réduisant en fractions décimales les termes que l'on conserve : car aucun d'eux, à l'exception des trois premiers, ne se convertit exactement. Or, on calcule que l'on a :

$$\frac{1}{1.2.3....20} < \frac{412}{10^{21}}, \qquad \frac{1}{1.2.3....21} < \frac{20}{10^{21}};$$

donc la première erreur, commise en s'arrêtant au 22me terme, est (**27**) moindre que $\frac{1}{21}$ de $\frac{20}{10^{21}}$, ou que $\frac{1}{10^{21}}$. Si l'on calcule chacun des 19 termes qui suivent les trois premiers, avec 22 chiffres décimaux, la seconde erreur sera inférieure à 19 unités du 22me ordre décimal, et par suite à $\frac{2}{10^{21}}$. L'erreur totale sera donc moindre que $\frac{3}{10^{21}}$, et, à plus forte raison, qu'une unité du 20me ordre décimal. Voici les valeurs de ces 22 termes avec 22 chiffres décimaux.

2,

0,5

0,16666 66666 66666 66666 66

0,04166 66666 66666 66666 66

0,00833 33333 33333 33333 33

0,00138 88888 88888 88888 88

0,00019 84126 98412 69841 26

0,00002 48015 87301 58730 15

0,00000 27557 31922 39858 90

0,00000 02755 73192 23985 89

0,00000 00250 52108 38544 17

0,00000 00020 87675 69878 68

0,00000 00001 60590 43836 82

0,00000 00000 11470 74559 77

0,00000 00000 00764 71637 31

0,00000 00000 00047 79477 33

0,00000 00000 00002 81145 72

0,00000 00000 00000 15619 20

0,00000 00000 00000 00822 06

0,00000 00000 00000 00041 10

0,00000 00000 00000 00001 95

_____

2,71828 18284 59045 23535 84

Ainsi $\quad e = 2{,}71828\ 18284\ 59045\ 23536\ldots$

RÉSUMÉ.

1. Ce que comprend le complément des éléments d'Algèbre. — **2.** Ce qu'on appelle série : terme général d'une série. — **3.** Ce qu'on nomme série convergente ou divergente : somme d'une série convergente. — **4.** Une progression par quotient est convergente, quand la raison est plus petite que l'unité, divergente dans le cas contraire. — **5.** Pour qu'une série soit convergente, il faut que ses termes décroissent indéfiniment ; mais la condition n'est pas suffisante. — **6.** Caractère général des séries convergentes. — **7.** Procédé ordinaire pour décider si une série est convergente. — **8.** Une série, à termes positifs, est convergente, lorsque le rapport d'un terme au précédent est, à partir d'une certaine limite, moindre qu'un nombre fixe plus petit que 1. — **9.** Comment on applique le théorème, quand le rapport a une limite.—

10. Limite de l'erreur commise, quand on s'arrête à un certain terme. — **11.** Applications. — **12.** Cas où la série est ordonnée suivant les puissances d'une variable. — **13.** Une série, à termes positifs, est convergente, lorsque $\sqrt[n]{u_n}$ est, à partir d'une certaine limite, plus petit qu'un nombre fixe inférieur à 1. — **14.** Comment on applique le théorème. — **15.** Limite de l'erreur commise. — **16.** Si les termes d'une série $u_0 + u_1 + u_2 + \dots$ vont constamment en diminuant, cette série est convergente ou divergente, en même temps que la série $u_0 + 2u_1 + 4u_2 + 8u_7 + \dots$ — **17.** Applications. — **18.** Remarque. — **19.** Une série est convergente, lorsqu'à partir d'un certain terme, le rapport de $\log \dfrac{1}{u_n}$ à $\log n$ est constamment supérieur à un nombre fixe plus grand que 1. — **20.** Comment on applique le théorème. — **21.** Remarques. — **22.** Lorsqu'une série n'a pas tous ses termes positifs, elle est convergente, si elle reste convergente, quand on donne le même signe à tous ses termes. — **23.** Une série, dont les termes sont alternativement positifs et négatifs, est convergente, quand les termes décroissent indéfiniment. — **24.** Limite de l'erreur commise. — **25.** Application. — **26.** On ne peut pas toujours considérer une série comme la différence entre la somme de ses termes positifs et celle de ses termes négatifs. Exemple remarquable. — **27.** Définition de la série e. — **28.** e est incommensurable. — **29.** Calcul de e avec 20 décimales.

EXERCICES.

I. Prouver que la série

$$1 + \frac{1}{1} + \frac{1}{1.2} + \frac{1}{1.2.3} + \dots + \frac{1}{1.2.3\dots n} + \dots$$

est convergente, en appliquant le théorème II (n° **13**).

II. Si la série $u_0 + u_1 + u_2 + \dots + u_n + \dots$, est convergente, il en est de même, quels que soient les signes de ses termes, de la série

$$E_0 u_0 + E_1 u_1 + \dots + E_n u_n + \dots ;$$

E_0, E_1, $\dots E_n$, $\dots$, étant des nombres positifs décroissants.

III. Prouver que la série :

$$\frac{1}{1.2} + \frac{1}{2.3} + \frac{1}{3.4} + \dots + \frac{1}{n(n+1)} + \dots,$$

est convergente et que sa limite est 1.

IV. Prouver que la série

$$\frac{1}{2.4} + \frac{1}{4.6} + \frac{1}{6.8} + \ldots + \frac{1}{2n(2n+2)} + \ldots,$$

est convergente, et que sa limite est $\frac{1}{4}$.

V. On a identiquement :

$$\frac{\pi}{4} = \operatorname{arc\,tg} 1 - \operatorname{arc\,tg} \frac{1}{3} + \operatorname{arc\,tg} \frac{1}{3} - \operatorname{arc\,tg} \frac{1}{5} + \operatorname{arc\,tg} \frac{1}{5} - \operatorname{arc\,tg} \frac{1}{7} + \ldots;$$

en conclure :

$$\frac{\pi}{4} = \operatorname{arc\,tg} \frac{1}{2} + \operatorname{arc\,tg} \frac{1}{8} + \operatorname{arc\,tg} \frac{1}{18} + \ldots + \operatorname{arc\,tg} \frac{1}{2n^2} + \ldots.$$

VI. Prouver que la série

$$\frac{1}{2 \log 2 (\log \log 2)^\alpha} + \frac{1}{3 \log 3 (\log \log 3)^\alpha} + \ldots + \frac{1}{n \log n (\log \log n)^\alpha} + \ldots$$

est convergente, quand α est supérieur à 1, et divergente, quand $\alpha \leqslant 1$.

On applique le théorème III (**16**).

VII. Prouver que les deux séries

$$u^0 + u_1 + u_2 + u_3 + \ldots + u_n + \ldots,$$

$$au_a + a^2 u_a^2 + a^3 u_a^3 + \ldots + a^n u_a^n + \ldots,$$

sont convergentes et divergentes ensemble (Règle donnée par Cauchy).

Ce théorème est une généralisation du théorème III (**16**), et se démontre par un raisonnement analogue.

VIII. Prouver qu'une série

$$u_0 + u_1 + u_2 + \ldots + u_n + \ldots$$

est convergente, lorsqu'à partir d'une certaine limite, le rapport de $\log \frac{1}{n u_n}$ au logarithme de $\log n$ tend vers une limite plus grande que 1, et qu'elle est divergente, quand le rapport tend vers une limite plus petite que 1.

IX. Si, dans une série, le rapport d'un terme au précédent est représenté par la formule

$$[\alpha] \qquad \frac{u_{n+1}}{u_n} = \frac{n^p + A n^{p-1} + B n^{p-2} + C n^{p-3} + \ldots}{n^p + a n^{p-1} + b n^{p-2} + c n^{p-3} + \ldots},$$

dans laquelle p est entier et positif, et A, B, C,.... a, b, c,.... sont des nombres constants donnés : 1° les termes croissent sans limite, si $A - a > 0$, et décroissent indéfiniment, si $A - a < 0$.

On compare la série à une autre, dont le terme général $v_n = \dfrac{(u_n)^h}{n}$, h étant un nombre positif convenablement choisi.

2° Si $A - a = 0$, les termes croissent, sans dépasser une certaine limite, si $B - b > 0$; ils diminuent, sans atteindre zéro, si $B - b < 0$. Dans ce cas, la convergence est impossible.

On compare la série à une autre, dont le terme général est $v_n = \left(\dfrac{n}{n-1}\right)^h u_n$, h étant un nombre positif convenablement choisi : les termes de celle-ci sont plus grands que ceux de la première, et vont en diminuant, quand $B - b > 0$.

3° Si $A - a < 0$, mais $A - a + 1 \lesseqgtr 0$, la série est divergente.

On compare la série à une série divergente, dont le terme général est $v_n = u_n (n - h)$, h étant convenablement choisi.

4° Si $A - a + 1 > 0$, la série est convergente.

On prouve que, dans ce cas, on a $\dfrac{u_{n+1}}{u_n} < \dfrac{n - h - 1}{n}$, h étant positif et convenablement choisi; que, par suite, $u_{n+1} + u_{n+2} + u_{n+3} + \dots$ est plus petit que

$$u_n \left\{ 1 + \frac{n - h - 1}{n} + \frac{(n - h - 1)\,(n - h)}{n(n+1)} + \frac{(n - h - 1)\,(n - h)\,(n - h + 1)}{n\,(n+1)\,(n+2)} + \dots \right\}$$

On prouve enfin, que les $(p + 2)$ premiers termes de la série, entre parenthèses, ont pour somme

$$\frac{n - 1}{h} - \frac{(n - h - 1)\,(n - h) \dots (n - h + p)}{h\,n(n+1) \dots (n + p)};$$

que cette série est convergente, et a pour limite $\dfrac{n-1}{h}$, quand p croît indéfiniment.

Il résulte de là que, pour qu'une série soit convergente, lorsque le rapport $\dfrac{u_{n+1}}{u_n}$ peut se mettre sous la forme d'une fraction rationnelle (α), *il faut et il suffit* que $(A - a + 1)$ soit inférieur à zéro : il n'y a pas de cas douteux. Cette règle a été donnée par *Gaus*.

CHAPITRE II.

COMBINAISONS ET FORMULE DU BINOME.

§ I. Des combinaisons.

30. DÉFINITIONS. On nomme *combinaisons*, n à n, de m objets distincts, les différents groupes que l'on peut former avec n de ces objets; il est utile d'en calculer le nombre.

La question peut être considérée sous deux points de vue, suivant que l'on regarde ou non, comme distincts, les groupes, qui, étant composés des mêmes objets, diffèrent seulement par l'ordre dans lequel on les place.

Dans le premier cas, les combinaisons reçoivent le nom d'*arrangements*; et dans le second, celui de *produits différents*.

31. NOMBRE DES ARRANGEMENTS. Calculons, d'abord, le nombre des arrangements distincts de m objets pris n à n. Désignons ce nombre par A_n; et représentons par A_{n-1} celui des arrangements des mêmes objets, $(n-1)$ a $(n-1)$. Si tous les arrangements $(n-1)$ à $(n-1)$ étaient formés, en plaçant successivement, à la suite de chacun d'eux, les $[m-(n-1)]$ objets qui n'y entrent pas, on formerait des arrangements n à n, dont le nombre serait

$$A_{n-1}[m-(n-1)], \quad \text{ou} \quad A_{n-1}(m-n+1);$$

car chaque arrangement $(n-1)$ à $(n-1)$ fournit, de cette manière, $[m-(n-1)]$ arrangements n à n. Je dis que $A_{n-1}[m-(n-1)]$ est précisément le nombre des arrangements n à n; et pour cela, il faut montrer qu'ils ont tous été formés, et que chacun d'eux ne l'a été qu'une seule fois.

1° On a obtenu tous les arrangements n à n; car on peut former tout arrangement de n objets, en plaçant le dernier d'entre eux à la suite de l'arrangement formé par l'ensemble des $(n-1)$ autres.

2° Un même arrangement n'a pu être formé qu'une fois; car, les arrangements $(n-1)$ à $(n-1)$ étant distincts, ainsi que les

$(m - n + 1)$ objets que l'on place à la suite de chacun d'eux, les groupes que l'on forme diffèrent, soit par les $(n - 1)$ premiers objets, s'ils proviennent de deux arrangements $(n - 1)$ à $(n - 1)$ différents; soit par le dernier, s'ils proviennent du même arrangement $(n - 1)$ à $(n - 1)$.

On a donc la relation :

$$A_n = (m - n + 1) A_{n-1}.$$

Cette relation étant démontrée pour une valeur quelconque de n, on aura de même, en désignant par A_{n-2}, A_{n-3}.... A_1, le nombre des arrangements $(n - 2)$ à $(n - 2),|(n - 3)$ à $(n - 3),...$ un à un :

$$A_{n-1} = (m - n + 2) A_{n-2},$$
$$A_{n-2} = (m - n + 3) A_{n-3},$$
$$\vdots$$
$$A_2 = (m - 1) A_1.$$

Si l'on multiplie ces égalités membre à membre, les facteurs A_{n-1}, A_{n-2},.... A_2 disparaissent; et il vient, en remarquant que le nombre A_1 des arrangements 1 à 1 est m :

[1] $A_n = m (m - 1) (m - 2)....(m - n + 2) (m - n + 1).$

Ainsi, *le nombre des arrangements de* m *objets distincts* n *à* n *est égal au produit de* n *facteurs entiers, consécutifs, décroissants, à partir de* m.

52. Nombre des permutations. La formule précédente, si on y suppose $n = m$, fera connaître le nombre des arrangements de m lettres m à m. Ces arrangements, dans lesquels figurent toutes les lettres, se nomment des *permutations*. En désignant leur nombre par P_m, on a :

[2] $P_m = 1 . 2 . 3 .... m,$

puisque, pour $m = n$, $(m - n + 1)$ devient égal à l'unité.

Ainsi, *le nombre des permutations de* m *objets distincts est égal au produit des* m *premiers nombres entiers.*

53. Nombre des produits différents. Les produits différents de m objets, n à n, sont les groupes distincts que l'on peut former, avec ces m objets, en regardant comme identiques ceux qui ne diffèrent que par l'ordre des objets. On réserve souvent à ces produits le nom de *combinaisons*.

Représentons par C_n le nombre de *ces produits*. Imaginons qu'on les considère tous ensemble, et que l'on forme les *permutations* des n objets contenus dans chacun d'eux ; les groupes, ainsi formés, seront des *arrangements* de m objets donnés n à n. Or, je dis qu'ils y seront tous, et chacun une seule fois.

1° Ils y seront tous ; car les objets qui forment un arrangement, étant considérés indépendamment de leur ordre, composent l'un des produits différents ; et, lorsque l'on permutera *de toutes les manières* les objets qui composent ce produit, l'un des groupes ainsi formés sera l'arrangement considéré.

2° Chaque arrangement sera formé une seule fois ; car les arrangements, qui proviennent d'un même produit, diffèrent par l'ordre des objets ; et ceux qui proviennent de deux produits différents, ne sont pas composés des mêmes objets.

On peut donc obtenir toute la série des arrangements, en permutant les produits différents, de toutes les manières possibles. Or, chaque produit fournit ainsi $1.2.3....n$ arrangements distincts ; le nombre total des arrangements A_n est donc égal au nombre des produits C_n, multiplié par $1.2.3....n$; et l'on a, par conséquent :

$$A_n = C_n.1.2.3....n :$$

d'où, en remplaçant A_n par sa valeur [1] :

$$[3] \qquad C_n = \frac{m(m-1)(m-2)....(m-n+1)}{1.2.3....n}.$$

Ainsi *le nombre des produits différents de* m *objets,* n *à* n, *est égal au produit de* n *nombres entiers, consécutifs, décroissants à partir de* m, *divisé par le produit des* n *premiers nombres entiers.*

34. REMARQUE I. La formule précédente peut se mettre sous une forme, que l'on trouve quelquefois plus commode. Si l'on multiplie, en effet, par $1.2.3.... (m-n)$ les deux termes de la fraction qui représente C_n, elle devient :

$$[4] \quad C_n = \frac{1.2.3....(m-n)(m-n+1)(m-n+2)....m}{1.2....n.1.2....(m-n)};$$

en sorte que, au numérateur se trouve le produit des nombres entiers depuis 1 jusqu'à m, et au dénominateur le produit des nombres entiers depuis 1 jusqu'à $(m-n)$, et le produit des nombres entiers de 1 à n.

REMARQUE II. La formule [4] reste évidemment la même, si l'on change n en $(m-n)$; cette substitution aura seulement pour effet de changer, l'un dans l'autre, les facteurs $1.2....n$, et $1.2....(m-n)$ du dénominateur.

Le nombre des produits différents de m *objets* n *à* n, *est, par conséquent, le même que celui de* m *objets* $(m-n)$ *à* $(m-n)$.

L'égalité de ces deux nombres est, d'ailleurs, évidente, *à priori*. Si en effet, dans m objets, on prend un groupe de n, il restera un groupe de $(m-n)$: les groupes ou produits n à n et $(m-n)$ à $(m-n)$ se correspondent donc deux à deux, et sont, par conséquent, en même nombre.

55. REMARQUE III. *Le nombre des produits différents de* m *objets* n *à* n *est égal à la somme des nombres de produits différents de* $(m-1)$ *objets* n *à* n, *et de* $(m-1)$ *objets* $(n-1)$ *à* $(n-1)$. On peut, en effet, partager les produits différents de m objets n à n en deux groupes, l'un composé des produits qui ne contiennent pas un certain objet, et l'autre composé de ceux qui le renferment. Or les premiers sont évidemment tous les produits différents des $(m-1)$ autres objets n à n; et si, dans les autres, on supprime l'objet dont il s'agit, ils deviennent les produits des $(m-1)$ autres objets $(n-1)$ à $(n-1)$.

On vérifie, d'ailleurs, directement ce théorème à l'aide de la formule [3].

56. REMARQUE IV. Le nombre C_n est nécessairement entier : la formule [3] prouve donc que *le produit de* n *nombres entiers consécutifs est divisible par le produit des* n *premiers nombres entiers*.

§ II. Formule du binome de Newton.

57. PRODUITS DE n BINOMES QUI DIFFÈRENT PAR LE SECOND TERME. Nous avons vu (1, 42), que le produit d'un nombre quelconque de polynomes est la somme de tous les produits que l'on peut former, en prenant pour facteur un terme de chacun d'eux.

Appliquons cette règle à la formation du produit de m binomes, ayant même premier terme,

$$(x+a)(x+b)(x+c)....(x+l).$$

Si nous ordonnons ce produit suivant les puissances décroissantes de x, il est évident que le premier terme sera x^m, produit formé en prenant, comme facteurs, les m premiers termes des binomes.

Le terme en x^{m-1} se composera des produits dans lesquels on prendra, comme facteurs, les premiers termes de $(m-1)$ binomes, avec le dernier terme du binome restant; et le coefficient de x^{m-1} sera, par conséquent, la somme des seconds termes de nos binomes.

Le terme en x^{m-2} se composera des produits dans lesquels on prendra, comme facteurs, les premiers termes de $(m-2)$ binomes et les derniers termes des deux binomes restants. Le coefficient de x^{m-2} sera, par conséquent, la somme des produits deux à deux des seconds termes.

On verra de même que le coefficient de x^{m-3} est la somme des produits trois à trois des seconds termes; et qu'en général, le coefficient de x^{m-n} est la somme de leurs produits n à n.

On écrit souvent ce résultat de la manière suivante :

$$[1] \quad (x+a)(x+b)(x+c)....(x+k)(x+l)$$
$$= x^m + x^{m-1}\Sigma a + x^{m-2}\Sigma ab + x^{m-3}\Sigma abc + ...$$
$$+ x^{m-n}\Sigma abc....p + ...abc....kl;$$

en représentant par Σa, Σab, Σabc.... la somme des seconds termes, la somme de leurs produits deux à deux, trois à trois, etc.

38. FORMULE DU BINOME. Pour déduire de ce qui précède l'expression de $(x+a)^m$, il suffit de supposer $a=b=c=....=l$; le développement se simplifie alors notablement.

Le premier terme reste égal à x^m.

Le coefficient de x^{m-1}, égal à la somme des seconds termes, devient égal à ma.

Le coefficient de x^{m-2}, égal à la somme des produits deux à deux des seconds termes, devient égal à a^2 multiplié par le nombre de ces produits, c'est-à-dire (33) à

$$\frac{m(m-1)}{2}a^2.$$

Le coefficient de x^{m-3}, égal à la somme des produits trois à trois des seconds termes, devient égal à a^3 multiplié par le nombre de ces produits, c'est-à-dire à

$$\frac{m(m-1)(m-2)}{1.2.3}a^3.$$

En général, le coefficient de x^{m-p}, qui est la somme des produits p à p des seconds termes, devient égal à a^p multiplié par le nombre de ces produits, c'est-à-dire à

$$\frac{m(m-1)....(m-p+1)}{1.2....p}a^p.$$

On a donc, enfin :

$$[2] \quad (x+a)^m = x^m + max^{m-1} + \frac{m(m-1)}{1.2}a^2x^{m-2} + ...$$

$$+ \frac{m(m-1)....(m-p+1)}{1.2....p}a^px^{m-p} + ... + a^m.$$

C'est *la formule du binome de Newton.*

39. REMARQUE 1. On voit que, dans le dévelopement de $(x+a)^m$, l'exposant de x va en diminuant d'une unité depuis m jusqu'à zéro, et celui de a va en augmentant d'une unité depuis 0 jusqu'à m; de sorte que, dans chaque terme, la somme des deux exposants est constante et égale à m. Le nombre des termes du développement est $(m+1)$.

On nomme *terme général,* celui qui en a n avant lui; en le désignant par T_n, on a :

$$[5] \quad T_n = \frac{m(m-1)(m-2)....(m-n+1)}{1.2.3....n}a^nx^{m-n}.$$

40. REMARQUE II. Si l'on désigne par T_{n-1} le terme qui précède T_n, on trouve aisément :

$$[4] \qquad T_n = T_{n-1} \times \frac{m-n+1}{n} \frac{a}{x}.$$

Or $(m-n+1)$ est l'exposant de x dans T_{n-1}, et n est le nombre qui marque le rang de ce terme. Donc, *pour passer du terme de rang* n, *au terme de rang* (n + 1), *on multiplie son coefficient par l'exposant de* x *dans ce terme, et on le divise par le nombre qui marque son rang, puis on augmente d'une unité l'exposant de* a, *et on diminue d'une unité celui de* x.

41. REMARQUE III. Le coefficient de $a^p x^{m-p}$ est le nombre des produits différents de m lettres p à p ; et celui de $a^{m-p} x^p$ est le nombre des produits différents de m lettres $(m-p)$ à $(m-p)$. Or ces nombres sont égaux (**54**). Donc, *dans le développement de* (x + a)^m, *les coefficients des termes, situés à égale distance des extrêmes sont égaux.*

42. REMARQUE IV. Le rapport du coefficient de T_n à celui de T_{n-1} est $\dfrac{m-n+1}{n}$; il commence par être plus grand que 1, si m est au moins égal à 2 : puis il diminue, à mesure que n augmente, et il finit par être égal à $\dfrac{1}{m}$, quand $n = m$. Tant qu'il reste plus grand que 1, les coefficients vont en croissant : s'il devient égal à 1 pour une certaine valeur de n, deux coefficients consécutifs sont égaux ; et lorsqu'il est inférieur à 1, les coefficients vont en diminuant. Or la condition

$$\frac{m-n+1}{n} \gtreqless 1,$$

équivaut à

$$\frac{m+1}{2} \gtreqless n.$$

Donc, *tant que* n *est inférieur à la moitié du nombre* (m + 1) *des termes, c'est-à-dire tant qu'on n'a pas formé la moitié du nombre total des termes, les coefficients croissent :* ils décroissent dans la seconde moitié du développement.

43. Remarque V. On n'a fait aucune hypothèse sur le signe des nombres x et a; a peut donc avoir une valeur négative $- b$; et l'on a, par conséquent :

$$(x-b)^m = x^m + m\,(-b)x^{m-1} + \frac{m\,(m-1)}{1.2}(-b)^2 x^{m-2} + \ldots + (-b)^m;$$

ou, en remarquant que les puissances paires de $(-b)$ sont égales à celles de b, et que les puissances impaires sont égales et de signes contraires :

$$[5] \qquad (x-b)^m = x^m - mbx^{m-1} + \frac{m(m-1)}{1.2}\,b^2 x^{m-2} -$$

$$- \frac{m\,(m-1)\,(m-2)}{1.2.3}\,b^3 x^{m-3} + \ldots \pm b^m;$$

le signe du dernier terme étant $+$ si m est pair, et $-$ si m est impair.

44. Remarque VI. Si, dans la formule [2], on fait $x=1$, $a=1$, on a :

$$2^m = 1 + \frac{m}{1} + \frac{m(m-1)}{1.2} + \frac{m(m-1)(m-2)}{1.2.3} + \ldots + \frac{m}{1} + 1 :$$

Ainsi *la somme des coefficients du développement est égale à* 2^m.

45. Remarque VII. Si, dans la formule [5], on fait $x=1$, $b=1$, on a :

$$0 = 1 - \frac{m}{1} + \frac{m\,(m-1)}{1.2} - \frac{m(m-1)(m-2)}{1.2.3} + \ldots$$

Donc *la somme des coefficients de rang pair est égale à la somme des coefficients de rang impair.*

46. Remarque VIII. Il existe, entre les coefficients des diverses puissances du binome, des relations nombreuses; nous ferons connaître la plus simple, dont on fait, en analyse, un fréquent usage.

Soit :

$$(x+a)^m = x^m + A_1 ax^{m-1} + A_2 a^2 x^{m-2} + \ldots + A_n a^n x^{m-n} + \ldots + a^m,$$

le développement de la puissance m^{me} d'un binome, dans lequel on a fait, pour abréger :

$$A_n = \frac{m\,(m-1)\,(m-2)\ldots.(m-n+1)}{1.2.3\ldots.n}.$$

Multiplions les deux membres de l'égalité par $(x+a)$; nous aurons, en effectuant la multiplication du second membre, d'après la règle ordinaire :

$$(x+a)^{m+1} = x^{m+1} + (A_1+1)\,ax^m + (A_2+A_1)\,a^2x^{m-1}$$

$$+ (A_3+A_2)\,a^3x^{m-2} + \ldots. + (A_n+A_{n-1})\,a^nx^{m-n+1} + \ldots. + a^{m+1};$$

et l'on voit que *chacun des coefficients du développement de* $(x+a)^{m+1}$ *s'obtient en ajoutant le coefficient de même rang et le précédent dans le développement de* $(x+a)^m$. On pourrait d'ailleurs vérifier directement, que l'on a :

$$[6] \quad \frac{m\,.(m-1)\ldots.(m-n+1)}{1.2\ldots.n} + \frac{m\,.(m-1)\ldots.(m-n+2)}{1.2\ldots.(n-1)}$$

$$= \frac{(m+1)\,m\ldots.(m-n+2)}{1.2.3\ldots.n}.$$

§ III. Développement de $(a+b\sqrt{-1})^m$.

47. Puissances successives de $\sqrt{-1}$. Pour développer $(a+b\sqrt{-1})^m$, il faut appliquer la formule du binome qui, résultant de la multiplication, est démontrée, d'après nos conventions (I, **261**), pour les expressions imaginaires. Il est nécessaire de former d'abord les diverses puissances de $\sqrt{-1}$. Or, on a, d'après nos conventions :

$$(\sqrt{-1})^2 = -1,$$

$$(\sqrt{-1})^3 = -1 \times \sqrt{-1} = -\sqrt{-1},$$

$$(\sqrt{-1})^4 = (-\sqrt{-1})(\sqrt{-1}) = +1,$$

$$(\sqrt{-1})^5 = \sqrt{-1},$$

$$\vdots$$

et, en général,

$$[7] \quad \begin{cases} (\sqrt{-1})^{4k+1} = \sqrt{-1}, & (\sqrt{-1})^{4k+2} = -1, \\ (\sqrt{-1})^{4k+3} = -\sqrt{-1}, & (\sqrt{-1})^{4k} = +1. \end{cases}$$

48. Développement de $(a + b\sqrt{-1})^m$. D'après cela, on a :

$$(a + b\sqrt{-1})^m = a^m + ma^{m-1}b\sqrt{-1} - \frac{m(m-1)}{1.2} a^{m-2}b^2$$

$$- \frac{m(m-1)(m-2)}{1.2.3} a^{m-3}b^3\sqrt{-1} + \frac{m(m-1)(m-2)(m-3)}{1.2.3.4} a^4b^4 + \ldots$$

Les termes, dans lesquels l'exposant de b est pair, sont réels; ils sont les mêmes que ceux du développement de $(a+b)^m$, avec cette différence qu'on doit leur donner, alternativement, le signe $+$ et le signe $-$. Les termes, dans lesquels b a un exposant impair, ont tous $\sqrt{-1}$ en facteur, et sont, à cela près, les mêmes que ceux du développement de $(a+b)^m$, auxquels on aurait donné, alternativement, le signe $+$ et le signe $-$.

On réunit ordinairement les termes imaginaires, et l'on écrit :

$$[8] \qquad (a+b\sqrt{-1})^m$$

$$= a^m - \frac{m(m-1)}{1.2.} a^{m-2}b^2 + \frac{m(m-1)(m-2)(m-3)}{1.2.3.4} a^{m-4}b^4 - \ldots$$

$$+ \sqrt{-1} \left[ma^{m-1}b - \frac{m(m-1)(m-2)}{1.2.3} a^{m-3}b^3 + \ldots \right].$$

Si l'on désigne par P la partie réelle et par Q le coefficient de $\sqrt{-1}$, on a donc :

$$(a+b\sqrt{-1})^m = P + Q\sqrt{-1}.$$

Ainsi *es puissances d'une expression imaginaire sont des expressions imaginaires de même forme.*

Il est facile de voir qu'on a :

$$(a - b\sqrt{-1})^m = P - Q\sqrt{-1}.$$

49. Remarque. $(a+b\sqrt{-1})^m$ peut être réel, sans que b soit nul. Il suffit, pour qu'il en soit ainsi, que les termes imaginaires se détruisent. On a, par exemple :

$$(1 + \sqrt{3} \cdot \sqrt{-1})^3 = -8.$$

§ IV. Puissance d'un polynome.

50. Développement de la puissance m^{me} d'un trinome. Un trinome $(a+b+c)$ peut être considéré comme un binome, si l'on regarde les deux premiers termes $(a+b)$ comme réunis en un seul. On aura alors :

$$[9]\ [(a+b)+c]^m = (a+b)^m + m(a+b)^{m-1}c + \frac{m(m-1)}{1.2}(a+b)^{m-2}c^2$$

$$+ \ldots + \frac{m(m-1)\ldots(m-p+1)}{1.2\ldots p}(a+b)^{m-p}c^p + \ldots + c^m.$$

Si l'on développe les diverses puissances de $(a+b)$ qui figurent dans le second membre, on obtiendra une somme de termes de la forme $a^\alpha b^\beta c^\gamma$, dans lesquels la somme des exposants α, β, γ, sera constamment égale à m. Car, si l'on considère, par exemple, ceux qui proviennent du terme

$$\frac{m(m-1)\ldots(m-p+1)}{1.2\ldots p}(a+b)^{m-p}c^p,$$

ils contiennent le produit de c^p par des puissances de a et b dont les exposants ont une somme égale à $(m-p)$; de sorte que les trois exposants réunis forment une somme égale à m.

Réciproquement, α, β, γ, étant trois nombres entiers quelconques, dont la somme soit égale à m, il y aura dans le développement un terme en $a^\alpha b^\beta c^\gamma$: car, dans [9], se trouve le terme

$$\frac{m(m-1)\ldots(m-\gamma+1)}{1.2\ldots\gamma}(a+b)^{m-\gamma}c^\gamma;$$

et le développement de $(a+b)^{m-\gamma}$ contient un terme, dans lequel a figure avec l'exposant α, et b, par conséquent, avec l'exposant $(m-\gamma-\alpha)$ ou β.

51. Terme général du développement. Cherchons le coefficient de ce terme en $a^\alpha\ b^\beta\ c^\gamma$: il provient, comme nous l'avons dit, de

$$\frac{m(m-1)\ldots(m-\gamma+1)}{1.2\ldots\gamma}(a+b)^{m-\gamma}c^\gamma.$$

ce qui peut s'écrire (**55**) :

$$\frac{1.2\ldots m}{1.2\ldots\gamma.1.2\ldots(m-\gamma)}(a+b)^{m-\gamma}c^\gamma.$$

Or, dans le développement de $(a+b)^{m-\gamma}$, le coefficient de $a^\alpha b^{m-\gamma-\alpha}$ est égal à

$$\frac{1.2\ldots(m-\gamma)}{1.2\ldots\alpha.1.2\ldots(m-\gamma-\alpha)}.$$

Le terme demandé est donc :

$$\frac{1.2\ldots m.1.2\ldots(m-\gamma)}{1.2\ldots\gamma.1.2\ldots(m-\gamma)\ 1.2\ldots\alpha.1.2\ldots(m-\gamma-\alpha)}\cdot a^\alpha b^{m-\gamma-\alpha}c^\gamma;$$

ou, en supprimant le facteur commun $1.2\ldots,(m-\gamma)$, et remplaçant $(m-\gamma-\alpha)$ par β,

[10] $$\frac{1.2\ldots m}{1.2\ldots\alpha.1.2\ldots\beta.1.2\ldots\gamma}\cdot a^\alpha b^\beta c^\gamma;$$

et le développement se compose de tous les termes analogues, qui correspondent à toutes les valeurs de α, β, γ, dont la somme soit égale à m.

52. REMARQUE. On trouvera sans peine, par un procédé tout à fait analogue, que le développement de $(a+b+c+d)^m$ a pour terme général

[11] $$\frac{1.2\ldots m}{1.2\ldots\alpha.1.2\ldots\beta.1.2\ldots\gamma..2\ldots\delta}\cdot a^\alpha b^\beta c^\gamma d^\delta,$$

et se compose de tous les termes analogues, qui correspondent à toutes les valeurs de α, β, γ, δ, dont la somme soit égale à m.

On doit observer que, si l'on veut faire représenter à ce terme général tous les termes du développement, sans exception, il faut convenir que, pour $\alpha=0$, on prendra le produit $1.2.3\ldots\alpha=1$. La même remarque s'applique à la formule précédente.

§ V. Limite de $\left(1 + \dfrac{1}{m}\right)^m$, quand m croît indéfiniment.

55. THÉORÈMES SUR LES LIMITES. 1° *Lorsqu'une quantité variable*
A *tend vers une limite* l, *le produit* pA *de cette quantité par un*
nombre fini p *tend vers la limite* pl. Car, pour rendre la différence $(pA - pl)$ plus petite, en valeur absolue, qu'une quantité
donnée α, il suffit de rendre la différence $(A - l)$ plus petite
que $\dfrac{\alpha}{p}$; ce qui est toujours possible, puisque $(A - l)$ tend vers
zéro.

2° *Si plusieurs quantités variables*, A_1, A_2, ... A_n, *en nombre*
fini n, *tendent simultanément vers des limites* l_1, l_2, ... l_n, *la li-*
mite de leur somme est égale à la somme de leurs limites. En effet,
si l'on pose :

$$A_1 = l_1 + \alpha_1, \quad A_2 = l_2 + \alpha_2, \quad \ldots \quad A_n = l_n + \alpha_n,$$

on aura :

$$A_1 + A_2 + \ldots + A_n = (l_1 + l_2 + \ldots + l_n) + (\alpha_1 + \alpha_2 + \ldots + \alpha_n).$$

Or les quantités α_1, α_2, ... α_n tendent vers zéro, par hypothèse :
donc leur somme $(\alpha_1 + \alpha_2 \ldots + \alpha_n)$, toujours inférieure, en valeur absolue, à n fois la plus grande d'entre elles, tend aussi
vers zéro (1°). Donc

$$\lim (A_1 + A_2 + \ldots + A_n) = l^1 + l_2 \ldots + l_n.$$

Mais, si le nombre n des quantités variables augmentait indéfiniment, on ne pourrait plus affirmer la proposition. Consi-
dérons, par exemple, la somme des n quantités $\dfrac{\alpha}{n} + \dfrac{\alpha}{n} + \dfrac{\alpha}{n} + \ldots$
$+ \dfrac{\alpha}{n}$. Si n croît indéfiniment, chacune de ces quantités tend vers
zéro ; et leur somme, au lieu d'avoir zéro pour limite, est évidemment toujours égale à α.

3° *La limite du produit des* n *quantités variables* $A_1, A_2, A_3 \ldots A_n$, *est égale au produit de leurs limites.* En effet, on a :

$$A_1 A_2 \ldots A_n = (l_1 + \alpha_1)(l_2 + \alpha_2) \ldots (l_n + \alpha_n).$$

Et ce produit de n facteurs binomes renferme (I, 42) d'abord le produit des limites $(l_1 l_2 \ldots l_n)$, puis une suite de termes dont chacun contient en facteur au moins une des quantités α_1, $\alpha_2, \ldots \alpha_n$. Or chacun de ces termes, produit d'une quantité fixe par une quantité qui tend vers zéro, tend aussi vers zéro (1°); et comme leur nombre est limité, leur somme a pour limite zéro (2°). Donc

$$\lim. A_1 A_2 \ldots A_n = l_1 l_2 \ldots l_n.$$

Dans ce cas encore, le raisonnement suppose essentiellement que le nombre des quantités variables reste fini.

54. L'expression $\left(1 + \dfrac{1}{m}\right)^m$ a une limite quand m croît indéfiniment. L'expression $\left(1 + \dfrac{1}{m}\right)^m$, dans le cas où m est entier, un produit de m facteurs égaux à $\left(1 + \dfrac{1}{m}\right)$: quand m croît indéfiniment, chacun de ces facteurs a pour limite l'unité; mais on ne peut pas en conclure que la limite du produit est égale à l'unité; car le nombre des facteurs croît indéfiniment.

Pour prouver que cette limite existe, développons $\left(1 + \dfrac{1}{m}\right)$ uivant la formule du binome : nous aurons :

$$\left(1 + \frac{1}{m}\right)^m = 1 + m\frac{1}{m} + \frac{m(m-1)}{1 \cdot 2}\frac{1}{m^2} + \frac{m(m-1)(m-2)}{1 \cdot 2 \cdot 3}\frac{1}{m^3} + \ldots$$

$$\frac{m(m-1 \ldots (m-n+1)}{1 \cdot 2 \ldots n}\frac{1}{m^n} + \ldots$$

Comme, dans chaque terme, le nombre des facteurs du numérateur est égal au nombre des facteurs m qui entrent comme diviseurs, nous pouvons écrire :

$$\left(1+\frac{1}{m}\right)^m = 1 + \frac{1}{1} + \frac{\frac{m}{m} \cdot \frac{m-1}{m}}{1 \cdot 2} + \frac{\frac{m}{m} \cdot \frac{m-1}{m} \cdot \frac{m-2}{m}}{1 \cdot 2 \cdot 3} + \ldots$$

$$+ \frac{\frac{m}{m} \cdot \frac{m-1}{m} \ldots \frac{m-n+1}{m}}{1 \cdot 2 \ldots n} + \ldots$$

Mais on a évidemment :

$$\frac{m}{m} \cdot \frac{m-1}{m} \cdot \frac{m-2}{m} \ldots \frac{m-n+1}{m} = 1 \cdot \left(1-\frac{1}{m}\right)\left(1-\frac{2}{m}\right)\ldots\left(1-\frac{n-1}{m}\right);$$

par suite :

$$\left(1+\frac{1}{m}\right)^m = 1 + \frac{1}{1} + \frac{1-\frac{1}{m}}{1 \cdot 2} + \frac{\left(1-\frac{1}{m}\right)\left(1-\frac{2}{m}\right)}{1 \cdot 2 \cdot 3} + \ldots$$

$$+ \frac{\left(1-\frac{1}{m}\right)\left(1-\frac{2}{m}\right)\ldots\left(1-\frac{n-1}{m}\right)}{1 \cdot 2 \cdot 3 \ldots n} + \ldots$$

Cela posé, comparons ce développement à la série convergente dont la limite est e :

$$e = 1 + \frac{1}{1} + \frac{1}{1 \cdot 2} + \frac{1}{1 \cdot 2 \cdot 3} + \ldots + \frac{1}{1 \cdot 2 \cdot 3 \ldots n} + \ldots$$

Chaque terme du développement est, à partir du troisième, inférieur au terme correspondant de la série, puisque son numérateur est moindre que l'unité, et que les dénominateurs sont les mêmes. D'ailleurs les termes du développement sont en nombre limité $(m+1)$, tandis que ceux de la série sont en nombre infini. Il en résulte que l'expression $\left(1+\frac{1}{m}\right)^m$ est, quelque grand que soit m, inférieure à e : cette expression, qui augmente avec m, a donc, lorsque m croît indéfiniment, une limite qui ne peut être qu'inférieure ou égale à e. Nous allons prouver que cette limite est égale à e.

55. Limite de $\left(1+\dfrac{1}{m}\right)^{m}$, quand m croît indéfiniment, m
restant entier. Puisque la série e est convergente (**11**), on
peut donner à n une valeur assez grande, pour que l'erreur
commise, en négligeant tous les termes qui suivent le $(n+1)^{ème}$,
soit inférieure à une quantité donnée α, si petite qu'elle soit ;
de sorte qu'en désignant par e_n la somme des $(n+1)$ premiers
termes, on a :

$$e - e_n < \alpha.$$

D'un autre côté, si l'on considère les $(n+1)$ premiers termes
du développement, on reconnaît qu'à mesure que m croît indéfiniment, n restant fixe, les différents numérateurs tendent
vers une limite égale à l'unité (**55**, 3°); par suite, chaque terme
du développement a pour limite le terme correspondant de e_n ;
et leur somme, qui se compose d'un nombre fini des termes, a
(**55**, 2°) pour limite e_n. On peut donc prendre m assez grand,
pour qu'en désignant par A_n la somme des $(n+1)$ premiers
termes du développement, l'on ait :

$$e_n - A_n < \alpha.$$

De ces deux inégalités, on conclut :

$$e - A_n < 2\alpha.$$

Ainsi, après avoir choisi pour n une valeur fixe suffisamment
grande, on peut toujours, en faisant croître m indéfiniment,
satisfaire à la dernière inégalité. D'ailleurs, si l'on donne ensuite à n des valeurs indéfiniment croissantes, le développement
A_n augmente, et tend vers sa limite $\lim\left(1+\dfrac{1}{m}\right)^{m}$; 2α tend vers
zéro ; donc :

$$e - \lim\left(1+\frac{1}{m}\right)^{m} = 0, \quad \text{ou} \quad \lim\left(1+\frac{1}{m}\right) = e. \quad [12]$$

56. Cas où m prend des valeurs fractionnaires. Si, dans
l'expression $\left(1+\dfrac{1}{m}\right)^{m}$, on attribue à m des valeurs fractionnaires de plus en plus grandes, la limite sera toujours la même

et égale à e. Pour le prouver, supposons que, n désignant un nombre entier très-grand, on ait :

$$m = n + \alpha,$$

α étant moindre que l'unité ; l'expression $\left(1 + \dfrac{1}{m}\right)^m$ sera évidemment comprise entre les expressions

$$\left(1 + \frac{1}{n}\right)^{n+1} \quad \text{et} \quad \left(1 + \frac{1}{n+1}\right)^n.$$

Car, pour obtenir la première de ces expressions, il faut, dans $\left(1 + \dfrac{1}{m}\right)^m$, remplacer le terme $\dfrac{1}{m}$ et l'exposant m respectivement par les nombres plus grands $\dfrac{1}{n}$ et $n+1$; pour obtenir la seconde, il a fallu remplacer les mêmes quantités par les nombres plus petits $\dfrac{1}{n+1}$ et n. Or on a :

$$\left(1 + \frac{1}{n}\right)^{n+1} = \left(1 + \frac{1}{n}\right)^n \left(1 + \frac{1}{n}\right),$$

et

$$\left(1 + \frac{1}{n+1}\right)^n = \left(1 + \frac{1}{n+1}\right)^{n+1} \frac{1}{1 + \dfrac{1}{n+1}}.$$

Comme n est entier et très-grand, $\left(1 + \dfrac{1}{n}\right)^n$ et $\left(1 + \dfrac{1}{n+1}\right)^{n+1}$ diffèrent très-peu de e, $1 + \dfrac{1}{n}$ et $1 + \dfrac{1}{n+1}$ diffèrent très-peu de l'unité, et les deux expressions précédentes ont l'une et l'autre e pour limite. Il en est, par conséquent, de même de $\left(1 + \dfrac{1}{m}\right)^m$, qui est compris entre elles.

57. Limite de $\left(1 + \dfrac{1}{m}\right)^m$, quand m est négatif, et tend vers. $-\infty$. La limite de $\left(1 + \dfrac{1}{m}\right)^m$ est encore la même, quand on attribue à m des valeurs négatives tendant vers $-\infty$. Car, posons $m = -\mu$; μ étant négatif, nous aurons :

$$\left(1+\frac{1}{m}\right)^{m} = \left(1+\frac{1}{\mu}\right)^{-\mu} = \left(\frac{\mu-1}{\mu}\right)^{-\mu} = \left(\frac{\mu}{\mu-1}\right)^{\mu} = \left(1+\frac{1}{\mu-1}\right)^{\mu}$$

$$= \left(1+\frac{1}{\mu-1}\right)^{\mu-1}\left(1+\frac{1}{\mu-1}\right)$$

Or, quand μ croît indéfiniment, $\left(1+\frac{1}{\mu-1}\right)^{\mu-1}$ tend vers e (56), et $\left(1+\frac{1}{\mu-1}\right)$ tend vers 1 : donc encore ici :

$$\lim\left(1+\frac{1}{m}\right)^{m} = e.$$

58. LIMITE DE $\left(1+\frac{1}{m}\right)^{-m}$ OU DE $\left(1-\frac{1}{m}\right)^{m}$, QUAND m CROÎT INDÉFINIMENT. On a évidemment :

$$\left(1+\frac{1}{m}\right)^{-m} = \frac{1}{\left(1+\frac{1}{m}\right)^{m}};$$

donc :

[13]
$$\lim\left(1+\frac{1}{m}\right)^{-m} = \frac{1}{e}.$$

Puis :

$$\left(1-\frac{1}{m}\right)^{m} = \frac{1}{\left(1+\frac{1}{m-1}\right)^{m}};$$

donc :

[14]
$$\lim\left(1-\frac{1}{m}\right)^{m} = \frac{1}{e}.$$

§ VI. Sommation des piles de boulets.

59. PROBLÈME. La méthode la plus simple repose sur la solution préalable du problème suivant :

Trouver la somme des puissances m^mes *des termes d'une progression par différence.* Soit la progression :

$$\div a . b . c . d \ldots\ldots k,$$

dont la raison est r, et dont le nombre des termes est p.

On veut trouver

$$S_m = a^m + b^m + c^m + \ldots + k^m.$$

On a, l étant le terme qui suivrait k :

$$b = a + r, \quad c = b + r, \quad d = c + r, \ldots l = k + r.$$

Élevons ces diverses égalités à la puissance $(m+1)$; nous aurons :

$$b^{m+1} = (a+r)^{m+1} = a^{m+1} + (m+1)a^m r + \frac{(m+1)m}{2} a^{m-1}r^2 + \ldots + r^{m+1},$$

$$c^{m+1} = (b+r)^{m+1} = b^{m+1} + (m+1)b^m r + \frac{(m+1)m}{2} b^{m-1}r^2 + \ldots + r^{m+1},$$

$$\vdots$$

$$l^{m+1} = (k+r)^{m+1} = k^{m+1} + (m+1)k^m r + \frac{(m+1)m}{2} k^{m-1}r^2 + \ldots + r^{m+1}.$$

Ajoutons toutes ces égalités, il vient, en désignant généralement par S_μ la somme $a^\mu + b^\mu + \ldots + k^\mu$;

$$[15] \qquad l^{m+1} = a^{m+1} + (m+1)r S_m + \frac{(m+1)m}{1.2} r^2 S_{m-1}$$

$$+ \frac{(m+1)m(m-1)}{1.2.3} r^3 S_{m-2} + \ldots + p r^{m+1}.$$

Cette équation fera connaître S^m, si l'on connaît S_{m-1}, S_{m-2}..., S_2, S_1. En y faisant donc successivement $m = 1$, $= 2$, $= 3$, etc., on obtiendra successivement S_1, puis S_2, puis S_3, etc.

60. APPLICATION. Supposons, par exemple, que la progression proposée soit la suite des n premiers nombres entiers :

$$\div 1 . 2 . 3 . 4 \ldots, n;$$

on a ici :

$$S_\mu = 1^\mu + 2^\mu + 3^\mu + \ldots + n^\mu; \quad a = 1, \quad l = n+1, \quad r = 1, \quad p = n;$$

et notre formule générale devient :

$$[16] \quad (n+1)^{m+1} = 1 + (m+1)\,S_m + \frac{(m+1)m}{1.2}\,S_{m-1},$$

$$+ \frac{(m+1)m(m-1)}{1.2.3}\,S_{m-2} + \dots + \frac{(m+1)m\dots3.2}{1.2\dots m}\,S_1 + n.$$

Faisant d'abord $m = 1$, il vient :

$$(n+1)^2 = 1 + 2S_1 + n; \quad \text{d'où} \quad S_1 = \frac{n(n+1)}{2},$$

formule déjà connue.

En faisant $m = 2$, il vient :

$$(n+1)^3 = 1 + 3S_2 + 3S_1 + n;$$

d'où

$$S_2 = \frac{2(n+1)^3 - 2(n+1) - 3n(n+1)}{6},$$

où [1]

$$S_2 = 1^2 + 2^2 + 3^2 + \dots + n^2 = \frac{n(n+1)(2n+1)}{6}.$$

Telle est la formule qui va nous servir pour la sommation des piles de boulets.

Elle se déduit, comme on voit, d'une formule beaucoup plus générale, qui pourrait donner également la somme des cubes, la somme des quatrièmes puissances.... des nombres naturels. Si l'on veut seulement arriver le plus simplement possible à ce résultat, qui est le seul dont on ait, actuellement, à faire usage, on peut procéder comme il suit.

61. RECHERCHE DIRECTE DE LA SOMME DES CARRÉS DES n PREMIERS NOMBRES ENTIERS. On a évidemment :

$$2^3 = (1+1)^3 = 1^3 + 3 \times 1^2 + 3 \times 1 + 1,$$

$$3^3 = (2+1)^3 = 2^3 + 3 \times 2^2 + 3 \times 2 + 1,$$

$$4^3 = (3+1)^3 = 3^3 + 3 \times 3^2 + 3 \times 3 + 1,$$

$$\vdots$$

$$(n+1)^3 = n^3 + 3n^2 + 3n + 1;$$

ajoutant toutes ces égalités, il vient, après que l'on a supprimé les termes communs aux deux membres, et en désignant par S_2

la somme des carrés des nombres naturels et par S_1 la somme des premières puissances :

$$(n+1)^3 = 1 + 3S_2 + 3S_1 + n,$$

équation identique à celle du paragraphe précédent, et dont on déduira la même valeur de S_2.

62. Piles triangulaires. La base d'une pile triangulaire est formée par des boulets rangés en triangle équilatéral. La première rangée contenant 1 boulet, la seconde 2, la troisième 3, la n^{me} n, le nombre total des boulets employés est ici :

$$1 + 2 + 3 + \ldots + n = \frac{n(n+1)}{2} = \frac{n^2 + n}{2}.$$

La tranche immédiatement supérieure est formée par des boulets rangés également en triangle équilatéral, dont le côté contient un boulet de moins; le nombre des boulets de cette seconde tranche s'obtiendra donc en changeant, dans la formule précédente, n en $(n-1)$; on aura ainsi $\frac{(n-1)^2 + (n-1)}{2}$. La troisième tranche contiendra de même $\frac{(n-2)^2 + (n-2)}{2}$ boulets; et ainsi de suite jusqu'à la première, qui en contient $\frac{1^2 + 1}{2}$.

Le nombre total est, d'après cela :

$$T = \frac{n^2 + n}{2} + \frac{(n-1)^2 + (n-1)}{2} = \frac{(n-2)^2 + (n-2)}{2} + \ldots + \frac{1^2 + 1}{2};$$

ce que l'on peut écrire de la manière suivante :

$$T = \frac{n^2 + (n-1)^2 + (n-2)^2 + \ldots + 1^2}{2} + \frac{n + (n-1) + (n-2) + \ldots + 1}{2},$$

ou, en vertu des formules écrites plus haut (**60**) :

$$T = \frac{n(n+1)(2n+1)}{12} + \frac{n(n+1)}{4} = \frac{n(n+1)(2n+4)}{12}$$

ou [18] $$T = \frac{n(n+1)(n+2)}{6}.$$

Telle est la formule qui exprime le nombre des boulets contenus dans une pile triangulaire.

63. Pile a base carrée. La base d'une pareille pile est formée par des boulets rangés en carré, dont le nombre total est n^2, n désignant le nombre de ceux qui sont contenus dans le côté de ce carré. La seconde tranche contiendra $(n-1)^2$ boulets, la troisième $(n-2)^2$, etc., et enfin la dernière n'en contient qu'un. Le nombre total est donc :

$$Q = n^2 + (n-1)^2 + (n-2)^2 + \ldots + 1$$

ou   [19]
$$Q = \frac{n(n+1)(2n+1)}{6}.$$

64. Pile a base rectangulaire. La base d'une pareille pile est formée par des boulets rangés en rectangle. Si l'un des côtés de la base contient m boulets et l'autre côté n, le nombre total des boulets qui la composent sera mn. La tranche suivante est un rectangle, dont les côtés comprennent respectivement $(m-1)$ et $(n-1)$ boulets; elle en contient, par conséquent, un nombre égal à $(m-1)(n-1)$; la troisième tranche en contient de même $(m-2)(n-2)$; et ainsi de suite jusqu'à la dernière, qui est une file de $(m-n+1)$ boulets (si l'on suppose $m > n$). Le nombre total que nous cherchons est donc :

$$R = mn + (m-1)(n-1) + (m-2)(n-2) + \ldots + (m-n+1)1.$$

Posons $m-n=p$: on aura : $m = n+p$, et la formule deviendra :

$$R = n(n+p) + (n-1)(n-1+p) + (n-2)(n-2+p) + \ldots + 1(1+p),$$

c'est-à-dire :

$$R = [n^2 + (n-1)^2 + (n-2)^2 + \ldots + 1^2] + p[n + (n-1) + \ldots + 1],$$

ou, d'après les formules connues (**60**) :

$$R = \frac{n(n+1)(2n+1)}{6} + p.\frac{n(n+1)}{2}$$

ou enfin   [20] $R = \frac{n(n+1)(2n+3p+1)}{6}.$

65. MOYEN DE VÉRIFIER DES FORMULES. Nous ferons connaître, à l'occasion des formules précédentes, un mode de raisonnement très-fréquemment employé, et qu'il suffira de développer sur un seul exemple.

Supposons que l'on donne, sans démonstration, la formule

$$1^2 + 2^2 + 3^2 + \dots + n^2 = \frac{n(n+1)(2n+1)}{6}.$$

Comment devra-t-on s'y prendre pour en vérifier l'exactitude ?

On commencera par faire les hypothèses les plus simples :

Pour $n = 1$, on a : $\dfrac{n(n+1)(2n+1)}{6} = \dfrac{1.2.3}{6} = 1$;

Pour $n = 2$, on a : $\dfrac{n(n+1)(2n+1)}{6} = \dfrac{2.3.5}{6} = 5 = 1^2 + 2^2$;

Pour $n = 3$, on a : $\dfrac{n(n+1)(2n+1)}{6} = \dfrac{3.4.7}{6} = 14 = 1^2 + 2^2 + 3^2$.

La formule est donc exacte pour les valeurs 1, 2, 3 du nombre n. Cela posé, pour prouver qu'elle est générale, il suffit de montrer, qu'en la supposant vraie pour une certaine valeur de n, elle l'est, par cela même, pour la valeur immédiatement supérieure. Admettons que l'on ait :

$$[a] \qquad 1^2 + 2^2 + 3^2 + \dots + n^2 = \frac{n(n+1)(2n+1)}{6} ;$$

il faut prouver que l'on aura, par suite :

$$[b] \qquad 1^2 + 2^2 + \dots + n^2 + (n+1)^2 = \frac{(n+1)(n+2)(2n+3)}{6}.$$

Les premiers membres des équations [a] et [b] ont pour différence $(n+1)^2$. Si donc il en est de même des seconds membres, la première égalité entraîne nécessairement la seconde. Or on a :

$$\frac{(n+1)(n+2)(2n+3)}{6} - \frac{n(n+1)(2n+1)}{6}$$

$$= \frac{(n+1)[(n+2)(2n+3) - n(2n+1)]}{6} = \frac{(n+1)(6n+6)}{6} = (n+1)^2.$$

Le théorème est donc vérifié.

Une marche semblable s'appliquerait aux diverses formules, qui représentent le nombre des boulets dans les différents cas.

RÉSUMÉ.

30. Définition des combinaisons; ce que l'on nomme arrangements, produits différents. — **31.** Nombre des arrangements de m objets, pris n à n. — **32.** Nombre des permutations de m objets. — **33.** Nombre des produits différents de m objets n à n. — **34.** Forme plus simple de l'expression du nombre des produits différents. Le nombre des produits différents de m lettres n à n est le même que celui de m lettres $(m-n)$ à $(m-n)$. — **35.** Le nombre des produits différents de m objets n à n est la somme des nombres de produits différents de $(m-1)$ objets n à n, et de $(m-1)$ objets $(n-1)$ à $(n-1)$. — **36.** Le produit de n nombres entiers consécutifs est divisible par le produit des n premiers nombres entiers. — **37.** Formation du produit de m binomes qu ont le même premier terme. — **38.** Puissance d'un binome. — **39.** Terme général du binome. — **40.** Moyen de former un terme, connaissant le précédent. — **41.** Les coefficients à égale distance des extrèmes sont égaux. — **42.** Les coefficients vont en croissant jusqu'au milieu. — **43.** Puissance d'un binome dont le second terme est négatif. — **44.** Somme des coefficients du binome. — **45.** La somme des coefficients de rang pair est égale à celle des coefficients de rang impair. — **46.** Relations entre les coefficients de deux puissances succcessives de $(x+a)$. — **47.** Puissances successives de $\sqrt{-1}$. — **48.** Développement de $(a+b\sqrt{-1})^m$. — **49.** Conditions pour que le résultat soit réel. — **50.** Puissance d'un trinome. — **51.** Terme général du développement. **52.** Terme général du développement de $(a+b+c+d)^m$. — **53.** Théorèmes sur les limites. — **54.** L'expression $\left(1+\dfrac{1}{m}\right)^m$ a une limite, quand m croît indéfiniment. — **55.** Cette limite est e, quand m est entier. — **56.** Elle est encore e, quand m est fractionnaire. — **57.** Elle est encore e, quand m est négatif. — **58.** La limite de $\left(1+\dfrac{1}{m}\right)^{-m}$ ou de $\left(1-\dfrac{1}{m}\right)^m$ est $\dfrac{1}{e}$. — **59.** Somme des puissances semblables des termes d'une progression. — **60.** Application. — **61.** Somme des carrés des nombres naturels. — **62.** Piles triangulaires. — **63.** Piles à base carrée. — **64.** Piles à base rectangle. — **65.** Moyen de vérifier l'exactitude de la formule qui donne la somme des carrés des nombres naturels.

EXERCICES.

I. En désignant par $[\overset{n}{m}]$ le produit $m(m-1)\ldots(m-n+1)$, vérifier les formules :

1°
$$[(a\overset{m}{+}b)]=[\overset{m}{a}]+m[\overset{m-1}{a}]b$$

$$+\frac{m(m-1)}{1.2}[\overset{m-2}{a}][\overset{2}{b}]+\ldots+\frac{m(m-1)\ldots(m-n+1)}{1.2\ldots n}[\overset{m-n}{a}][\overset{n}{b}]+\ldots+[\overset{m}{b}].$$

2° $[(a\overset{m}{+}b+c)]=[\overset{m}{a}]+\ldots+\frac{1.2\ldots m}{1.2\ldots\alpha.1.2\ldots\beta.1.2\ldots\gamma}[\overset{\alpha}{a}][\overset{\beta}{b}][\overset{\gamma}{c}]+\ldots;$

le second membre contenant les termes analogues à ceux que nous avons écrits, et correspondant à toutes les valeurs de α, β, γ, pour lesquelles $\alpha+\beta+\gamma=m$.

On regarde $[\overset{o}{a}]$ comme égal à 1.

On considère chacun des termes comme représentant un nombre d'arrangements.

II. Trouver le nombre x des termes du développement de $(a+b+c)^m$ et le nombre y de ceux de $(a+b+c+d)^m$.

On trouve :
$$x=\frac{(m+1)(m+2)}{1.2}, \qquad y=\frac{(m+1)(m+2)(m+3)}{1.2.3}.$$

III. Vérifier la formule :

$$x^n+\frac{1}{x^n}=\left(x+\frac{1}{x}\right)^n-n\left(x+\frac{1}{x}\right)^{n-2}+\frac{n(n-3)}{1.2}\left(x+\frac{1}{x}\right)^{n-4}$$

$$-\frac{n(n-4)(n-5)}{1.2.3}\left(x+\frac{1}{x}\right)^{n-6}+\ldots.$$

$$+(-1)^p\frac{n(n-p-1)(n-p-2)\ldots(n-2p+1)}{1.2.3\ldots p}\left(x+\frac{1}{x}\right)^{n-1}+\ldots.$$

On démontre que, si la formule est vraie pour deux valeurs consécutives de n, elle est vraie pour la valeur immédiatement supérieure.

IV. Vérifier la formule

$$1.2\ldots m=(m+1)^m-m.m^m+\frac{m(m-1)}{1.2}(m-1)^m$$

$$-\frac{m(m-1)(m-2)}{1.2.3}(m-2)^m+\ldots.$$

Méthode analogue à la précédente : ou bien, on exprime, de deux manières, la m^{me} *différence* de x^m (voir Liv. III).

V. Trouver le plus grand terme du développement de $(x + a)^m$.

Ce terme est :

$$\frac{m(m-1)\dots(m-p+1)}{1.2\dots p} a^p x^{m-p},$$

p étant le plus grand entier contenu dans la fraction $\dfrac{(m+1)a}{x+a}$.

VI. x et a étant donnés, et m augmentant indéfiniment, trouver la limite du rapport de leurs exposants dans le terme maximum du développement de $(x+a)^m$.

Cette limite est $\dfrac{x}{a}$.

VII. Trouver le plus grand terme de $(a+b+c)^m$, et les rapports limites des exposants de a, b, c dans ce plus grand terme, lorsque m augmente indéfiniment.

Ce plus grand terme se déduit de l'exercice **IV** ; et les exposants, dans ce terme, tendent à être proportionnels à a, b, c.

VIII. Vérifier que $(x+a)^m + (x-a)^m$ est plus grand que $2x^m$, en valeur absolue. En déduire le maximum de $x+y$, lorsque $x^m + y^m$ est donné.

IX. Vérifier la formule :

$$(x+\alpha)^m = x^m + m\alpha(x+\beta)^{m-1} + \frac{m(m-1)}{1.2}\alpha(\alpha-2\beta)(x+2\beta)^{m-2}$$

$$+ \dots + \frac{m(m-1)\dots(m-n+1)}{1.2\dots n}\alpha(\alpha-n\beta)^{n-1}(x+n\beta)^{m-n}$$

$$+ \dots + m\alpha[\alpha-(m-1)\beta]^{m-2}[x+(m-1)\beta] + \alpha(\alpha-m\beta)^{m-1}.$$

Cette formule, dans le cas de $\beta = 0$, ne diffère pas de celle du binome : elle a lieu, quel que soit β.

Application de la méthode du n° **65** : ou vérification directe.

X. Nombre de manières de décomposer un polygone en triangles par les diagonales : démontrer les formules :

$$P_{n+1} = P_n + P_{n-1}P_3 + P_{n-2}P_4 + \dots + PP_3 P_{n-1} + P_n$$

$$P_{n+1} = \frac{4n-6}{n} P_n;$$

P_n désignant de combien de manières cette décomposition peut se faire, pour un polygone de n côtés.

On cherche, pour la première, de combien de décompositions fait partie chacun des triangles qui ont pour base un même côté du polygone ; et, pour la seconde, dans combien de décompositions entre une même diagonale.

XI. Si l'on considère une permutation de n nombres 1, 2, 3,...n, que l'on dise qu'il y a *dérangement*, quand un nombre est suivi, immédiatement ou non, d'un autre plus petit que lui ; prouver que le nombre total des dérangements, contenue dans les permutations de ces n nombres, est égal à $(1.2....n).\dfrac{n(n-1)}{4}$.

On prouve d'abord que $D_{n+1} = (n+1)D_n + \dfrac{n}{2}P_n$, en désignant par D_n le nombre de dérangements relatifs aux permutations des n nombres, et par P_n le nombre des permutations. On en conclut :

$$D_{n+p} = (n+1)(n+2)....(n+p)D_n + \frac{1}{2}\left[pn + \frac{p(p-1)}{2}\right]P_{n+p};$$

et de là, en faisant $n=1$, et changeant ensuite $p+1$ en n, on tire la formule demandée.

XII. Trouver la somme des carrés des coefficients du binome.

Cette somme est le coefficient de $a^m x^m$, dans le développement de $(x+a)^{2m}$.

XIII. Cette somme peut être représentée par les deux formules :

$$\frac{2n.(2n-1)....(n+1)}{1.2.3....n}, \qquad \frac{2.6.10.14....4n-2}{1.2....n};$$

prouver que ces formules sont équivalentes.

Application de la méthode du n° **65** ; ou vérification directe.

XIV. Prouver que si, dans la somme des n fractions

$$S = \frac{1-x}{1-a} + \frac{(1-x)(a-x)}{a-a^3} + ... + \frac{(1-x)(a-x)(a^2-x)....(a^{n-1}-x)}{a^{\frac{n(n-1)}{2}} - a^{\frac{n(n+1)}{2}}},$$

on fait $x = a^n$, cette somme devient égale à n.

Application de la méthode du n° **65**.

XV. Trouver la limite de $\left(1 + \dfrac{x}{m}\right)^m$, lorsque m croît indéfiniment. Cette limite est e^x. Former le série qui la représente.

XVI. Prouver que la série

$$\frac{1}{z^{\alpha_1}} + \frac{1}{z^{\alpha_2}} + \frac{1}{z^{\alpha_3}} + ... + \frac{1}{z^{\alpha_m}} + ...$$

dans laquelle z est un nombre entier, ainsi que les exposants $\alpha_1, \; \alpha_2,... \; \alpha_m;$

une limite incommensurable, lorsque les différences $\alpha_2 - \alpha_1$, $\alpha_3 - \alpha_2, \ldots \alpha_{m+1} - \alpha_m$, vont toujours en augmentant.

On suit une marche analogue à celle qui a servi pour prouver que e est incommensurable.

XVII. Trouver la somme des cubes des n premiers nombres entiers.

On trouve (**60**) : $\qquad S_3 = \dfrac{n^2(n+1)^2}{4}$, ou $\quad S_3 = S_1^2$.

XVIII. Si l'on nomme S_m la somme des m^{mes} puissances des n premiers nombres naturels, prouver que S_m est compris entre $\dfrac{(n+1)^{m+1}}{m+1}$ e $\dfrac{n^{m+1}}{m+1}$, m désignant un nombre entier quelconque.

On applique la formule $\lceil 16 \rceil$, (n° **60**).

CHAPITRE III.

COMPLÉMENT DE LA THÉORIE DES LOGARITHMES.

§ I. Des exposants incommensurables.

66. EXPOSANTS INCOMMENSURABLES. Nous avons expliqué, dans la première partie (**580**), comment on définit un nombre incommensurable, en disant quels sont les nombres commensurables plus petits, et quels sont les nombres commensurables plus grands que lui. Nous avons dit aussi (**581** et suiv.) comment on doit entendre les opérations relatives à ces sortes de nombres.

Si l'on considère l'expression a^x, dans laquelle x a une valeur commensurable, cette expression a été définie (I, **105**), et ne présente aucune obscurité ; car, en supposant x égal à $\frac{m}{n}$, m et n étant entiers, on a :

$$a^x = a^{\frac{m}{n}} = \sqrt[n]{a^m}.$$

Nous supposerons toujours que a soit positif, et nous ne considérerons que les valeurs réelles et positives du radical ; il n'y a donc là ni difficulté ni ambiguïté. Si x a une valeur négative ($-m$), a^x est défini (I, **88**) par l'équation

$$a^{-m} = \frac{1}{a^m}.$$

Il nous reste donc à définir a^x, lorsque x est un nombre incommensurable, positif ou négatif. On doit, dans ce cas, adopter la définition suivante :

a^x est la limite vers laquelle tendent les puissances de a, *dont l'exposant commensurable s'approche de plus en plus de* x.

Cette définition est très-simple, mais elle exige quelques développements. On pourrait, en effet, se demander si la limite est bien déterminée ; et si, quelle que soit la série des exposants commensurables qui s'approchent indéfiniment de x, la limite des puissances de a est toujours la même. Pour le démontrer, il faut établir quelques propositions.

67. THÉORÈME I. *Toutes les puissances commensurables d'un nombre positif sont positives.* Cela résulte de ce que, comme nous l'avons dit, nous ne considérons que les valeurs positives des radicaux.

68. THÉORÈME II. *Toutes les puissances positives d'un nombre plus grand que l'unité sont elles-mêmes plus grandes que l'unité, et toutes les puissances négatives sont moindres que l'unité.*

Le contraire a lieu pour les puissances d'un nombre moindre que l'unité.

Soit, en effet, a un nombre plus grand que l'unité, et soit $a^{\frac{m}{n}}$ une puissance positive de a; on a, par définition :

$$a^{\frac{m}{n}} = \sqrt[n]{a^m};$$

or, a étant plus grand que l'unité, il en est évidemment de même de la puissance entière a^m, et par suite de $\sqrt[n]{a^m}$.

Les puissances positives de a étant plus grandes que l'unité, l'égalité

$$a^{-m} = \frac{1}{a^m}$$

montre que les puissances négatives, qui sont leurs inverses, sont moindres que l'unité.

Enfin, si l'on suppose à a une valeur moindre que l'unité, on peut le représenter $\frac{1}{a'}$, a' étant plus grand que l'unité; on aura alors :

$$a^x = \frac{1}{a'^x};$$

et il est évident que les valeurs de x, qui rendent a'^x plus grand que l'unité, rendent a^x plus petit, et réciproquement.

69. THÉORÈME III. *Si x reçoit des valeurs commensurables croissantes, l'expression a^x varie toujours dans le même sens; elle aug-*

mente, *si a est plus grand que l'unité; elle diminue, dans le cas contraire.*

Soient, en effet, p et q deux valeurs commensurables, positives ou négatives, attribuées successivement à x; on a (I, **91**) :

$$\frac{a^q}{a^p} = a^{q-p}.$$

Or $(q-p)$ est positif, puisque, par hypothèse, q est plus grand que p. Si donc a est plus grand que l'unité, il sera de même de a^{q-p}; et, par suite, on aura $a^q > a^p$. Si, au contraire, a est moindre que l'unité, il en sera de même de a^{q-p}; et l'on aura $a^q < a^p$. Donc a^x augmente, dans le premier cas, quand x passe de la valeur p à la valeur p; et il diminue dans le second.

70. THÉORÈME IV. *On peut, dans l'expression* a^x, *donner au nombre commensurable* x *un accroissement assez petit pour que* a^x *varie aussi peu qu'on le voudra.*

Soit m une valeur commensurable quelconque de x; je dis que l'on peut augmenter m d'une quantité α assez petite pour que la différence $(a^{m+\alpha} - a^m)$ soit aussi petite qu'on le voudra.

On a : $$a^{m+\alpha} = a^m \times a^\alpha,$$

et, par suite, $$a^{m+\alpha} - a^m = a^m (a^\alpha - 1).$$

Or a^m est un nombre indépendant de α; il suffit donc de prouver que $(a^\alpha - 1)$ peut être rendu aussi petit qu'on le voudra, pour des valeurs suffisamment petites de α.

Supposons d'abord a plus grand que l'unité. Quelle que soit la valeur positive de α, a^α sera toujours (**68**) plus grand que l'unité. Pour montrer qu'il en approche autant qu'on veut, il suffit de faire voir qu'il peut devenir plus petit qu'un nombre quelconque $(1 + \varepsilon)$ supérieur à l'unité, et que, quelque soit ε, on peut choisir α, de manière que l'on ait,

$$a^\alpha < 1 + \varepsilon.$$

Posons, en effet, $\alpha = \frac{1}{h}$, les valeurs indéfiniment décroissantes de α correspondant aux valeurs indéfiniment croissantes de k; l'inégalité précédente devient :

$$a^{\frac{1}{k}} < (1 + \varepsilon),$$

ou, ce qui revient au même :

$$(1 + \varepsilon)^k < a.$$

Or, les puissances entières de $(1 + \varepsilon)$ forment une progression par quotient croissante, dont les termes (I, **561**) peuvent surpasser toute limite. La dernière inégalité est donc toujours possible; et, par suite, la proposition est démontrée, dans le cas de $a > 1$.

Si a est moindre que 1, on le représente par $\dfrac{1}{a'}$, a' étant plus grand que l'unité; a^α sera alors égal à $\dfrac{1}{a'^\alpha}$; or, a'^α différant, d'après ce qui précède, aussi peu que l'on voudra, de l'unité, il en sera évidemment de même de a^α.

71. DÉFINITION RIGOUREUSE DE a^x. Les théorèmes qui précèdent sont indispensables pour donner de a^x une définition parfaitement rigoureuse, dans le cas où x est incommensurable. Chacun d'eux forme d'ailleurs une proposition qu'il serait indispensable de connaître, quand bien même on ne s'astreindrait pas, comme nous l'avons fait, à ne laisser subsister aucune difficulté sur ce point important.

Nous dirons : a^x *représente, pour une valeur incommensurable* h, *attribuée à* x, *un nombre compris entre les valeurs de* a^x, *qui correspondent à des exposants commensurables moindres que* h, *et celles qui correspondent à des exposants commensurables plus grands que* h. Cette définition, analogue à celle que nous donnons, en arithmétique, pour les racines carrées et cubiques, et, en algèbre élémentaire, pour les logarithmes, assigne à a^x une valeur unique et déterminée.

Si l'on suppose, en effet, pour fixer les idées, que les valeurs de a^x représentent des longueurs portées, sur une ligne droite, à partir d'une certaine origine, les extrémités de celles qui correspondent à des valeurs de x moindres que h occuperont une certaine région de la droite; les extrémités de celles qui correspondent aux valeurs de x plus grandes que h en occuperont une autre; et *il résulte, des théorèmes précédents*, que ces régions sont entièrement séparées (**69**), et qu'il ne peut exister entre elles aucun intervalle d'étendue finie (**70**), mais un simple point de démarcation. La distance, à laquelle ce point se trouve de l'origine, mesure a^x.

§ II. L'expression a^x peut prendre toutes les valeurs positives, lorsque a est un nombre positif, plus grand ou plus petit que l'unité.

72. Continuité de la fonction a^x. Nous venons de voir (**70**), que si, le nombre a étant donné, l'exposant x reçoit des accroissements suffisamment petits, l'expression a^x peut varier aussi peu qu'on le voudra. On dit, d'après cela, que cette expression est une *fonction continue* de x; et le mot *continue* exprime qu'elle ne peut passer brusquement d'une valeur à une autre, sans être susceptible d'acquérir les valeurs intermédiaires.

73. L'expression a^x peut prendre toutes les valeurs positives. Il résulte de la *continuité de l'expression* a^x, que, a *étant positif, et* x *variant de* $-\infty$ *à* $+\infty$, *cette expression peut prendre toutes les valeurs positives*. Pour le démontrer, nous distinguerons deux cas.

1° a *est plus grand que l'unité*. Les puissances entières et positives de a forment une progression croissante; et, par suite (I, **361**), il existe toujours un exposant assez grand pour que a^x dépasse toute grandeur assignée d'avance. D'ailleurs, pour $x = 0$, a^x devient l'unité; et, par conséquent, la fonction considérée, pouvant être égale à l'unité et à un nombre aussi grand que l'on voudra, peut acquérir, en vertu de la continuité, toutes les valeurs intermédiaires. On voit donc que, x variant de 0 à $+\infty$, a^x varie de 1 à $+\infty$, et prend toutes les valeurs plus grandes que l'unité.

Si l'on donne à x des valeurs négatives, en posant, par exemple, $x = -m$, on aura :

$$a^x = \frac{1}{a^m};$$

et, m variant de 0 à $+\infty$, le dénominateur du second membre prend toutes les valeurs possibles plus grandes que l'unité; et, par suite, la fraction prendra toutes les valeurs moindres que 1. On voit donc que, x variant de $-\infty$ à 0, a^x varie de 0 à 1.

Il est clair, d'ailleurs, que a^x ne peut pas prendre deux fois la même valeur; car si l'on avait, par exemple :

$$a^x = a^{x'},$$

on en conclurait :

$$1 = \frac{a^{x'}}{a^x} = a^{x'-x};$$

or, la puissance zéro d'un nombre plus grand que 1 est évidemment la seule qui soit égale à l'unité; et l'on devrait avoir :

$$x = x'.$$

2° a *est plus petit que l'unité*. Posons $a = \dfrac{1}{a'}$; a' sera plus grand que l'unité. On aura :

$$a^x = \frac{1}{a'^x}.$$

Or, d'après ce qui précède, x variant de 0 à $+\infty$, a'^x prendra toutes les valeurs possibles supérieures à l'unité; donc a^x prendra évidemment toutes celles qui sont moindres. Puis, x variant de 0 à $-\infty$, a'^x prendra toutes les valeurs moindres que l'unité; et, par suite, a^x prendra évidemment toutes celles qui sont plus grandes que l'unité. En sorte que, dans ce cas encore, a^x peut prendre toutes les valeurs positives.

§ III. Propriétés générales des logarithmes.

74. La définition, que nous avons adoptée (I, **572**), permet de démontrer les propriétés essentielles des logarithmes; mais, pour leur étude plus approfondie, il est convenable de prendre un autre point de départ; et nous adopterons une définition nouvelle.

75. Définition des logarithmes. Lorsqu'on a la relation

$$a^x = b,$$

on dit que x est le *logarithme* du nombre b, dans le système dont la base est a; et on l'écrit ainsi :

$$x = \log b.$$

Tout nombre positif a un logarithme, dans le système dont la base est a, et n'en a qu'un seul; car on a vu (**75**) que, quand x croît par degrés continus de $-\infty$ à $+\infty$, a^x passe par toutes les valeurs positives, et ne passe qu'une fois par chacune. Les nombres négatifs n'ont pas de logarithmes réels.

L'ensemble des logarithmes des différents nombres, correspondant à une même base a, forme ce que l'on nomme un *système de logarithmes*. Les logarithmes d'un même système jouissent de propriétés fort importantes que nous allons d'abord démontrer. Nous supposons toujours la base positive.

76. Théorème I. *Le logarithme du produit de deux nombres est égal à la somme des logarithmes de ces nombres.*

Soient, en effet, x et y les logarithmes des nombres b et c; on a (**75**) :

$$a^x = b, \quad a^y = c;$$

et, en multipliant ces deux équations membre à membre ;

$$a^{x+y} = bc;$$

donc $(x+y)$ est le logarithme de bc; et l'on a :

$$\log bc = \log b + \log c.$$

77. Théorème II. *Le logarithme du quotient de deux nombres est égal à la différence des logarithmes de ces nombres.*

Soient, en effet, x et y les logarithmes de deux nombres b et c, on a (**75**) :

$$a^x = b, \quad a^y = c;$$

et, en divisant ces deux équations membre à membre :

$$a^{x-y} = \frac{b}{c};$$

donc $(x-y)$ est le logarithme de $\frac{b}{c}$; et l'on a :

$$\log \frac{b}{c} = \log b - \log c.$$

78. THÉORÈME III. *Le logarithme de la puissance n^{me} d'un nombre est égal, quel que soit* n *(entier ou fractionnaire, positif ou négatif), au produit de* n *par le logarithme de ce nombre.*

Soit x le logarithme de b ; on a :

$$a^x = b ;$$

d'où, en élevant les deux membres à la puissance n :

$$a^{nx} = b^n ;$$

donc nx est le logarithme de b^n ; et l'on a :

$$\log b^n = n \log b.$$

Ce théorème comprend évidemment le théorème IV (I, **592**) relatif au logarithme d'une racine.

79. THÉORÈME IV. *Dans un système quelconque de logarithmes, l'unité a pour logarithme zéro, et la base du système a pour logarithme l'unité.*

On a, en effet, quel que soit a,

$$a^0 = 1,$$

$$a^1 = a.$$

80. THÉORÈME V. *Lorsque la base d'un système est plus grande que l'unité, les nombres plus grands que l'unité ont des logarithmes positifs, et les nombres moindres que l'unité ont des logarithmes négatifs. Le contraire a lieu, lorsque la base est moindre que l'unité.*

On a vu, en effet (**68**), que les puissances positives d'un nombre, plus grand que l'unité, sont plus grandes que l'unité, et ses puissances négatives sont moindres que l'unité. Le contraire a lieu pour les puissances des nombres moindres que l'unité. Si donc a est plus grand que l'unité, l'équation

$$a^x = b$$

exige que x, c'est-à-dire $\log b$, soit positif, si b est plus grand que l'unité, et négatif, dans le cas contraire.

Si, au contraire, a est moindre que l'unité, l'équation

$$a^x = b$$

exige que x, c'est-à-dire $\log b$, soit négatif, si b est plus grand que l'unité, et positif, dans le cas contraire.

81. REMARQUE. Les nombres négatifs n'ont pas de logarithmes; car les puissances, positives ou négatives, d'une base positive, sont toutes positives.

§ IV. Identité des logarithmes algébriques et arithmétiques.

82. REMARQUE. Il est essentiel de démontrer que les logarithmes, tels que nous les avons définis, ne diffèrent pas de ceux que l'on considère en arithmétique, et qui naissent de la considération de deux progressions.

83. LES LOGARITHMES ALGÉBRIQUES RENTRENT DANS LES SYSTÈMES CONSIDÉRÉS EN ARITHMÉTIQUE. Si l'on considère, en effet, des nombres en progression par quotient, commençant par l'unité :

$$\div 1 : q : q^2 : q^3 : q^4 : q^5 : \ldots q^n : q^{n+1},$$

et que l'on nomme x le logarithme de q, les logarithmes des différents termes de cette progression seront (**78**) :

$$0, \ x, \ 2x, \ 3x, \ \ldots, \ nx, \ (n+1)x;$$

ainsi *quand des nombres sont en progression par quotient, commençant par l'unité, leurs logarithmes* (**75**) *forment une progression arithmétique commençant par 0.*

Si maintenant on insère un nombre k de moyens entre les

termes consécutifs des deux progressions, on dit, en arithmétique, que *les termes introduits par là, dans la progression par
différence, sont les logarithmes des termes correspondants, dans la
progression par quotient.* Or nous allons voir que les conséquences
de cette définition sont d'accord avec celle que nous donnons en
algèbre (**75**).

Si, en effet, nous insérons k moyens entre les termes q^n, q^{n+1},
de la progression par quotient, et k moyens entre les termes nx,
$(n+1)x$, de la progression par différence, les raisons des progressions formées par ces moyens seront

$$\sqrt[k+1]{q}, \quad \frac{x}{k+1};$$

et le p^{me} moyen sera, dans la progression par quotient,

$$q^n \times (\sqrt[k+1]{q})^p,$$

et dans la progression par différence,

$$nx + p\left(\frac{x}{k+1}\right).$$

Mais on a : $\qquad q^n \times (\sqrt[k+1]{q})^p = q^{n + \frac{p}{k+1}},$

$$nx + p\left(\frac{x}{k+1}\right) = x\left(n + \frac{p}{k+1}\right);$$

et, puisque x est, par hypothèse, le logarithme de q, le second
de ces nombres est bien (**78**) le logarithme du premier.

Ainsi, *lorsqu'on insère un même nombre de moyens dans les deux
progressions, les termes introduits dans la progression par différence
sont les logarithmes* (**75**) *des termes correspondants de la progression
par quotient.*

84. Réciproque. Nous venons de voir qu'un système de logarithmes, tel que nous l'avons défini (**75**), peut toujours ré-
sulter de la considération de deux progressions convenablement
choisies, et rentre ainsi dans les systèmes considérés en arithmétique. On peut faire voir aussi que *le système de logarithmes,*

*défini par deux progressions quelconques, satisfait toujours à la
définition donnée* (**75**).

Soit, en effet, le système défini par les deux progressions :

$$\begin{cases} 1, \ q, \ q^2, \ldots \ q^n, \ldots \\ 0, \ \delta, \ 2\delta, \ldots \ n\delta, \ldots \end{cases}$$

Posons $\qquad\qquad q^n = \beta, \quad n\delta = \gamma,$

γ étant le logarithme de β; on tire de la seconde de ces équations :

$$n = \frac{\gamma}{\delta};$$

et, en remettant cette valeur dans la première,

$$q^{\frac{\gamma}{\delta}} = \beta, \quad \text{ou} \quad (q^{\frac{1}{\delta}})^\gamma = \beta$$

γ est donc l'exposant de la puissance, à laquelle il faut élever la
base fixe $q^{\frac{1}{\delta}}$, pour reproduire le nombre β; γ est donc le logarithme de β pris, d'après notre nouvelle définition, dans le
système dont la base est $q^{\frac{1}{\delta}}$.

§ V. Des divers systèmes de logarithmes.

85. Comment on passe d'un système a un autre. Le nombre a, dont les puissances servent à former tous les nombres,
se nomme la *base* du système de logarithmes que l'on considère.
Si l'on change de base, tous les logarithmes changent; mais il
est facile de voir qu'*ils conservent des valeurs proportionnelles, et
se multiplient tous par un même facteur, que l'on nomme module
du nouveau système par rapport au premier.*

Soient a et a' deux bases quelconques, x et x' les logarithmes
d'un même nombre b dans les deux systèmes, de sorte que l'on
ait :

[1] $\qquad\qquad\qquad a^x = b,$

[2] $\qquad\qquad\qquad a'^{x'} = b.$

Prenons les logarithmes des deux membres de la première équation, dans le système dont la base est a'; nous aurons :

[3] $x l_{a'} a = l_{a'} b,$

le signe $l_{a'}$ désignant le logarithme d'un nombre dans le système dont la base est a. Or, si on se rappelle que x est le logarithme de b dans le système dont la base est a, l'équation [3] prouve que les deux logarithmes du nombre b, dans les systèmes dont les bases sont a' et a, ont pour rapport le nombre constant $l_{a'} a$.

On aurait pu, également, prendre les logarithmes des deux membres de l'équation [2], en opérant cette fois dans le système dont la base est a; on aurait eu alors :

$$x' l_a a' = l_a b.$$

Donc le rapport des deux logarithmes du nombre b, pris, respectivement, dans les systèmes dont les bases sont a' et a, est $\frac{1}{l_a a'}$. Nous avions trouvé, plus haut, que ce même rapport est $l_{a'} a$. Pour que ces deux résultats coïncident, il faut que l'on ait

$$l_a a' = \frac{1}{l_{a'} a}.$$

Or, cette égalité est évidente ; si l'on pose, en effet :

$$l_a a' = y,$$

$$l_{a'} a = z,$$

on a, par définition, $a^y = a',$

$$a'^z = a.$$

Remettant, dans la seconde équation, la valeur de a' fournie par la première, il vient :

$$(a^y)^z = a^{yz} = a.$$

Donc on doit avoir : $yz = 1.$

86. LOGARITHMES NÉPÉRIENS. Les logarithmes ont été découverts, au commencement du dix-septième siècle, par J. NÉPER,

baron écossais. La base de son système est le nombre incommensurable e, que nous avons défini (**27**). Ces logarithmes se nomment *logarithmes népériens*, et on les désigne par la lettre L. *Callet* les a inscrits, dans ses tables, sous le nom de *logarithmes hyperboliques*. Ce sont eux qui se présentent le plus naturellement dans l'analyse mathématique.

Considérons les deux progressions :

$$\div\ 1 : 1 + \alpha : (1 + \alpha)^2 : (1 + \alpha)^5 : \ldots : (1 + \alpha)^m : \ldots,$$

$$\div\ 0 .\quad \beta\ .\quad 2\beta\quad .\quad 3\beta\ .\ \ldots\ .\ m\beta\ .\ \ldots,$$

α et β étant excessivement petits, afin que les termes croissent très-lentement, et que l'on puisse regarder tous les nombres comme faisant partie de la progression par quotient. On peut définir le système de logarithmes, en donnant la limite vers laquelle tend le rapport $\frac{\beta}{\alpha}$, quand α et β tendent simultanément vers zéro. Néper supposa cette limite égale à 1. Dans cette hypothèse, les deux progressions sont :

$$\div\ 1 : (1 + \alpha) : (1 + \alpha)^2 : (1 + \alpha)^3 : \ldots : (1 + \alpha)^m : \ldots$$

$$\div\ 0 .\quad \alpha\quad .\quad 2\alpha\ .\ 3\alpha\quad .\ \ldots\ .\ m\alpha\ .\ \ldots$$

Si la base est $(1 + \alpha)^m$, son logarithme $m\alpha$ est égal à l'unité, par suite $\alpha = \frac{1}{m}$, et la base devient $\left(1 + \frac{1}{m}\right)^m$. Si α tend vers zéro, m croît sans limite, et l'expression $\left(1 + \frac{1}{m}\right)^m$ converge (**55**) vers le nombre e, base du système népérien.

87. LOGARITHMES VULGAIRES. Les logarithmes népériens ne se prêtent pas commodément aux calculs numériques, parce que la base est incommensurable. Aussi, quelques années après la publication de Néper, on construisit une nouvelle table de logarithmes, dits *logarithmes vulgaires*, dont la base est 10. Ce sont ces logarithmes, dont nous avons, dans la première partie, expliqué les usages et développé les applications. On les désigne par le signe *log*.

Si l'on appelle x et y les logarithmes d'un même nombre dans le système népérien et dans le système vulgaire, on a :

$$e^x = 10^y \, ;$$

d'où, prenant les logarithmes dans le premier système, on tire :

$$x = y \, L \, . \, 10, \quad \text{ou} \quad y = \frac{1}{L \, 10} x.$$

Ainsi, *pour obtenir les logarithmes des nombres dans le système vulgaire, on multiplie les logarithmes népériens des mêmes nombres par l'inverse du logarithme népérien de la nouvelle base.* C'est ce facteur $\dfrac{1}{L \, . \, 10}$, que l'on nomme spécialement *module* du système vulgaire. En le désignant par la lettre M, on a :

$$y = M \, x.$$

Si l'on avait pris les logarithmes des deux nombres dans le système vulgaire, on eût eu :

$$x \log e = y.$$

Donc $M = \log . \, e.$

88. Logarithmes négatifs. Lorsque, dans l'équation

$$a^x = b,$$

le nombre b est moindre que l'unité, a étant plus grand que 1, son logarithme x est négatif : car on a vu (**75**), que c'est en faisant varier x de 0 à $- \infty$, que l'on fait prendre à a^x les valeurs comprises entre 0 et 1. Ainsi : *les nombres moindres que l'unité ont des logarithmes négatifs.* Ces logarithmes jouissent de toutes les propriétés démontrées plus haut (**76**, etc.); car on n'a fait jusqu'ici aucune hypothèse sur le signe des nombres considérés. On remarquera seulement que les logarithmes négatifs ne sont pas directement fournis par les tables. Mais leur détermination n'offrira pas pour cela plus de difficultés. Supposons, en effet.

que le nombre b, plus petit que l'unité, soit donné sous forme d'une fraction $\frac{m}{n}$, on aura :

$$\log \frac{m}{n} = \log m - \log n = - (\log n - \log m) ;$$

et, par suite, le logarithme négatif s'obtiendra par une soustraction.

Mais les logarithmes négatifs ne sont d'aucun usage; et il est facile, lorsque l'on en rencontre, de les préparer, de manière que leur caractéristique seule soit négative. On a, en effet, par exemple :

$$- 3{,}4582764 = 4 - 3{,}4582764 - 4 = \overline{4}{,}5417236 ;$$

c'est-à-dire que *l'on augmente d'une unité la caractéristique, on la prend avec le signe* —, *et l'on remplace la partie décimale par son complément* (I,**411**).

§ VI. Résolution des équations exponentielles.

89. Définition. On appelle *équation exponentielle* une équation de la forme

$$a^x = b,$$

dans laquelle a et b sont deux nombres positifs donnés. Résoudre l'équation, c'est trouver la valeur de x, pour laquelle elle est satisfaite.

90. Résolution de l'équation $a^x = b$. Pour trouver cette valeur de x, il suffit de prendre les logarithmes des deux membres de l'équation. On aura ainsi :

$$x \log a = \log b,$$

et, par suite,
$$x = \frac{\log b}{\log a}.$$

La base du système, dans lequel les logarithmes sont calculés, est arbitraire. Cela n'a, d'ailleurs, aucune influence sur le résultat : car on a vu (**85**), qu'en passant d'un système à un autre, on doit multiplier tous les logarithmes par un même nombre; et, par suite, le rapport $\dfrac{\log b}{\log a}$ n'est pas changé.

91. Résolution de l'équation $a^{b^x} = c$. On peut résoudre, par les mêmes procédés, l'équation $a^{b^x} = c$, dans laquelle a, b, c, sont des nombres positifs donnés. Car, en prenant les logarithmes des deux membres, on a :

$$b^x = \frac{\log c}{\log a}.$$

Pour que la solution existe, il faut que $\log a$ et $\log c$ soient de même signe : on peut alors les supposer positifs; et prenant, une seconde fois, les logarithmes, on a :

$$x = \frac{\log\log c - \log\log a}{\log b}.$$

§ VII. Remarques sur les questions d'intérêt.

92. Nous avons exposé complétement, dans la première partie, les applications de la théorie des logarithmes aux questions d'intérêts composés. Nous n'y reviendrons pas ici; et nous nous bornerons à la remarque suivante.

On a démontré, qu'une somme A, placée à intérêts composés, devient, après n années,

$$A (1 + r)^n.$$

Les conventions, faites sur les exposants négatifs et fractionnaires, permettent, maintenant, de généraliser cette formule.

Si n est fractionnaire et représenté par $\dfrac{p}{q}$, *supposons que l'on étende le principe des intérêts composés aux fractions d'année;* et nommons x, ce que rapporte 1 franc, pendant $\dfrac{1}{q}$ d'année.

1 franc rapportant x après $\dfrac{1}{q}$ d'année, devient, au bout de ce temps, $(1 + x)$; et une somme quelconque, placée pendant le même temps, se multipliera par $(1 + x)$. Si donc on place 1 franc

pendant $\frac{q}{q}$ d'année, c'est-à-dire pendant une année entière, il se multipliera q fois par $(1+x)$ ou par $(1+x)^q$; et, comme d'ailleurs il doit devenir $1+r$, on a :

$$(1+x)^q = 1+r;$$

d'où l'on déduit : $\qquad 1+x = (1+r)^{\frac{1}{q}}.$

Et il est évident que 1 franc, placé pendant $\frac{p}{q}$ année, se multipliera par $(1+x)^p$, c'est-à-dire par $(1+r)^{\frac{p}{q}}$, et que, par suite, une somme quelconque A deviendra

$$A\,(1+r)^{\frac{p}{q}};$$

ce qui est conforme au résultat énoncé.

2° Si n est négatif, nous envisagerons la question de la manière suivante :

Une somme vaut aujourd'hui A ; elle est placée depuis un temps indéterminé : combien valait-elle, il y a n années ?

Si l'on désigne par X la valeur inconnue, cette somme, placée pendant n années, est devenue A ; par suite, d'après ce qui précède :

$$A = X\,(1+r)^n,$$

d'où l'on déduit : $\qquad X = A\,(1+r)^{-n};$

ce qui est encore conforme à la formule donnée plus haut.

RÉSUMÉ.

66. Des exposants incommensurables. — 67, 68, 69, 70. Lemmes sur les puissances commensurables. — Définition rigoureuse de a^x, quand x est incommensurable. — 72. La fonction a^x est continue. — 73. Lorsque x varie de $-\infty$ à $+\infty$, a étant positif, a^x prend toutes les valeurs positives, et ne prend chacune qu'une seule fois. — 74, 75. Nouvelle définition des logarithmes. — 76. Logarithme d'un produit. — 77. Lo-

garithme d'un quotient. — **78**. Logarithme d'une puissance. — **79**. Logarithme de 1, et logarithme de la base. — **80**. Nombres qui ont des logarithmes positifs, et nombres qui ont des logarithmes négatifs. — **81**. Les nombres négatifs n'ont pas de logarithmes. — **82**. Remarque. — **83**. Si des nombres sont en progression par quotient, leurs logarithmes sont en progression par différence. Cas où l'on insère de nouveaux termes dans les progressions. — **84**. Les logarithmes, définis dans la première partie, sont les mêmes que ceux qui résultent de la définition nouvelle. — **85**. Comment on peut passer d'un système à un autre. — **86**. Logarithmes népériens : leur base. — **87**. Logarithmes vulgaires ; leur module. — **88**. Logarithmes négatifs. — **89**. Définition de l'équation exponentielle. — **90**. Résolution de l'équation $a^x = b$. — **91**. Résolution de l'équation $a^{v^x} = c$. — **92**. Généralisation des formules relatives aux questions d'intérêt.

EXERCICES.

I. Résoudre les équations :

$$x^y = y^x, \qquad x_p = y^q.$$

On trouve :
$$x = \left(\frac{p}{q}\right)^{\frac{q}{p-q}}, \qquad y = \left(\frac{p}{q}\right)^{\frac{p}{p-q}}.$$

II. Résoudre les équations :

$$x^y = y^x, \qquad p^x = q^y.$$

On trouve :
$$x = \left(\frac{\log p}{\log q}\right)^{\frac{\log q}{\log p - \log q}}, \qquad y = \left(\frac{\log p}{\log q}\right)^{\frac{\log p}{\log p - \log q}}.$$

III. Résoudre l'équation :

$$3^{2x} \times 5^{2x-4} \pm 7^{x-1} \times 11^{2-x}.$$

On trouve :
$$\frac{4 \log 5 + 2 \log 11 - \log 7}{2 \log 3 + 3 \log 5 - \log 7 + \log 11}.$$

IV. Résoudre l'équation :

$$(a^4 - 2a^2 b^2 + b^4)^{x-1} = \frac{(a-b)^{2x}}{(a+b)^2}.$$

On trouve :

Si $a > b$,
$$x = \frac{\log (a-b)}{\log (a+b)};$$

Si $a < b$,
$$x = \frac{\log (b - a)}{\log (b + a)}.$$

V. Résoudre l'équation :
$$5^{x+1} + 5^{x-2} - 5^{x-3} + 5^{x-4} = 4739.$$

On trouve :
$$x = 4 + \frac{\log 4739 - \log 3146}{\log 5}.$$

VI. Résoudre l'équation :
$$3x^{2-4x+5} = 1200.$$

On trouve :
$$x = 2 \pm \sqrt{\frac{\log 400}{\log 3}}.$$

VII. Résoudre l'équation :
$$7^{2x} - 6.7^x + 5 = 0.$$

On ramène la résolution à celle des équations :
$$7^x = 1, \quad 7^x = 5.$$

VIII. Résoudre l'équation :
$$a^1 a^3 a^5 \ldots a^{2x-1} = n.$$

On trouve :
$$x = \sqrt{\frac{\log n}{\log a}}.$$

CHAPITRE IV.

VÉRIFICATION DES FORMULES D'ALGÈBRE.

§ I. Conditions d'identité de deux polynomes.

93. LEMME. *Lorsqu'un polynome est ordonné par rapport aux puissances croissantes d'une variable* x, *on peut donner à cette variable une valeur, positive ou négative, assez petite numériquement, pour que, pour cette valeur et pour toutes les valeurs inférieures, le polynome prenne et conserve le signe de son premier terme.*

Soit, en effet, le polynome :

$$A x^m + B x^n + C x^p + \dots + H x^t,$$

dans lequel les exposants m, n, p, ... t, vont en augmentant. On peut l'écrire sous la forme :

$$A x^m \left(1 + \frac{B}{A} x^{n-m} + \frac{C}{A} x^{p-m} + \dots + \frac{H}{A} x^{t-m} \right).$$

Or, si l'on donne à x une valeur très-petite, chacun des termes, qui suivent l'unité dans la parenthèse, prend une valeur très-petite, puisque les exposants sont positifs; et, comme leur nombre est fini, la quantité, renfermée entre parenthèses, diffère très-peu de l'unité. Le polynome prend donc une valeur de même signe que $A x^m$; et il conserve ce signe pour toutes les valeurs inférieures de x.

94. THÉORÈME I. *Deux polynomes, rationnels et entiers en* x, *ne peuvent être égaux, quelle que soit la valeur attribuée à* x, *que s'ils sont composés identiquement des mêmes termes.*

Soient, en effet, les deux polynomes, ordonnés par rapport à x.

[1] $\qquad P x^m + P_1 x^{m-1} + P_2 x^{m-2} + \dots + P_{m-1} x + P_m,$

[2] $\qquad Q x^n + Q_1 x^{n-1} + Q_2 x^{n-2} + \dots + Q_{n-1} x + Q_n.$

Si les deux polynomes [1] et [2] doivent être égaux, quel que

soit x, ils le seront, en particulier, par $x = 0$; et par conséquent, on doit avoir $P_m = Q_n$. En supprimant ces deux termes
communs, les deux restes seront encore égaux; et leur différence devra être nulle, quel que soit x. Or cette différence, ordonnée par rapport aux puissances croissantes de x, a pour
premier terme $(P_{m-1} - Q_{n-1})x$. Si ce terme n'était pas nul, on
pourrait, d'après le lemme, prendre x assez petit, pour qu'il
donnât son signe à la différence; celle-ci ne serait donc pas
nulle pour cette valeur de x. Donc $P_{m-1} = Q_{n-1}$. En supprimant
les deux termes égaux du premier degré, on verra de même,
que la différence commencera par un terme du second degré
$(P_{m-2} - Q_{n-2})x^2$, qui devra être nul à son tour. Et, en continuant, on concluera que les termes doivent être, dans les deux
polynomes, les mêmes et en même nombre.

95. THÉORÈME II. *Deux polynomes entiers et rationnels, qui renferment un nombre quelconque de lettres arbitraires, et indépendantes les unes des autres, ne peuvent être égaux, que s'ils sont
composés identiquement des mêmes termes.*

Pour établir ce théorème, il suffit de montrer que, si la proposition est vraie pour deux polynomes renfermant n lettres
arbitraires, elle le sera aussi pour deux polynomes qui en contiendraient $(n + 1)$. Considérons, pour cela, deux polynomes
renfermant $(n + 1)$ lettres, x, y, z, u, v,.... p; ordonnons-les
l'un et l'autre, par rapport à l'une de ces lettres, x par exemple;
ils prendront la forme :

[1] $A_0 x^m + A_1 x^{m-1} + A_2 x^{m-2} + ... + A_m,$

[2] $B_0 x^n + B_1 x^{n-1} + B_2 x^{n-2} + ... + B_n;$

A_0, A_1, A_2,....A_m, B_0, B_1, B_2,....B_n, contenant les n variables,
y, z, u, v,....p. Les polynomes [1] et [2] étant égaux, quel que
soit x, on doit avoir (**94**) :

[3] $m = n$, $A_0 = B_0$, $A_1 = B_1$, $A_2 = B_2$,....$A_m = B_n$.

Or le théorème est admis pour le cas de n variables; donc les
égalités [4] exigent que les polynomes A_0 et B_0, A_1 et B_1,....
A_m et B_n soient respectivement composés des mêmes termes; et

que, par conséquent, les polynomes [1] et [2] soient identiquement les mêmes.

§ II. Vérification de l'égalité de deux expressions algébriques.

96. Cas où toutes les quantités arbitraires sont indépendantes les unes des autres. D'après le théorème précédent,
pour vérifier une équation entre quantités arbitraires, il suffit
d'en faire disparaître les radicaux et les dénominateurs, et de
constater que les deux membres sont composés identiquement
des mêmes termes.

Si cela n'a pas lieu, on peut affirmer que l'égalité proposée
n'est pas exacte pour toutes les valeurs des lettres qu'elle renferme.

97. Cas où les quantités arbitraires ne sont pas toutes
indépendantes. Lorsque l'égalité n'a lieu qu'en vertu de certaines relations entre les lettres qui y sont contenues, il faut,
pour la vérifier, exprimer, au moyen de ces relations, un certain
nombre de lettres en fonction de celles que l'on peut considérer
comme arbitraires, et substituer ces valeurs dans l'équation
proposée. Après la substitution, l'équation rentrera dans le cas
précédent.

§ III. Application à quelques problèmes.

98. Problème I. *Examiner si les équations*

$$[1] \qquad \frac{\gamma}{c_1} + \frac{c}{\gamma_2} = 1, \qquad \frac{\gamma_1}{c_2} + \frac{c_1}{\gamma} = 1 \qquad [2]$$

entraînent la suivante :

$$[3] \qquad cc_1c_2 + \gamma\gamma_1\gamma_2 = 0.$$

On a ici deux relations [1] et [2] entre les six quantités c, c_1, c_2,
γ, γ_1, γ_2; on doit donc en tirer les valeurs de deux de ces six
quantités en fonction des quatre autres. On en tire de l'équa-
tion [1] :

$$[4] \qquad \gamma = \frac{c_1(\gamma_2 - c)}{\gamma_2}.$$

On tire de [2] :

$$\gamma_1 = c_2 - \frac{c_1 c_2}{\gamma},$$

ou, en remplaçant γ par la valeur [4] :

$$\gamma_1 = c_2 - \frac{c_2 \gamma_2}{\gamma_2 - c},$$

ou :

[5] $$\gamma_1 = -\frac{c c_2}{\gamma_2 - c}.$$

Si l'on substitue ces valeurs dans l'égalité à vérifier [3], on a :

$$c c_1 c_2 - \frac{c_1 (\gamma_2 - c) c c_2 \gamma_2}{\gamma_2 (\gamma_2 - c)} = 0 ;$$

ce qui devient une identité, quand on supprime le facteur $(\gamma_2 - c)\gamma_2$ commun au numérateur et au dénominateur du second terme.

99. PROBLÈME II. *Examiner si l'égalité*

[1] $$\frac{ad - bc}{a - b - c + d} = \frac{ac - bd}{a - b + c - d},$$

entraîne l'égalité

[2] $$\frac{ac - bd}{a - b + c - d} = \frac{a + b + c + d}{4}.$$

Il faut, conformément à la méthode indiquée, déduire de l'égalité [1] la valeur de l'une des quatre lettres qu'elle renferme, et substituer cette valeur dans l'équation [2], qui doit alors devenir identique.

Si l'on chasse les dénominateurs de l'équation [1], il vient :

$$a^2 d - ad(b + d - c) - abc + bc(b + d - c)$$
$$= a^2 c - ac(b + c - d) - abd + bd(b + c - d),$$

ou, en réunissant les termes en a, et réduisant :

[3] $a^2(d - c) - a(d^2 - c^2) - b^2(d - c) + b(d^2 - c^2) = 0.$

Si l'on divise tous les termes par $(d - c)$, il vient :

$$a^2 - a(d + c) - b^2 + b(d + c) = 0,$$

ce qui peut s'écrire :

[4] $a^2 - b^2 - (a - b)(c + d) = 0,$

ou, en divisant par $(a - b)$:

$$a + b - c - d = 0,$$

c'est-à-dire : $a = c + d - b.$

Si l'on remet cette valeur dans l'équation [2], elle devient :

$$\frac{c^2 + cd - cb - bd}{2c - 2b} = \frac{2c + 2d}{4},$$

ou $$\frac{(c - b)(c + d)}{2(c - b)} = \frac{c + d}{2},$$

ce qui a lieu identiquement.

REMARQUE. Nous avons supprimé, dans les équations [3] et [4], les facteurs $(d - c)$ et $(a - b)$. Le résultat n'est donc applicable que dans le cas où ces deux différences ne sont pas nulles. On peut vérifier, en effet, que pour $a = b$ comme pour $c = d$, l'équation [1] devient identique, et ne peut, par suite, entraîner aucune conséquence.

RÉSUMÉ.

93. Lemme sur la valeur et le signe d'un polynome, lorsqu'on donne à la variable une valeur très-petite. — 94. Théorème sur les conditions d'égalité de deux polynomes contenant une lettre arbitraire. — Extension de ce théorème au cas où les deux polynomes renferment un nombre quelconque de lettres arbitraires. — 96. Moyen de vérifier une équation entre diverses quantités arbitraires. — 97. Cas où ces quantités arbitraires sont liées par certaines relations. — 98, 99. Application à quelques problèmes.

EXERCICES.

I. Vérifier que les deux équations :

$$x + y + u + v = 2,$$

$$xy - uv = 2 - 2\,(u + v),$$

entraînent la suivante :

$$x^2 + y^2 = u^2 + v^2.$$

II. Vérifier que les deux équations :

$$a + c = 2b, \qquad \frac{1}{b} + \frac{1}{d} = \frac{2}{c},$$

entraînent la proportion :

$$\frac{a}{b} = \frac{c}{d}.$$

III. Vérifier que le volume d'un segment sphérique à deux bases,

$$\frac{1}{6}\pi H^3 + \frac{1}{2}\pi H\,(R^2 + r^2),$$

est la différence de deux segments sphériques à une base, ayant R et r pour rayons de bases, c'est-à-dire, qu'il est égal à

$$\frac{1}{6}\pi H'^3 + \frac{1}{2}\pi H' R^2 - \frac{1}{6}\pi h'^3 - \frac{1}{2}\pi h' r^2,$$

H' et h' satisfaisant aux conditions que la géométrie indique facilement :

$$H' - h' = H, \qquad \rho^2 = R^2 + (\rho - H')^2, \qquad \rho^2 = r^2 + (\rho - h')^2,$$

ρ étant le rayon de la sphère.

On applique, pour ces trois exercices, la méthode générale (**97**).

IV. Vérifier, que, si l'on a :

$$\frac{A}{a} = \frac{B}{b} = \frac{C}{c} = \frac{D}{d},$$

on a aussi :

$$\sqrt{Aa} + \sqrt{Bb} + \sqrt{Cc} + \sqrt{Dd} = \sqrt{(A + B + C + D)(a + b + c + d)}.$$

V. Si l'on désigne par S_m la somme des m premiers termes d'une progression par quotient, dont q est la raison, vérifier que la somme des produits, deux à deux, de ces m premiers termes est $\frac{q}{q+1} S_m S_{m-1}$.

On s'appuie sur cette proposition, que la somme des produits deux à deux est la moitié de la différence entre le carré de la somme et la somme des carrés.

VI. Si l'on considère la suite des nombres

$$1, 2, 3, 5, 8, 13, 21, 43\dots,$$

dans laquelle chaque terme est la somme des deux précédents : prouver que la différence entre le carré d'un terme et le produit de ceux qui le comprennent, est, en valeur absolue, égale à l'unité.

On prouve que cette différence a une valeur absolue constante.

VII. Vérifier que l'équation

$$\sqrt{(y-\beta)^2+(x-\alpha)^2}+\sqrt{(y-\beta')^2+(x-\alpha')^2}=\sqrt{(\beta-\beta')^2+(\alpha-\alpha')^2}$$

entraîne la suivante : $\qquad \dfrac{y-\beta}{x-\alpha}=\dfrac{y-\beta'}{x-\alpha'}.$

On cherche à rendre rationnelle l'équation donnée, et à décomposer ses deux membres en facteurs.

VIII. Démontrer que les six équations

$$\alpha^2+\beta^2+\gamma^2=1, \qquad \alpha'\alpha''+\beta'\beta''+\gamma'\gamma''=0,$$

$$\alpha'^2+\beta'^2+\gamma'^2=1, \qquad \alpha\alpha'+\beta\beta'+\gamma\gamma'=0,$$

$$\alpha''^2+\beta''^2+\gamma''^2=1, \qquad \alpha\alpha''+\beta\beta''+\gamma\gamma''=0,$$

entraînent les 7 équations suivantes :

$$\alpha^2+\alpha'^2+\alpha''^2=1, \qquad \alpha\beta+\alpha'\beta'+\alpha''\beta''=0,$$

$$\beta^2+\beta'^2+\beta''^2=1, \qquad \alpha\gamma+\alpha'\gamma'+\alpha''\gamma''=0,$$

$$\gamma^2+\gamma'^2+\gamma''^2=1, \qquad \beta\gamma+\beta'\gamma'+\beta''\gamma''=0,$$

$$\alpha^2\alpha'^2\alpha''^2+\beta^2\beta'^2\beta''^2+\gamma^2\gamma'^2\gamma''^2=\alpha^2\beta^2\gamma^2+\alpha'^2\beta'^2\gamma'^2+\alpha''^2\beta''^2\gamma''^2.$$

On résout également ces exercices, en posant :

$$\alpha x'+\alpha'y'+\alpha''z'=x,$$

$$\beta x'+\beta'y'+\beta''z'=y,$$

$$\gamma x'+\gamma'y'+\gamma''z'=z,$$

et en cherchant à obtenir, de deux manières, en vertu des relations données, la somme $x'^2+y'^2+z'^2$, en x, y, z. Pour la dernière vérification, on cherche à déduire des relations données une valeur de $\alpha^2\alpha'^2\alpha''^2+\beta^2\beta'^2\beta''^2+\gamma^2\gamma'^2\gamma''^2$, qui ne change pas, quand on y change α' en β, α'' en γ et β'' en γ'.

IX. L'équation

$$\frac{1}{a+x}+\frac{1}{b+x}=\frac{1}{a'+x}+\frac{1}{b'+x}$$

ne peut avoir lieu, quel que soit x, que si a et b sont respectivement égaux à a' et b'.

X. Démontrer que l'équation

$$\frac{a}{(b+x)^2+a^2}=\frac{a'}{(b'+x)^2+a'^2}$$

ne peut avoir lieu, quel que soit x, que si l'on a : $a=a'$, $b=b'$.

On applique, pour ces deux exercices, le théorème (**94**).

XI. Vérifier que les quatre équations

$$aa_1+bc=\beta\gamma, \qquad \beta\beta'+bb'=a_1c_1,$$

$$a'a_1+b'c'=\beta'\gamma', \qquad \gamma\gamma'+cc'=a_1b_1,$$

entraînent la suivante :

$$a_1b_1c_1=aa'a_1+bb'b_1+cc'c_1+abc+a'b'c'.$$

On obtient ce résultat, en éliminant β, β', γ, γ' entre les équations proposées.

———

CHAPITRE V.

MÉTHODE DES COEFFICIENTS INDÉTERMINÉS.

100. DÉFINITION. Lorsqu'on cherche à déterminer, d'après certaines conditions, un polynome ordonné par rapport à une lettre donnée, la méthode la plus simple et la plus naturelle consiste à écrire ce polynome, en laissant *indéterminés* ses coefficients et quelquefois son degré. On exprime ensuite qu'il satisfait aux conditions proposées; et l'on obtient ainsi des équations, dans lesquelles ces coefficients et ce degré entrent comme autant d'inconnues, dont elles font connaître la valeur.

Nous allons appliquer cette méthode à la division des polynomes et à l'extraction de leurs racines.

§ I. Division des polynomes.

101. CAS OÙ LA DIVISION DOIT SE FAIRE EXACTEMENT. Soit à diviser un polynome, de degré m,

$$A_0 x^m + A_1 x^{m-1} + A_2 x^{m-2} + \ldots + A_m,$$

par un polynome, de degré n,

$$B_0 x^n + B_1 x^{n-1} + B_2 x^{n-2} + \ldots + B_n.$$

Il faut que le quotient, multiplié par le diviseur, reproduise identiquement le dividende. Or, si l'on désigne par α le degré du quotient, celui du produit sera $(n + \alpha)$: on devra, par conséquent, avoir :

$$m = n + \alpha, \quad \text{ou} \quad \alpha = m - n.$$

Connaissant ainsi le degré du quotient, et, par suite, le nombre de ses coefficients égal à $(\alpha + 1)$, on pourra, en désignant chacun d'eux par une lettre particulière, effectuer le produit du quotient par le diviseur. Ce produit, étant du degré m, sera composé de $(m + 1)$ termes : en les égalant aux termes correspondants du dividende, on obtiendra $(m + 1)$ équations du premier degré entre les $(m - n + 1)$ coefficients inconnus. Il suffira, pour les déterminer, de résoudre $(m-n+1)$ équations ; les n autres devront être satisfaites d'elles-mêmes, et seront des équations de condition.

102. CAS OÙ LA DIVISION LAISSE UN RESTE. Si l'on veut appliquer la méthode des coefficients indéterminés à la recherche du quotient et du reste, dans le cas où la division n'est pas possible, la question doit être posée de la manière suivante :

Trouver un polynome, qui, multiplié par le diviseur, donne un produit, dont la différence avec le dividende soit de degré moindre que le diviseur.

On devra, dans ce cas, égaler seulement, aux termes correspondants du dividende, les termes de ce produit dont le degré n'est pas inférieur au degré n du diviseur : on obtiendra ainsi $(m-n+1)$ équations (les mêmes que si l'on cherchait un quotient exact), qui permettront de déterminer tous les coefficients du quotient. La différence, entre le dividende et le produit du diviseur par le quotient, sera le reste.

103. CALCUL DES COEFFICIENTS DU QUOTIENT. Les $(m-n+1)$ équations, qui déterminent le quotient, offrent une forme remarquable, qui rend leur résolution très-facile. Soit, en effet,

$$C_0 x^{m-n} + C_1 x^{m-n-1} + C_2 x^{m-n-2} + \ldots + C_k x^{m-n-k} + \ldots + C_{m-n},$$

le quotient inconnu. En multipliant ce quotient par le diviseur, on a évidemment :

$$B_0 C_0 x^m + (B_1 C_0 + B_0 C_1) x^{m-1} + (B_2 C_0 + B_1 C_1 + B_0 C_2) x^{m-2} + \ldots$$
$$+ (B_k C_0 + B_{k-1} C_1 + \ldots B_1 C_{k-1} + B_0 C_k) x^{m-k} + \ldots$$

Et, en égalant les coefficients de ce produit à ceux du dividende, on a :

$$B_0 C_0 = A_0, \quad B_1 C_0 + B_0 C_1 = A_1, \quad B_2 C_0 + B_1 C_1 + B_0 C_2 = A_2,$$
$$B_k C_0 + B_{k-1} C_1 + \ldots + B_1 C_{k-1} + B_0 C_k = A_k \ldots$$

La première équation ne contient donc que l'inconnue C_0; C_0 étant connu, la seconde permettra de calculer C_1, qui n'y entre qu'au premier degré ; C_0 et C_1 étant connus, la troisième équation permettra de calculer C_2, qui n'y entre qu'au premier degré. En général, chaque équation renferme, au premier degré, une inconnue qui ne figurait pas dans les précédentes, et qu'elle permet de déterminer. Ainsi, C_k figure, pour la première fois, dans le coefficient de x^{m-k}; en sorte que les k premières équations ne renferment pas cette inconnue. Quant à la $(k+1)^{me}$, elle renferme C_k au premier degré.

104. APPLICATION. Appliquons la méthode précédente à un exemple. Soit à diviser

$$x^6 + A_1 x^5 + A_2 x^4 + A_3 x^3 + A_4 x^2 + A_5 x + A_6$$

par $$x^2 + px + q.$$

Le quotient doit être du quatrième degré. Désignons-le par

$$x^4 + m_1 x^3 + m_2 x^2 + m_3 x + m_4 ;$$

En formant son produit par le diviseur, on obtient :

$$x^6 + (p + m_1)x^5 + (q + pm_1 + m_2)x^4 + (qm_1 + pm_2 + m_3)x^3$$
$$+ (qm_2 + pm_3 + m_4)x^2 + (qm_3 + pm_4)x + qm_4.$$

En égalant les termes de ce produit, dont le degré surpasse l'unité, aux termes correspondants du dividende, on a, pour déterminer m_1, m_2, m_3, m_4, les équations :

$$p + m_1 = A_1, \quad q + pm_1 + m_2 = A_2, \quad qm_1 + pm_2 + m_3 = A_1,$$
$$qm_2 + pm_3 + m_4 = A_4.$$

La première fera connaître m_1; la seconde, m_1 étant connu, fera connaître m_2; la troisième donnera ensuite m_1, et la quatrième m_4.

On verra, sans peine, que cette méthode conduit aux mêmes calculs, que la méthode exposée dans la première partie.

§ II. Extraction de la racine m^{me} d'un polynome.

105. MÉTHODE GÉNÉRALE. Soit le polynome :

$$A_0 x^p + A_1 x^{p-1} + A_2 x^{p-2} + \ldots + A_p ;$$

désignons sa racine m^{me} par

$$B_0 x^n + B_1 x^{n-1} + B_2 x^{n-2} + \ldots + B_n .$$

Il faut, par définition, que l'on ait identiquement :

$$(B_0 x^n + B_1 x^{n+1} + B_2 x^{n-2} + \ldots + B_n)^m$$
$$= A_0 x^p + A_1 x^{p-1} + A_2 x^{p-2} + \ldots + A_p .$$

Pour que les deux membres soient de même degré, il faut que l'on ait :

$$p = mn.$$

Si donc p n'est pas un multiple de m, le problème est impossible. Si p est divisible par m, le degré de la racine sera $\frac{p}{m}$: on connaîtra, par suite, le nombre $\left(\frac{p}{m}+1\right)$ de ses coefficients. On pourra élever cette racine à la puissance m^{me} ; on formera ainsi un polynome du degré p. En égalant les $\left(\frac{p}{m}+1\right)$ premiers termes aux termes correspondants du polynome donné, on obtiendra $\left(\frac{p}{m}+1\right)$ équations, pour déterminer les coefficients inconnus. Les équations, qui expriment l'égalité des termes suivants, devront être satisfaites d'elles-mêmes, si le problème est possible : ce sont des équations de condition.

106. CALCUL DES COEFFICIENTS DE LA RACINE. Les $\left(\frac{p}{m}+1\right)$ équations, qui déterminent la racine, ont une forme remarquable, qui rend leur résolution très-facile. En effet, dans le développement de

$$(B_0 x^n + B_1 x^{n-1} + B_2 x^{n-2} + \ldots + B_k x^{n-k} + \ldots + B_n)^m ,$$

où n est égal à $\frac{p}{m}$, le terme en x^p ne contient que $B_0{}^m$; le terme en v^{p-1} contient B_0 à la puissance $(m-1)$, et B_1 au premier degré; le terme en x^{p-2} contient B_0, B_1 et B_2, et cette dernière inconnue n'y entre qu'au premier degré. En général, B_k n'entre dans aucun terme dont le degré est supérieur à $(p-k)$; et il entre au premier degré dans le coefficient du terme en x^{p-k}. Par conséquent, la première équation $B_0{}^m = A_0$ fera connaître B_0 par une extraction de racine : B_0 étant connu, la seconde équation fera connaître B_1, qui n'y entre qu'au premier degré; B_0 et B_1 étant connus, la troisième fera connaître B_2, qui n'y entre qu'au premier degré. Et, en général, la $(k+1)^{me}$ équation déterminera B_k, qui n'y entre qu'au premier degré; car, dans le développement, il n'y a qu'un terme en x^{p-k}, qui contienne B_k; c'est le terme $mB_k x^{n-k}(B_0 x^n)^{m-1}$.

Il sera facile d'appliquer, en particulier, cette méthode à l'extraction de la racine carrée d'un polynome.

§ III. Application à quelques problèmes.

107. Problème I. *Déterminer, entre* p *et* q, *la relation nécessaire pour que le trinome*

$$x^3 + px + q$$

soit divisible par le carré d'un binome convenablement choisi $(x - \alpha)^2$.

Si $(x + \beta)$ désigne le quotient de cette division, on aura :

$$x^3 + px + q = (x-\alpha)^2(x+\beta) = (x^2 - 2\alpha x + \alpha^2)(x+\beta)$$
$$= x^3 + (\beta - 2\alpha)x^2 + (\alpha^2 - 2\alpha\beta)x + \alpha^2\beta.$$

On en conclut, en identifiant les deux membres :

$$\beta - 2\alpha = 0, \quad \alpha^2 - 2\alpha\beta = p, \quad \alpha^2\beta = q.$$

Remplaçant, dans les deux dernières équations, β par sa valeur 2α, tirée de la première, il vient :

$$\alpha^2 - 4\alpha^2 = p, \quad \text{ou} \quad \alpha = \sqrt{-\frac{p}{3}},$$

et
$$2\alpha^3 = q.$$

Éliminant enfin α entre ces deux équations, on a :

$$q = 2\left(\sqrt{-\frac{p}{3}}\right)^3, \quad \text{ou} \quad 4p^3 + 27q^2 = 0.$$

Telle est la condition cherchée.

108. Problème II. *Déterminer les coefficients* m *et* n, *de telle manière que l'expression*

$$mx^3 - (2m^2 + 3n)x^2 + (m^3 + 6mn)x - 3m^2n,$$

soit un cube parfait.

Il faut, pour cela, identifier l'expression avec le cube d'un binome $(ax + b)$, c'est-à-dire avec

$$a^3x^3 + 3a^2bx^2 + 3ab^2x + b^3 :$$

ce qui fournit les équations :

$$m = a^3, \quad -(2m^2 + 3n) = 3a^2b, \quad m^3 + 6mn = 3ab^2, \quad -3m^2n = b^3.$$

Les deux dernières donnent :

$$b = -\sqrt[3]{3m^2n}, \quad a = \frac{m^3 + 6mn}{3\sqrt[3]{9m^4n^2}} = \frac{m^2 + 6n}{3\sqrt[3]{9mn^2}}.$$

a et b étant ainsi déterminés, les deux équations restantes sont des équations de condition. Si l'on y substitue à a et à b leurs valeurs, ces équations deviennent :

[1]
$$m = \frac{(m^2 + 6n)^3}{27.9mn^2},$$

[2] $$2m^2 + 3n = \frac{3(m^2 + 6n)^2 \sqrt[3]{3m^2n}}{9\sqrt[3]{81m^2n^4}} = \frac{(m^2 + 6n)^2}{3\sqrt[3]{27n^3}} = \frac{(m^2 + 6n)^2}{9n}.$$

Chassant le dénominateur de cette dernière, et réduisant, on a :

$$m^4 - 6nm^2 + 9n^2 = 0,$$

ou
$$(m^2 - 3n)^2 = 0.$$

On tire de là, pour valeur unique de n,

[3] $n = \dfrac{m^2}{3}.$

Cette valeur, substituée dans l'équation [1], la rend identique. La condition demandée se réduit donc à la relation [3]. Et le polynome proposé est alors, comme on s'en assure facilement, le cube de

$$x \sqrt[3]{m} - m \sqrt[3]{m}.$$

RÉSUMÉ.

100. La méthode des coefficients indéterminés s'applique aux questions dans lesquelles on veut déterminer un polynome, d'après certaines conditions. — 101. Application de cette méthode à la théorie de la division, dans le cas où la division se fait exactement. — 102. Cas où l'on a à trouver le quotient et le reste. — 103. Toutes les équations que l'on a à résoudre, sont du premier degré à une inconnue. — 104. Application à un exemple. — 105. Application de la méthode à la recherche de la racine m^{me} d'un polynome. — 106. Les équations, que l'on a à résoudre, sont toutes du premier degré à une inconnue. — 107, 108. Application de la méthode des coefficients indéterminés à la solution de quelques problèmes.

EXERCICES.

I. Trouver les conditions, pour que le polynome

$$4x^4 - 4px^3 + 4qx^2 + 2p(m+1)x + (m+1)^2$$

soit le carré d'un polynome entier par rapport à x.

Il faut que : $m + 1 = q - \dfrac{p^2}{4}.$

II. Déterminer la condition, pour que le polynome

$$Ay^2 + Bxy + Cx^2 + Dy + Ex + F$$

soit le produit de deux expressions du premier degré en x et y.

Il faut que : $(BD - 2AE)^2 = (B^2 - 4AC)(D^2 - 4AF)$

III. Décomposer, de cette manière, le polynome

$$2x^2 - 21xy - 11y^2 - x + 34y - 3.$$

On trouve : $(2x + y - 3)(x - 11y + 1).$

IV. Mettre l'expression $4(x^4 + x^3 + x^2 + x + 1)$ sous la forme de la différence des carrés de deux polynomes du second degré, entiers par rapport à x.

On trouve : $(2x^2 + x + 2)^2 - 5x^2.$

V. Déterminer les conditions pour que l'expression

$$(x - \alpha)^2 + (y - \beta)^2 - k(a^2y^2 + b^2x^3 - a^2b^2)$$

soit le carré d'un polynome, du premier degré, en x et y.

Si $a > b$, il faut que l'on ait : $k = \dfrac{1}{a^2}$, $\alpha = \pm\sqrt{a^2 - b^2}$, $\beta = 0$, et le polynome est le carré de $a \pm \dfrac{x\sqrt{a^2 - b^2}}{a}.$

Si $a < b$, il faut que l'on ait : $k = \dfrac{1}{b^2}$, $\alpha = 0$, $\beta = \pm\sqrt{b^2 - a^2}$; et le polynome est le carré de $b \pm \dfrac{y\sqrt{b^2 - a^2}}{b}.$

VI. Mettre $(Ax^2 + 2Bxy + Cx^2)$ sous la forme $(\alpha x + \beta y)^2 + (\gamma x + \delta y)^2$. Cela est-il toujours possible? Y a-t-il plusieurs solutions?

Il y a une infinité de solutions. Pour qu'elles soient réelles, il faut qu'on ait :

$$A > 0, \quad C > 0, \quad AC > B^2.$$

VII. Mettre $(Ax^3 + 3Bx^2y + 3Cxy^2 + Dy^3)$ sous la forme $(\alpha x + \beta y)^3 + (\gamma x + \delta y)^3$.

Après avoir identifié les deux polynomes, on prend une inconnue auxiliaire $\omega = \alpha\delta - \beta\gamma$; on calcule les expressions $AC - B^2$, $BD - C^2$, $AD - BC$, et enfin $(AD - BC)^2 - 4(AC - B^2)(BD - C^2)$: cette dernière est égale à ω^6, et fait connaître ω. Les autres font connaître $\alpha\gamma$, $\beta\delta$, et $\alpha\delta + \beta\gamma$. On en tire facilement α, β, γ, δ.

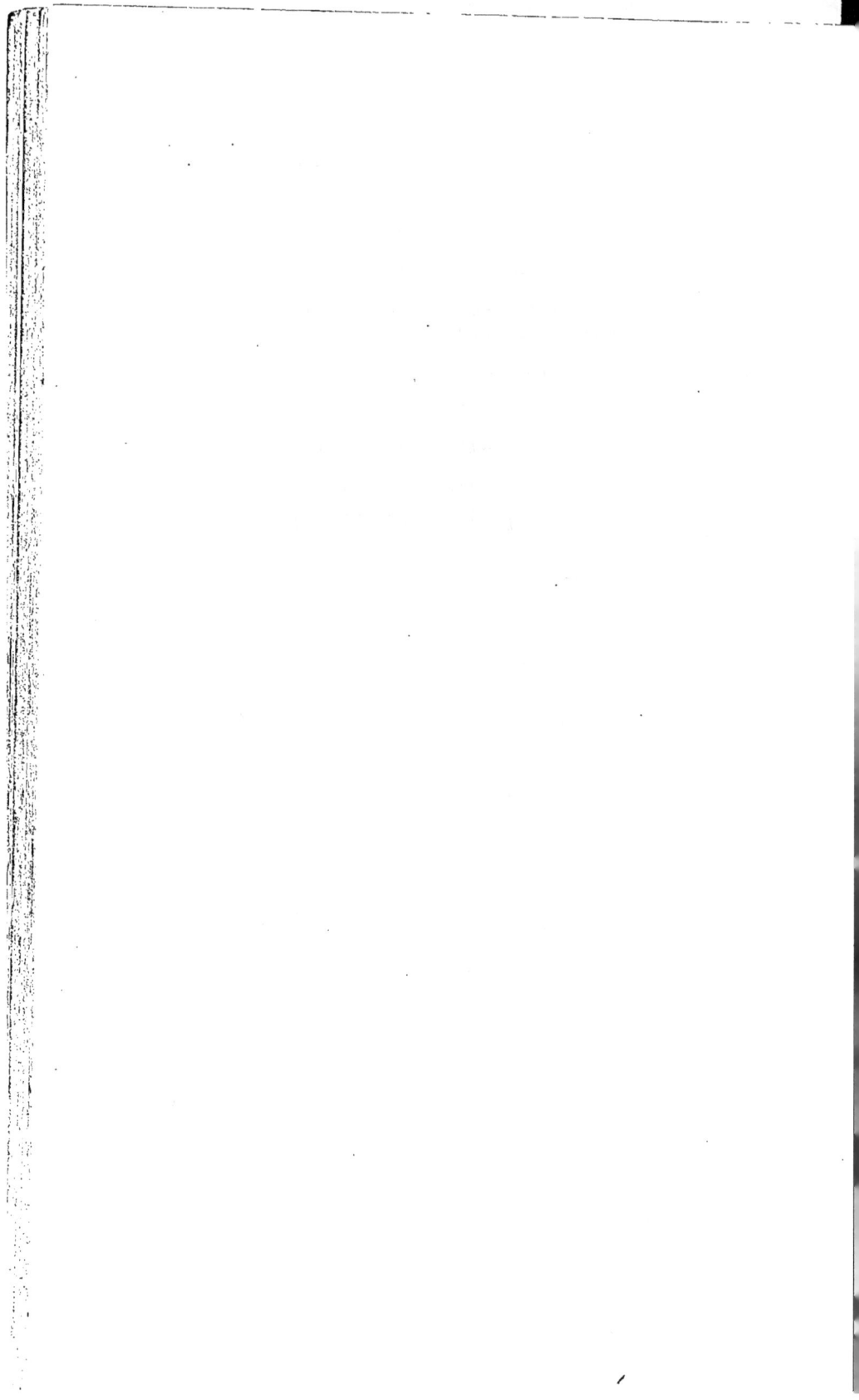

LIVRE II.

THÉORIE DES DÉRIVÉES.

———

CHAPITRE PREMIER.

CALCUL DES DÉRIVÉES DES FONCTIONS EXPLICITES D'UNE SEULE VARIABLE.

§ I. Notions préliminaires.

109. DÉFINITIONS. Lorsqu'une quantité variable y dépend d'une autre quantité variable x, de telle sorte qu'à chaque valeur, donnée arbitrairement à x, correspond une valeur unique et déterminée de y, on dit que y est une *fonction* de x : et l'on indique cette dépendance par le symbole

$$y = f(x).$$

La quantité x se nomme la *variable indépendante*, parce qu'on peut lui donner arbitrairement toute espèce de valeurs.

Lorsque la variable x reçoit deux valeurs a et $a + h$, h est l'*accroissement* donné à la variable; la fonction prend deux valeurs correspondantes $f(a)$ et $f(a+h)$; et la différence, positive ou négative, $f(a+h) - f(a)$, se nomme l'*accroissement* correspondant de la fonction.

La fonction est *continue*, lorsqu'on peut donner à h une valeur assez petite, pour que l'accroissement de la fonction soit aussi petit qu'on le voudra. On ne s'occupe, dans tout ce livre, que des fonctions continues.

110. DÉVELOPPEMENT D'UNE FONCTION ENTIÈRE $f(x+h)$, SUIVANT LES PUISSANCES DE h. Si, dans un polynome, entier par rapport à une lettre x, et que nous représenterons généralement par

$$f(x) = A_0 x^m + A_1 x^{m-1} + A_2 x^{m-2} + \dots + A_n x^{m-n} + \dots + A_m,$$

on remplace x par $x + h$, le résultat de cette substitution est :

$$f(x+h) = A_0(x+h)^m + A_1(x+h)^{m-1} + \dots + A_n(x+h)^{m-n} + \dots + A_m.$$

Si l'on développe chaque terme par la formule du binôme, et si l'on ordonne suivant les puissances ascendantes de h, cette expression devient :

$$
\begin{array}{l|l|l}
Ax_0^m \quad + mA_0 x^{m-1} & h + m(m-1)A_0 x^{m-2} & \dfrac{h^2}{1.2} + \dots + m(m-1)\dots 2.1 A_0 \dfrac{h^m}{1.2\dots m} \\
+ A_1 x^{m-1} + (m-1)A_1 x^{m-2} & + (m-1)(m-2)A_1 x^{m-3} & \\
+ A_2 x^{m-2} + (m-2)A_2 x^{m-3} & + (m-2)(m-3)A_2 x^{m-4} & \\
\quad\quad \vdots & \quad\quad \vdots & \\
+ A_n x^{m-n} + (m-n)A_n x^{m-n-1} & + (m-n)(m-n-1)A_n x^{m-n-2} & \\
\quad\quad \vdots & \quad\quad \vdots & \\
+ A_{m-1} x \quad + & A_{m-1} & \\
+ A_m & & \\
\end{array}
$$

Les termes indépendants de h, ceux auxquels se réduit l'expression pour $h = 0$, forment, comme cela devait être, le polynome proposé lui-même. Le coefficient de h, polynome du degré $(m-1)$ par rapport à x, se nomme la *dérivée* du polynome proposé; et, lorsque le polynome est représenté par $f(x)$, la dérivée est assez habituellement représentée par $f'(x)$. Le coefficient de $\dfrac{h^2}{1.2}$, polynome du degré $(m-2)$, est la *seconde dérivée* du polynome. On la désigne par $f''(x)$. De même les coefficients de $\dfrac{h^3}{1.2.3}, \dots \dfrac{h^m}{1.2\dots m}$, polynomes dont le degré est de moins en moins élevé, sont la *troisième*, … la m^{me} *dérivée* du polynome, et se représentent par $f'''(x) \dots, f^m(x)$. D'après ces notations, le développement s'écrira :

$$f(x+h) = f(x) + h f'(x) + \frac{h^2}{1.2} f''(x) + \frac{h^3}{1.2.3} f'''(x) + \dots$$

$$+ \frac{h^n}{1.2\dots n} f^n(x) + \dots + \frac{h^{m-1}}{1.2\dots (m-1)} f^{m-1}(x) + \frac{h^m}{1.2\dots m} f^m(x).$$

Chacun des polynomes $f'(x), f''(x), f'''(x) \dots f^m(x)$, se déduit du précédent, d'après une même loi qui est fort simple. Si l'on examine, en effet, le polynome

$$f'(x) = mA_0 x^{m-1} + (m-1)A_1 x^{m-2} + (m-2)A_2 x^{m-3} + \ldots + A_{m-1},$$

on reconnaît immédiatement qu'*il faut, pour le former, diminuer d'une unité l'exposant de chacun des termes de* f (x), *et multiplier le coefficient par l'exposant non encore diminué*. L'inspection des polynomes $f''(x)$, $f'''(x)$, ..., montre que chacun se déduit du précédent suivant la même loi; en sorte que $f''(x)$ est la dérivée de $f'(x)$, $f'''(x)$ celle de $f''(x)$, et ainsi de suite. Et c'est pour cette raison, que $f''(x)$ est dite la *seconde dérivée* de $f(x)$, que $f'''(x)$ est dite la *troisième dérivée*, et ainsi de suite.

Chaque dérivée est de degré moindre que la précédente; en sorte que la m^{me} dérivée d'un polynome, de degré m, est constante, et qu'il n'y en a pas de $(m+1)^{me}$.

111. Propriété de la dérivée d'une fonction entière. La définition, que nous avons donnée de la dérivée, ne s'applique qu'aux polynomes entiers et rationnels; mais nous allons en déduire une propriété importante, que nous prendrons ensuite pour définition; ce qui permettra d'étendre la notion de dérivée aux expressions d'une autre forme.

On a (**110**), en désignant par F (x) un polynome entier par rapport à x :

$$F(x+h) = F(x) + hF'(x) + \frac{h^2}{1.2}F''(x) + \ldots + \frac{h^m}{1.2\ldots m}F^m(x);$$

on en conclut :

$$\frac{F(x+h) - F(x)}{h} = F'(x) + \frac{h}{1.2}F''(x) + \frac{h^2}{1.2.3}F'''(x) + \ldots$$

Si, x restant fixe, on fait tendre h vers zéro, le second membre a évidemment pour limite $F'(x)$; il doit, par suite, en être de même du premier; et l'on a, par conséquent :

$$F'(x) = \lim \frac{F(x+h) - F(x)}{h},$$

résultat que l'on peut énoncer ainsi :

La dérivée d'un polynome F (x) *est la limite du rapport de l'ac-*

croissement F $(x + h) - $ F (x) *de ce polynome à l'accroissement* h *de la variable, lorsque ce dernier accroissement diminue de plus en plus.*

112. Nouvelle définition de la dérivée. C'est la propriété précédente, qui sera dorénavant prise par nous pour définition. Nous dirons :

On nomme dérivée d'une fonction continue quelconque la limite, vers laquelle tend le rapport de l'accroissement de cette fonction à l'accroissement de la variable, quand ce dernier tend vers zéro. Cette définition s'applique, d'après ce qui précède, aux fonctions entières : elle permet, en outre, d'étendre la notion de dérivée à une fonction quelconque.

On peut demander, si une fonction continue quelconque $f(x)$ a une dérivée. Nous répondrons d'abord, qu'en fait, nous allons trouver, dans les paragraphes suivants, les dérivées des principales fonctions; ce qui démontrera leur existence *à posteriori*. Nous ajouterons, d'ailleurs, que la fonction étant continue, l'équation $y = f(x)$ représente une courbe plane continue, rapportée à deux axes rectangulaires; et l'on démontre, en géométrie analytique, que la dérivée représente la tangente trigonométrique de l'angle que fait, avec l'axe Ox, la tangente à la courbe au point (x, y). Comme, en chaque point, une courbe continue a une tangente bien déterminée, la fonction admet une dérivée.

La dérivée d'une fonction est une nouvelle fonction qui admet elle-même une dérivée : c'est la dérivée seconde. La dérivée de celle-ci est la troisième dérivée; et ainsi de suite.

Nous commencerons par faire connaître les dérivées de deux fonctions très-simples, a^x et log x.

§ II. Dérivées de a^x et de log x.

113. Dérivée de a^x. La dérivée de a^x est, par définition, la limite du rapport

$$\frac{a^{x+h} - a^x}{h},$$

Lorsque h tend vers zéro.

Or, on a évidemment :

$$a^{x+h} - a^x = a^x(a^h - 1).$$

Il faut donc, pour obtenir la dérivée, chercher la limite du rapport

$$\frac{a^x(a^h - 1)}{h}$$

Posons :

$$a^h - 1 = \frac{1}{n}.$$

Lorsque h est très-petit, a^h diffère très-peu de l'unité (**73**) ; et, par suite, n est très-grand. Lorsque h tend vers zéro, n tend vers l'infini. On déduit de cette relation :

$$a^h = 1 + \frac{1}{n}.$$

Prenant les logarithmes des deux membres, il vient :

$$h \log a = \log\left(1 + \frac{1}{n}\right),$$

d'où

$$h = \frac{\log\left(1 + \frac{1}{n}\right)}{\log a}.$$

Le rapport devient, d'après cela :

$$a^x \frac{\dfrac{1}{n}}{\dfrac{\log\left(1 + \dfrac{1}{n}\right)}{\log a}} = \frac{a^x \log a}{n \log\left(1 + \dfrac{1}{n}\right)}$$

Le numérateur ne contenant pas n, il suffit de chercher la limite du dénominateur. Or, on a :

$$n \log\left(1 + \frac{1}{n}\right) = \log\left(1 + \frac{1}{n}\right)^n.$$

n augmentant indéfiniment, $\left(1 + \frac{1}{n}\right)^n$ tend vers e ; et, par suite,

$\log \left(1 + \dfrac{1}{n}\right)^n$ a, pour limite, $\log e$; l'expression $\dfrac{a^x \log a}{\log \left(1+\dfrac{1}{n}\right)^n}$

tend donc vers $\dfrac{a^x \log a}{\log e}$: telle est donc la dérivée de a^x. Ainsi :

[1] $$(a^x)' = \frac{a^x \log a}{\log e}.$$

On peut remarquer que la base du système, dans lequel sont pris les logarithmes, n'a pas été définie; mais le choix de cette base n'a aucune influence sur le résultat; car le rapport $\dfrac{\log a}{\log e}$ ne dépend pas (85) de la base du système considéré. Si l'on suppose que les logarithmes sont pris dans le système népérien, $\log e = 1$; et la dérivée s'écrit :

[2] $$(a^x)' = a^x \mathrm{L} a.$$

Ainsi *la dérivée de la fonction exponentielle s'obtient, en multipliant cette fonction par le logarithme népérien de la base.*

Si l'on considère, en particulier, la fonction e^x, $\mathrm{L} e = 1$; et par suite *la dérivée de* e^x *est la fonction elle-même :*

[3] $$(e^x)' = e^x.$$

114. Dérivée de $\log x$. La dérivée de $\log x$ est, par définition, la limite de l'expression

$$\frac{\log (x + h) - \log x}{h},$$

lorsque h tend vers zéro.

Or, on a :

$$\log (x + h) - \log x = \log \left(\frac{x + h}{x}\right) = \log \left(1 + \frac{h}{x}\right)$$

Donc $$\frac{\log (x + h) - \log x}{h} = \frac{\log \left(1 + \dfrac{h}{x}\right)}{h}.$$

Posons $\dfrac{h}{x} = \dfrac{1}{n}$, de telle sorte que, h tendant vers zéro, n tendra vers ∞ ; il viendra $h = \dfrac{x}{n}$; et l'expression, dont on cherche la limite, deviendra :

$$\frac{\log\left(1 + \dfrac{1}{n}\right)}{\dfrac{x}{n}} = \frac{1}{x} \cdot n \log\left(1 + \frac{1}{n}\right) = \frac{1}{x} \log\left(1 + \frac{1}{n}\right)^{n}.$$

Or, on a vu (**113**), que, n tendant vers ∞, $\log\left(1 + \dfrac{1}{n}\right)^{n}$ a pour limite $\log e$. La limite de $\dfrac{1}{x} \log\left(1 + \dfrac{1}{n}\right)^{n}$ est donc $\dfrac{\log e}{x}$, qui représente, par conséquent, la dérivée de $\log x$,

Ainsi

[4] $$(\log x)' = \frac{\log e}{x} = \frac{\mathrm{M}}{x},$$

en désignant par M le module du système dans lequel est pris le logarithme de x.

Si la fonction est le logarithme népérien de x, $\mathrm{M} = 1$; et, par suite, la dérivée de $\mathrm{L}x$ est :

[5] $$(\mathrm{L}x)' = \frac{1}{x}.$$

Après avoir fait connaître les dérivées des deux fonctions très-simples, $\log x$ et a^{x}, nous allons établir quelques règles générales, qui nous permettront d'obtenir les dérivées d'expressions plus composées.

§ III. Règles générales.

115. DÉRIVÉE D'UNE SOMME. Si u, v, w, sont des fonctions de x, dont les dérivées $u'\,v'\,w'$ sont connues, *la somme*

$$u + v - w$$

aura pour dérivée la somme

$$u' + v' - w'.$$

En effet, si nous désignons, en général, l'accroissement d'une quantité par le signe Δ placé devant la lettre qui la représente, en attribuant à la variable x un accroissement Δx, les fonctions u, v, w, prendront, respectivement, des accroissements Δu, Δv, Δw; et l'accroissement de la somme $(u + v - w)$ sera évidemment :

$$\Delta u + \Delta v - \Delta w;$$

le rapport de cet accroissement à l'accroissement Δv de la variable, est donc :

$$\frac{\Delta u}{\Delta x} + \frac{\Delta v}{\Delta x} - \frac{\Delta w}{\Delta x};$$

et il a, par conséquent, pour limite :

$$u' + v' - w',$$

comme nous voulions le démontrer. On a donc :

[6] $$(u + v - w)' = u' + v' - w'.$$

116. DÉFINITION D'UNE FONCTION DE FONCTION. On nomme, en général, fonction *explicite* d'une variable le résultat d'opérations bi n définies, exécutées sur cette variable. Ainsi, par exemple :

$$x^m, \ \log \sqrt{1 + x^2}, \ \log \sin x, \ a^{x^3},$$

sont des fonctions de x; le nombre des opérations successivement indiquées pouvant d'ailleurs être aussi grand qu'on le voudra.

Si l'on désigne par u une fonction quelconque de la variable x, et que l'on exécute des opérations sur la quantité u, considérée comme donnée, le résultat de ces opérations sera, d'après ce qui précède, une fonction de u; et, comme u est elle-même une fonction de x, ce résultat se trouve une *fonction de fonction*.

Il est bien entendu, qu'en remplaçant u par son expression en x, on peut faire immédiatement, d'une fonction de fonction, une fonction ordinaire.

EXEMPLES. 1° $$(x^2)^3 = x^6$$

peut être considéré comme une fonction de fonction, le cube de x^2, ou comme une fonction simple, x^6.

2°
$$\log a^x = x \log a$$

peut être considéré comme une fonction de fonction, le logarithme de la fonction a^x, ou comme la fonction simple du premier degré, $x \log a$.

Lors même que des réductions, analogues aux précédentes, ne s'effectuent pas, rien ne distingue essentiellement une fonction de fonction de celles qui dépendent directement de la variable principale.

117. DÉRIVÉE D'UNE FONCTION DE FONCTION. D'après les définitions qui précèdent, si l'on désigne par u une fonction $\varphi\,(x)$ de la variable x, et par w une fonction $\psi\,(u)$ de la variable u, w sera une fonction de fonction définie par les équations :

$$u = \varphi\,(x), \quad w = \psi\,(u).$$

Nous allons montrer que, si les fonctions φ et ψ sont de telle nature, qu'on sache prendre leurs dérivées par rapport à la variable dont elles dépendent immédiatement, on pourra former la dérivée de w par rapport à x.

Supposons, en effet, que l'on donne à x un accroissement Δx, et qu'il en résulte : pour u, un accroissement Δu ; pour w, un accroissement Δw ; on a identiquement :

$$\frac{\Delta w}{\Delta x} = \frac{\Delta w}{\Delta u} \cdot \frac{\Delta u}{\Delta x}.$$

Or, Δx tendant vers zéro, $\dfrac{\Delta w}{\Delta u}$ et $\dfrac{\Delta u}{\Delta x}$ ont, pour définition, pour limites respectives, les dérivées de w et de u par rapport à x. Quant à $\dfrac{\Delta w}{\Delta u}$, bien que u ne soit pas une variable indépendante, mais une fonction de x, dont les variations dépendent de celles de x, cette expression a pour limite la dérivée de w par rapport à u ; car rien, dans la définition de la dérivée d'une fonction, ne particularise la manière dont l'accroissement de la variable tend vers zéro. En désignant donc les dérivées de w par rapport à x et par rapport à u par w' et par $\psi'\,(u)$, et celle de u par rapport à x par $\varphi'(x)$, et en se rappelant que la limite d'un produit est égale au produit des limites, on a :

$$[7] \qquad\qquad w' = \psi'(u) \times \varphi'(x);$$

résultat que l'on peut énoncer de la manière suivante :

La dérivée d'une fonction de fonction est le produit des dérivées des fonctions simples qui la composent, prises, chacune, par rapport à la variable dont la fonction dépend immédiatement.

118. EXEMPLES. 1° Considérons la fonction

$$(x^2)^3,$$

c'est-à-dire, supposons que, dans la formule qui précède, on ait :

$$u = x^2, \quad y = u^3.$$

Pour former la dérivée de cette fonction de fonction, il faut, comme on l'a vu, prendre la dérivée de u^3 par rapport à u, qui est $3u^2$, et la multiplier par la dérivée de x^2 par rapport à x, c'est-à-dire par $2x$; cette dérivée est donc $3u^2 \times 2x$, ou, en remplaçant u par sa valeur :

$$3x^4 \times 2x = 6x^5;$$

ce qui est précisément le résultat qu'on aurait obtenu (**110**), en remplaçant la fonction de fonction par la fonction simple x^6.

2° Considérons encore la fonction

$$\log x^5,$$

c'est-à-dire, supposons :

$$u = x^5; \quad w = \log u.$$

La dérivée de cette fonction de fonction est le produit de $5x^4$, dérivée de x^5, par $\dfrac{\log e}{u}$, dérivée de $\log u$ par rapport à u; elle est égale, par conséquent, à

$$\frac{5x^4 \log e}{x^5} = \frac{5 \log e}{x};$$

c'est précisément ce que l'on aurait trouvé, en remarquant que

$$\log x^5 = 5 \log x;$$

car la dérivée de $5 \log x$ est évidemment égale à cinq fois la dérivée de $\log x$.

Les deux exemples précédents ont été choisis de manière à fournir un résultat qui fût connu à l'avance; mais on conçoit que, dans un grand nombre de cas, la règle des fonctions de fonctions conduira à des résultats entièrement nouveaux, et qu'il serait difficile d'obtenir autrement.

Cherchons, par exemple, la dérivée de e^{x^2}, en posant :

$$x^2 = u, \quad w = e^u.$$

On voit que la dérivée demandée est le produit de $2x$, dérivée de u par rapport à x, et de e^u, dérivée de e^u par rapport à u; elle est, par conséquent, égale à

$$2xe^{x^2}.$$

119. Généralisation. On peut généraliser la règle des fonctions de fonctions, et l'étendre à des expressions qui dépendent de la variable x au moyen de plusieurs fonctions intermédiaires.

Posons, en effet :

$$u = \varphi(x), \quad v = \psi(u), \quad w = f(v), \quad z = F(w);$$

et cherchons la dérivée de z par rapport à x. Soit Δx un accroissement attribuée à x; et soient Δu, Δv, Δw, Δz, les accroissements qui en résultent pour u, v, w, z; on a, identiquement :

$$\frac{\Delta z}{\Delta x} = \frac{\Delta z}{\Delta w} \cdot \frac{\Delta w}{\Delta v} \cdot \frac{\Delta v}{\Delta u} \cdot \frac{\Delta u}{\Delta x};$$

et l'on voit que, si Δx tend vers zéro, le premier membre a, pour limite, la dérivée de z par rapport à x, et les facteurs du second tendent vers les dérivées des fonctions z, w, v, u, par rapport aux variables dont elles dépendent immédiatement. On en conclut que *la dérivée de z, par rapport à x, est encore le produit obtenu en multipliant les dérivées des diverses fonctions;* z, w

v, u, *prises chacune par rapport à la variable dont la fonction dépend immédiatement.* Ainsi :

$$[8] \qquad z' = F'(w) \times f'(v) \times \psi'(u) \times \varphi'(x).$$

120. Dérivée d'un produit. Soient u, v, w,.... des fonctions en nombre quelconque, et z leur produit, dont on demande la dérivée.

On a : $$z = u.v.w....;$$

en prenant les logarithmes des deux membres, il vient :

$$\log z = \log u + \log v + \log w + ...;$$

et, si l'on prend les dérivées des deux membres, on a, en appliquant la règle des fonctions de fonctions (**117**), et en désignant par z', u', v', w',.... les dérivées de z, u, v, w....;

$$\frac{\log e}{z} z' = \frac{\log e}{u} u' + \frac{\log e}{v} v' + \frac{\log e}{w} w' + ...;$$

d'où l'on déduit :

$$\frac{z'}{z} = \frac{u'}{u} + \frac{v'}{v} + \frac{w'}{w} + ...,$$

ou, en multipliant les deux membres par z ou par $uvw....$:

$$[9] \qquad z' = vw....u' + uw....v' + uv....w' + ...$$

Ainsi, *la dérivée d'un produit est la somme des produits obtenus en multipliant successivement la dérivée de chaque facteur par le produit de tous les autres.*

Si un facteur est constant, sa dérivée est nulle, et le terme correspondant manque dans la dérivée du produit. Ainsi la dérivée de Au est Au'.

121. Dérivée d'un quotient. Soient u et v deux fonctions de x, et z leur quotient, dont on demande la dérivée. On a :

$$z = \frac{u}{v}.$$

En prenant les logarithmes, il vient :

$$\log z = \log u - \log v ;$$

et, si l'on prend les dérivées des deux membres, cette équation donne, en adoptant les mêmes notations que précédemment :

$$\frac{\log e}{z} z' = \frac{\log e}{u} u' - \frac{\log e}{v} v' ;$$

d'où l'on déduit :

$$z' = \frac{z}{u} u' - \frac{z}{v} v' = \frac{1}{v} u' - \frac{u}{v^2} v',$$

ou [10]

$$z' = \frac{vu' - uv'}{v^2}.$$

Ainsi *la dérivée d'un quotient s'obtient, en multipliant le dénominateur par la dérivée du numérateur, puis le numérateur par la dérivée du dénominateur, et en divisant la différence des produits par le carré du dénominateur.*

122. DÉRIVÉE D'UNE PUISSANCE. Soient u une fonction de x, et m un exposant, entier ou fractionnaire, positif ou négatif; désignons par z la puissance u^m, et cherchons-en la dérivée ; on a :

$$z = u^m.$$

En prenant les logarithmes, il vient :

$$\log z = m \log u;$$

et si l'on prend les dérivées des deux membres, on aura, en adoptant toujours les mêmes notations :

$$\frac{\log e}{z} z' = m \frac{\log e}{u} u' ;$$

d'où l'on déduit :

$$z' = m \frac{z}{u} u';$$

ou   [11]

$$z' = mu^{m-1} u'.$$

Ainsi *la dérivée d'une puissance d'une fonction s'obtient en multipliant la dérivée de la fonction par l'exposant et par une puissance de la fonction prise avec un exposant inférieur d'une unité.*

REMARQUE I. Dans le cas où m est entier, cette règle pourrait se déduire du théorème des fonctions de fonctions : car, u étant une fonction de x, u^m est une fonction de fonction ; et l'on a vu (**110**) que sa dérivée, par rapport à u, est mu^{m-1}.

REMARQUE II. Si, dans la formule précédente, on suppose $u = x$, on obtient la dérivée de x^m, et l'on voit qu'elle est mx^{m-1} : cette dérivée s'exprime, par conséquent, par la même formule, que lorsque m est entier.

COROLLAIRE. Si $z = \sqrt{u}$, on écrit :

$$z = u^{\frac{1}{2}};$$

et appliquant la règle précédente, on a :

$$z' = \frac{1}{2} u^{-\frac{1}{2}} u',$$

ou [12]
$$z' = \frac{u'}{2\sqrt{u}},$$

Ainsi *la dérivée de la racine carrée d'une fonction s'obtient en divisant la dérivée de la fonction par le double du radical.*

125. DÉRIVÉE DE u^v. Considérons enfin l'expression plus composée, dans laquelle l'exposant est lui-même fonction de la variable x ; et cherchons la dérivée de u^v, u et v désignant deux fonctions quelconques de x.

Posons :
$$z = u^v,$$

nous aurons, en prenant les logarithmes :

$$\log z = v \log u;$$

et, si nous prenons les dérivées des deux membres, en appliquant la règle donnée pour la dérivée d'un produit, il vient :

$$\frac{\log e}{z} z' = v' \log u + \frac{v \log e}{u} u';$$

d'où l'on déduit :

[13]
$$z' = z \left(\frac{v' \log u}{\log e} + \frac{v}{u} u' \right).$$

Exemple. Si l'on pose $v = x$, $u = x$, la fonction z devient x^x, et la dérivée est :

$$x^x \left(\frac{\log x}{\log e} + 1 \right).$$

124. Applications des règles précédentes. Les règles précédentes permettent de former la dérivée d'une fonction algébrique donnée, quelque compliquée qu'elle soit ; nous en donnerons quelques exemples.

1° Trouver la dérivée de la fonction, $y = \sqrt{1 + x^2}$.

On pose :
$$1 + x^2 = u,$$

$$\sqrt{1 + x^2} = u^{\frac{1}{2}} ;$$

et l'on trouve (**117, 122**) :

$$y' = \tfrac{1}{2} u^{-\frac{1}{2}} . u' = \frac{x}{\sqrt{1 + x^2}} .$$

2° Trouvée la dérivée de la fonction $y = \dfrac{x^n}{(1 + x)^n}$.

Nous pouvons considérer cette expression comme une fraction ; et en appliquant la règle (**121**), on trouve :

$$y' = \frac{n x^{n-1} (1 + x)^n - n x^n (1 + x)^{n-1}}{(1 + x)^{2n}} = \frac{n x^{n-1}}{(1 + x)^{n+1}} .$$

On pourrait encore considérer la fraction proposée comme la n^{me} puissance de $\dfrac{x}{1 + x}$, et appliquer la règle (**122**) ; on aurait alors :

$$y' = n \left(\frac{x}{1 + x} \right)^{n-1} . \left(\frac{x}{1 + x} \right)' = n \left(\frac{x}{1 + x} \right)^{n-1} \frac{x + 1 - x}{(1 + x)^2}$$

$$= n \frac{x^{n-1}}{(1 + x)^{n+1}},$$

résultat conforme au précédent :

3° Trouver la dérivée de la fonction

$$y = \log \frac{\sqrt{x^2 - 1} - 1}{\sqrt{x^2 - 1} + 1} .$$

En posant : $\qquad \dfrac{\sqrt{x^2-1}-1}{\sqrt{x^2-1}+1} = U,$

on aura : $\qquad\qquad\qquad y = \log U,$

et (**118**) : $\qquad\qquad\quad y' = \dfrac{\log e}{U} \cdot U'.$

Pour trouver **U′**, il faut appliquer les règles (**121, 122**); on trouve :

$$U' = \frac{\left(\sqrt{x^2-1}+1\right)\dfrac{x}{\sqrt{x^2-1}} - \left(\sqrt{x^2-1}-1\right)\dfrac{x}{\sqrt{x^2-1}}}{\left(\sqrt{x^2-1}+1\right)^2}$$

$$= \frac{2x}{\sqrt{x^2-1}\left(\sqrt{x^2-1}+1\right)^2};$$

et, par suite : $\qquad y' = \dfrac{2x \log e}{\sqrt{x^2-1}\,(x^2-2)}.$

4° Soit enfin $y = e^x \mathrm{L}x$, le logarithme étant pris dans le système de Neper; on trouvera :

$$y' = e^x \left(\frac{1}{x} + \mathrm{L}x\right).$$

§ IV. Dérivées des fonctions circulaires.

125. Dérivée de $\sin x$. La dérivée de la fonction $\sin x$ est, par définition, la limite du rapport

$$\frac{\sin(x+h) - \sin x}{h}.$$

Or, on a, d'après les formules connues de la trigonométrie :

$$\sin(x+h) - \sin x = 2\sin\frac{h}{2}\cos\left(x+\frac{h}{2}\right).$$

Donc

$$\frac{\sin(x+h)-\sin x}{h} = \frac{2\sin\dfrac{h}{2}\cos\left(x+\dfrac{h}{2}\right)}{h} = \frac{\sin\left(\dfrac{h}{2}\right)}{\left(\dfrac{h}{2}\right)} \cdot \cos\left(x+\frac{h}{2}\right).$$

Mais on sait que h devenant très-petit, le rapport du sinus à l'arc correspondant tend vers l'unité. D'ailleurs, $\cos\left(x+\frac{h}{2}\right)$ s'approche indéfiniment de $\cos x$; et, par suite, l'expression précédente a pour limite $\cos x$.

La dérivée de sin x *est donc* cos x.

[14] $$(\sin x)' = \cos x.$$

126. DÉRIVÉE DE $\cos x$. On a :

$$\cos x = \sin\left(\frac{\pi}{2} - x\right);$$

et, par conséquent, $\cos x$ peut être considérée comme une fonction de fonction. En appliquant la règle (**117**), on trouve :

$$(\cos x)' = \cos\left(\frac{\pi}{2} - x\right)\left(\frac{\pi}{2} - x\right)' = -\cos\left(\frac{\pi}{2} - x\right) = -\sin x.$$

La dérivée de cos x *est donc* $-$ sin x.

[15] $$(\cos x)' = -\sin x.$$

127. DÉRIVÉE DE $\tan g\, x$. On a :

$$\tan g\, x = \frac{\sin x}{\cos x};$$

et, en appliquant la règle (**121**), on trouve :

[16] $$(\tan g\, x)' = \frac{\cos^2 x + \sin^2 x}{\cos^2 x} = \frac{1}{\cos^2 x}.$$

La dérivée de tang x *est donc* $\dfrac{1}{\cos^2 x}$.

128. DÉRIVÉE DE $\cot g\, x$. On a :

$$\cot g\, x = \frac{\cos x}{\sin x};$$

et, en appliquant la règle (**121**), on trouve :

[17] $$(\cot g\, x)' = \frac{-\sin^2 x - \cos^2 x}{\sin^2 x} = -\frac{1}{\sin^2 x}.$$

La dérivée de cotang x *est donc* $-\dfrac{1}{\sin^2 \text{x}}.$

129. DÉRIVÉE DE séc x. On a :

$$\text{séc } x = \frac{1}{\cos x}.$$

Donc

[18] $(\text{séc } x)' = (\cos^{-1} x)' = -(\cos x)^{-2}.(-\sin x) = \dfrac{\sin x}{\cos^2 x}.$

La dérivée de séc x *est donc* $\dfrac{\sin \text{x}}{\cos^2 \text{x}}.$

130. DÉRIVÉE DE coséc x. On a :

$$\text{coséc } x = \frac{1}{\sin x},$$

Donc :

[19] $(\text{coséc } x)' = (\sin^{-1} x)' = -(\sin^{-2} x)\cos x = -\dfrac{\cos x}{\sin^2 x},$

La dérivée de coséc x *est donc* $-\dfrac{\cos \text{x}}{\sin^2 \text{x}}.$

131. REMARQUE. Nous admettons, dans les paragraphes précédents, que l'arc x soit mesuré par son rapport au rayon du cercle dont il fait partie. C'est, en effet, dans cette hypothèse seulement, qu'il est vrai de dire, comme nous l'avons fait (**125**), que le rapport du sinus à l'arc tend vers l'unité, lorsque l'arc diminue.

132. DÉFINITION DES FONCTIONS INVERSES. Toutes les fois que deux variables, x et y, sont liées de telle manière, que la valeur connue de l'une détermine la valeur de l'autre, elles sont dites fonctions l'une de l'autre ; et ce sont deux fonctions *inverses*. Ainsi, par exemple, si $y = a^x$, on en conclut $x = \log_a y$; à chaque valeur de x correspond une valeur déterminée de l'exponentielle y ; mais à chaque valeur de y correspond une valeur déterminée du logarithme x. Les deux fonctions y et x sont inverses l'une de l'autre. Ainsi, encore, le sinus d'un arc est une fonction de cet arc ; mais, réciproquement, l'arc est fonction du sinus ; car à chaque valeur du sinus correspondent des valeurs déterminées de l'arc. Nous désignerons cette fonction par la notation.

$$\text{arc sin } x,$$

que l'on doit lire : arc dont le sinus est x. Et nous allons déterminer les dérivées des *fonctions circulaires inverses*, arc sin x, arc cos x, arc tang x.

135. Dérivée de arc sin x. Posons :

$$y = \text{arc sin } x;$$

et cherchons la dérivée de y par rapport à x, que nous désignerons par y'.

De l'équation $\qquad y = \text{arc sin } x,$

on déduit : $\qquad\qquad x = \sin y;$

en prenant la dérivée des deux membres par rapport à x, et appliquant, pour le second, la règle des fonctions de fonctions, on trouve :

$$1 = \cos y \times y';$$

donc : $\qquad\qquad\qquad y' = \dfrac{1}{\cos y}.$

Mais sin y étant égal à x, cos y est égal à $\pm \sqrt{1 - x^2}$; et l'on a, par conséquent :

[20] $\qquad\qquad\qquad y' = \dfrac{1}{\pm \sqrt{1 - x^2}}.$

La dérivée de arc sin x *est donc* $\dfrac{1}{\pm \sqrt{1 - x^2}}.$

134. Remarque. Il peut sembler extraordinaire que la dérivée cherchée ait un signe indéterminé. Mais on remarquera que le signe du dénominateur est celui de cos y; or, à un même sinus x correspondent des arcs en nombre infini, dont les uns ont un cosinus positif, et les autres un cosinus négatif; ce sont ces divers arcs qui ont des dérivées différentes; chacun d'eux, bien entendu, ne peut en avoir qu'une seule. Lors donc que l'on prendra la dérivée de l'arc dont le sinus est x, on devra indiquer le quadrant, dans lequel se termine l'arc dont il s'agit; et l'on prendra le signe $+$, si l'arc se termine dans le premier ou dans le quatrième quadrant, et le signe $-$, s'il se termine dans le second ou dans le troisième.

155. Dérivée de arc cos x. Si l'on pose :

$$y = \text{arc cos } x,$$

on en déduit : $x = \cos y;$

et, en prenant les dérivées des deux membres,

$$1 = -\sin y \times y';$$

d'où l'on déduit :

[21] $$y' = -\frac{1}{\sin y} = \frac{-1}{\pm\sqrt{1-x^2}}.$$

La dérivée arc cos x *est donc* $\dfrac{-1}{\pm\sqrt{1-x^2}}.$

Dans ce cas, le dénominateur est la valeur de sin y, c'est-à-dire du sinus de l'arc dont on cherche la dérivée. On devra donc le prendre avec le signe $+$, si l'arc se termine dans le premier ou dans le second quadrant; et avec le signe $-$, si l'arc se termine dans le troisième ou dans le quatrième.

156. On peut remarquer que, d'après ce qui précède, les deux fonctions arc sin x et arc cos x ont des dérivées égales, ou égales et de signes contraires; on s'explique facilement qu'il doit en être ainsi, en remarquant que, si y désigne un arc dont le sinus soit x, $\frac{\pi}{2} - y$ et $y - \frac{\pi}{2}$ auront x pour cosinus. On a donc,

$$\frac{\pi}{2} - \text{arc sin } x = \text{arc cos } x,$$

et $$\text{arc sin } x - \frac{\pi}{2} = \text{arc cos } x.$$

On voit, d'après cela, que, suivant la valeur adoptée pour l'arc dont le cosinus est x, sa dérivée sera égale à celle de arc sin x, ou égale et de signe contraire.

137. Dérivée de arc tang x. Posons:

$$y = \text{arc tang } x;$$

on en déduit: $\qquad x = \text{tang } y;$

et, en prenant les dérivées des deux membres,

$$1 = \frac{y'}{\cos^2 y};$$

donc:

[22] $\qquad y' = \cos^2 y = \frac{1}{1 + \text{tang}^2 y} = \frac{1}{1 + x^2}.$

La dérivée de arc tang x *est donc* $\frac{1}{1 + x^2}$.

On voit que la fonction arc tang x n'a qu'une seule dérivée. Il existe cependant un nombre infini d'arcs qui correspondent à une tangente donnée; mais, si l'on désigne l'un d'eux par y, tous les autres sont compris dans la formule

$$n\pi + y;$$

chacun d'eux a, par conséquent, même dérivée que y.

138. Tableau des dérivées. Comme il est nécessaire de connaître les formules fondamentales du calcul des dérivées, nous les avons toutes réunies dans le tableau suivant:

$1°\ y = ax + b,$ $\qquad$ $y' = a.$

$2°\ y = f(x) \pm \varphi(x),$ $\qquad$ $y' = f'(x) \pm \varphi'(x).$

$3°\ y = f(x).\varphi(x),$ $\qquad$ $y' = f'(x)\varphi(x) + f(x).\varphi'(x).$

$4°\ y = \dfrac{\varphi(x)}{f(x)},$ $\qquad$ $y' = \dfrac{f(x).\varphi'(x) - \varphi(x).f'(x)}{\{f(x)\}^2}.$

$5°\ y = x^m,$ $\qquad$ $y' = mx^{m-1}.$

$6°\ y = e^x,$ $\qquad$ $y' = e^x.$

$7°\ y = a^x,$ $\qquad$ $y' = a^x \mathrm{L}a.$

$8°\ y = \mathrm{L}x,$ $\qquad$ $y' = \dfrac{1}{x}.$

$9°\ y = \log x,$ $\qquad$ $y' = \dfrac{1}{x}\log e.$

$10°\ y = \sin x,$ $\qquad$ $y' = \cos x.$

$11°\ y = \cos x,$ $\qquad$ $y' = -\sin x.$

$12°\ y = \tang x,$ $\qquad$ $y' = \dfrac{1}{\cos^2 x}.$

$13°\ y = \cotang x,$ $\qquad$ $y' = -\dfrac{1}{\sin^2 x}.$

$14°\ y = \séc x,$ $\qquad$ $y' = \dfrac{\sin x}{\cos^2 x}.$

$15°\ y = \coséc x,$ $\qquad$ $y' = -\dfrac{\cos x}{\sin^2 x}.$

$16°\ y = \arc \sin x,$ $\qquad$ $y' = \dfrac{1}{\sqrt{1-x^2}}.$

$17°\ y = \arc \cos x,$ $\qquad$ $y' = -\dfrac{1}{\sqrt{1-x^2}}.$

$18°\ y = \arc \tang x,$ $\qquad$ $y' = \dfrac{1}{1+x^2}.$

$19°\ y = \arc \cot x,$ $\qquad$ $y' = -\dfrac{1}{1+x^2}.$

$20°\ y = \arc \séc x,$ $\qquad$ $y' = \dfrac{1}{x\sqrt{x^2-1}}.$

$21°\ y = \arc \coséc x,$ $\qquad$ $y' = -\dfrac{1}{x\sqrt{x^2-1}}.$

$22°\ y = \log \sin x,$ $\qquad$ $y' = \cotang x.$

$23°\ y = \log \cos x,$ $\qquad$ $y' = -\tang x.$

$24°\ y = \log \tang x,$ $\qquad$ $y' = \dfrac{1}{\sin x.\cos x}.$

$25°\ y = \log \tang \tfrac{1}{2}x,$ $\qquad$ $y' = \dfrac{1}{\sin x}.$

Dans les dérivées de arc sin x et de arc coséc x, le radical a le signe de cos y; dans celles de arc cos x et de arc séc x, il a le signe du sinus.

RÉSUMÉ.

109. Définitions. — **110.** Développement d'une fonction entière $f(x+h)$: définition de la dérivée d'une telle fonction. — **111.** Cette dérivée est la limite vers laquelle tend le rapport de l'accroissement de la fonction à l'accroissement de la variable, quand ce dernier tend vers zéro. — **112.** Cette propriété est prise pour la définition de la dérivée d'une fonction quelconque : dérivées successives. — **113.** Dérivées de a^x, de e^x. — **114.** Dérivées de log x, de Lx. — **115.** Dérivée d'une somme. — **116.** Définition d'une fonction de fonction : exemples. — **117.** Dérivée d'une fonction de fonction. — **118.** Exemples. — **119.** Extension à un cas plus général. — **120.** Dérivée d'un produit. — **121.** Dérivée d'un quotient. — **122.** Dérivée d'une puissance; cas d'une racine carrée. — **123.** Dérivée de u^v, u et v étant deux fonctions de x. — **124.** Application des règles précédentes. — **125.** Dérivée de sin x. — **126.** Dérivée de cos x. — **127.** Dérivée de tang x. — **128.** Dérivée de cotang x. — **129.** Dérivée de séc x. — **130.** Dérivée de coséc x. — **131.** L'arc x est, dans ces calculs, mesuré par son rapport au rayon du cercle. — **132.** Définition des fonctions inverses. — **133.** Dérivée de arc sin x. — **134.** Remarque sur le double signe de cette dérivée. — **135.** Dérivée de arc cos x. — **136.** Ces deux dernières dérivées doivent être égales, ou égales et de signes contraires. — **137.** Dérivée de arc tang x. — **138.** Tableau des formules qui donnent la dérivée des fonctions les plus simples.

EXERCICES.

I. Trouver la dérivée de

$$y = \sqrt{x-1} - \frac{1}{\sqrt{x-1}}.$$

On trouve :

$$y' = \frac{x}{2(\sqrt{x-1})^3}.$$

II. Trouver la dérivée de $\quad y = f(a + bx^2).$

On trouve :

$$y' = 2f'(a + bx^2)bx.$$

III. Trouver la dérivée de $\quad y = f\left(\frac{a}{x}\right).$

On trouve :

$$y' = -\frac{a}{x^2} f'\left(\frac{a}{x}\right).$$

IV. Trouver la dérivée de

$$y = \frac{1}{x^2} f\left(\frac{x+a}{b-x}\right).$$

On trouve :
$$y' = -\frac{2}{x^3} f\left(\frac{x+a}{b-x}\right) + \frac{a+b}{x^2(b-x)^2} f'\left(\frac{x+a}{b-x}\right).$$

V. Trouver les dérivées de

$$y = x(Lx - 1), \qquad z = e^x(x - 1).$$

On trouve :
$$y' = Lx, \qquad z' = xe^x.$$

VI. Trouver les dérivées de

$$y = x\sin x + \cos x, \qquad z = \sin x - x\cos x.$$

On trouve :
$$y' = x\cos x, \qquad z' = x\sin x.$$

VII. Trouver la dérivée de

$$y = L\left(x + \sqrt{1 + x^2}\right).$$

On trouve :
$$y' = \frac{1}{\sqrt{1 + x^2}}.$$

VIII. Trouver la dérivée de

$$y = \operatorname{arc\,cos}\left(\frac{a\cos x + b}{b\cos x + a}\right).$$

On trouve :
$$y' = \frac{\sqrt{a^2 - b^2}}{b\cos x + a}.$$

IX. Trouver la dérivée de

$$y = \frac{1}{2} L\left(\frac{1 - \cos x}{1 + \cos x}\right).$$

On trouve :
$$y' = \frac{1}{\sin x}.$$

X. Trouver les dérivées de

$$y = L\operatorname{arc\,sin} x, \qquad z = L\operatorname{arc\,cos} x, \qquad v = L\operatorname{arc\,tg} x.$$

On trouve :

$$y' = \frac{1}{\sqrt{1 - x^2}\operatorname{arc\,sin} x}, \qquad z' = \frac{-1}{\sqrt{1 - x^2}\operatorname{arc\,cos} x}, \qquad v' = \frac{1}{(1 + x^2)\operatorname{arc\,tg} x}.$$

XI. Trouver la dérivée de

$$y = \operatorname{arc\,sin} 2x\sqrt{1 - x^2}.$$

On trouve :
$$y' = \frac{2}{\sqrt{1 - x^2}}.$$

Dire pourquoi cette dérivée est double de celle de arc sin x.

XII. Trouver la dérivée de

$$y = \text{arc tang } \frac{a+x}{1-ax}.$$

On trouve :
$$y' = \frac{1}{1+x^2}.$$

Dire pourquoi cette dérivée est la même que celle de arc tang x.

XIII. Trouver la dérivée de

$$y = \text{arc tang } \frac{a+b+x-abx}{1-ab-ax-bx} \; ;$$

et dire pourquoi elle est encore la même que la précédente.

XIV. En posant :
$$L\left(\frac{1+x}{1-x}\right) = \varphi(x) ,$$

trouver les dérivées de

$$y = \varphi\left(\frac{a+x}{1+ax}\right) , \qquad z = \varphi\left(\frac{a+b+x+abx}{1+ab+(a+b)x}\right).$$

On trouve :
$$y' = \frac{2}{1-x^2} , \qquad z' = \frac{2}{1-x^2}.$$

Dire pourquoi ces deux fonctions ont la même dérivée.

XV. Trouver la dérivée de

$$y = \text{arc sin } \frac{\sqrt{1-e^2}\sin x}{1-e\cos x}.$$

On trouve :
$$y' = \frac{\sqrt{1-e^2}}{1-e\cos x}.$$

XVI. Trouver la dérivée de l'expression

$$y = \frac{1}{a^2-b^2}\left[\frac{a\sin x}{a+b\cos x} - \frac{b}{\sqrt{a^2-b^2}} \text{ arc tang } \left(\frac{\sqrt{a^2-b^2}\sin x}{b+a\cos x}\right)\right].$$

XVII. Trouver la dérivée de l'expression

$$y = \frac{1}{a^2-b^2}\left[\frac{a\sin x}{a+b\cos x} - \frac{2b}{\sqrt{a^2-b^2}} \text{ arc tang } \left(\frac{a-b}{\sqrt{a^2-b^2}} \text{ tang } \frac{1}{2}x\right)\right]$$

XVIII. Trouver la dérivée de l'expression

$$y = \frac{1}{a^2-b^2}\left[\frac{a\sin x}{a+b\cos x} - \frac{b}{\sqrt{a^2-b^2}} \text{ arc cos } \left(\frac{b+a\cos x}{a+b\cos x}\right)\right].$$

Dire pourquoi l'on trouve, pour ces trois expressions (XVI, XVII, XVIII), la même dérivée,

$$y' = \frac{\cos x}{a + b \cos x}.$$

XIX. Trouver la dérivée de l'expression

$$y = \frac{1}{a^2 - b^2} \left[\frac{a \sin x}{a + b \cos x} - \frac{b}{\sqrt{b^2 - a^2}} \, L \left(\frac{b + o \cos x + \sqrt{b^2 - a^2} \sin x}{a + b \cos x} \right) \right].$$

Cette fonction a la même dérivée que les trois précédentes.

XX. Trouver la dérivée de l'expression

$$y = \frac{1}{4\sqrt{2}} \, L \, \frac{\sqrt{1 + x^4} + x\sqrt{2}}{1 - x^2} - \frac{1}{4\sqrt{2}} \, \text{arc} \sin \frac{x\sqrt{2}}{1 + x^2}.$$

On trouve :
$$y' = \frac{x^2}{(1 - x^4)\sqrt{1 + x^4}}.$$

CHAPITRE II.

ÉTUDE DES FONCTIONS A L'AIDE DES DÉRIVÉES, RETOUR DES DÉRIVÉES AUX FONCTIONS.

§ I. Propriétés des dérivées.

159. Définition. On dit qu'une fonction $f(x)$ est *croissante*, lorsqu'un petit accroissement, donné à la variable x, fait prendre à la fonction une valeur plus grande : en d'autres termes, lorsque l'on a, pour de très-petites valeurs de h,

$$f(x+h) - f(x) > 0.$$

Une fonction est dite *décroissante*, lorsqu'un petit accroissement, attribué à la valeur x, fait prendre à la fonction une valeur plus petite : en d'autres termes, lorsque l'on a, pour de très-petites valeurs de h,

$$f(x+h) - f(x) < 0.$$

140. Condition pour qu'une fonction soit croissante ou décroissante. Puisque la dérivée $f'(x)$ est la limite du rapport $\dfrac{f(x+h) - f(x)}{h}$, pour $h = 0$, il s'ensuit que, lorsque h est, non pas nul, mais très-petit, on a :

$$\frac{f(x+h) - f(x)}{h} = f'(x) + \varepsilon,$$

ε étant une quantité inconnue, fonction de x et de h, qui est très-petite, en même temps que h, et qui tend vers zéro avec h. On tire de là :

$$f(x+h) - f(x) = h\{f'(x) + \varepsilon\}.$$

Or si $f'(x)$ n'est pas nul, on peut prendre h assez petit, pour que ε soit, en valeur absolue, plus petit que $f'(x)$. Le signe de $\{f'(x) + \varepsilon\}$ sera alors celui de $f'(x)$; et, comme h est positif, le signe de $f'(x)$ sera celui du premier membre.

Donc, *si la dérivée* $f'(x)$ *est positive, la fonction* $f(x)$ *est crois-*

sante; et si la dérivée est négative, la fonction est décroissante. Les réciproques sont évidemment vraies.

141. Condition commune au maximum et au minimum d'une fonction. Lorsque la variable de laquelle dépend une fonction, change d'une manière continue, la fonction elle-même varie d'une manière continue; et le théorème précédent nous permet de trouver les valeurs de la variable, pour lesquelles la fonction est croissante ou décroissante.

Si la fonction considérée devient maximum pour une certaine valeur a de x, elle est croissante lorsque x est plus petit que a, et décroissante, dès que x a dépassé cette limite. La dérivée, positive d'abord, négative ensuite, doit donc changer de signe, *en passant du positif au négatif*, lorsque x, croissant d'une manière continue, vient à atteindre et à dépasser a.

On verra de même que si, pour $x = a$, la fonction considérée est minimum, la dérivée doit changer de signe, *en passant du négatif au positif*, lorsque x, croissant d'une manière continue, atteindra la valeur a.

On voit, par ce qui précède, que les valeurs de x, qui rendent une fonction maximum ou minimum, sont celles pour lesquelles la dérivée de cette fonction vient à changer de signe. Et, comme une fonction continue ne peut changer de signe qu'en passant par la valeur zéro, intermédiaire entre les valeurs positives et négatives, il en résulte qu'une fonction, dont la dérivée est continue, ne devient maximum ou minimum que pour les valeurs de x qui annulent sa dérivée.

Mais la réciproque n'est pas exacte. Pour qu'il y ait maximum ou minimum, il faut non-seulement que la dérivée s'annule; il faut encore qu'elle change de signe : et un grand nombre de fonctions peuvent passer par zéro sans changer de signe.

Nous conclurons de là que, *pour trouver les maximums et minimums d'une fonction* f (x), *on résout l'équation* f' (x) = 0; *on rejette les solutions pour lesquelles la dérivée ne change pas de signe. Quant à chacune de celles qui font changer de signe à la dérivée, elles correspondent à un maximum, lorsque la dérivée passe du positif au négatif, et à un minimum, dans le cas contraire.*

On peut remarquer, en outre, que, s'il y a maximum, la dérivée étant d'abord positive, puis nulle, et enfin négative, va constamment en diminuant : sa dérivée, c'est-à-dire la dérivée seconde $f''(x)$, doit donc être négative. Si, au contraire, il y a minimum, la dérivée, d'abord négative, puis nulle, puis positive, va en croissant : donc la dérivée seconde $f''(x)$ doit être positive. Les réciproques sont évidentes.

Donc, *pour qu'une valeur* x = a, *qui annule* f'(x), *corresponde à un maximum ou à un minimum, il suffit qu'elle rende* f''(x) *négative ou positive.*

§ II. Étude de quelques fonctions.

142. Étude de la fonction x^x, quand x varie de 0 a ∞. Commençons par chercher la valeur de cette fonction pour $x = 0$. Si l'on attribue immédiatement cette valeur à la variable, fonction prend la forme indéterminée 0^0, qui n'a aucun sens; car, d'une part, toutes les puissances de 0 sont nulles; et, d'autre part, toute puissance, dont l'exposant est zéro, est égale à 1. Pour connaître la véritable valeur de x^x, c'est-à-dire *la valeur vers laquelle converge* x^x, *lorsque* x *diminue de plus en plus,* posons :

$$y = x^x ;$$

en prenant les logarithmes des deux membres, il vient :

$$\log y = x \log x.$$

Or, puisque x doit recevoir une valeur très-petite, posons-le égal à $\frac{1}{z}$, z étant très-grand ; on aura :

$$\log y = \frac{1}{z} \log \frac{1}{z} = -\frac{1}{z} \log z.$$

Or, il est évident qu'un nombre très-grand est beaucoup plus grand que son logarithme; (si, par exemple, les logarithmes sont pris dans le système dont la base est 10, le logarithme d'un nombre de 1000 chiffres a seulement 999 pour partie entière) : $\frac{1}{z} \log z$ a donc pour limite 0; et, par suite, $\log y$ diminue indéfiniment : d'où l'on conclut que y tend vers l'unité.

Pour étudier les variations de x^x, à partir de la valeur 1, prenons la dérivée de cette fonction. On a (**125**), pour expression de cette dérivée,

$$x^x (1 + Lx),$$

le logarithme étant pris dans le système de Neper.

Si x est très-petit, cette dérivée est négative ; x^x commence donc par décroître, et diminuera tant que l'on aura :

$$1 + Lx < 0,$$

c'est-à-dire
$$Lx < -1,$$

ou
$$x < \frac{1}{e}.$$

Pour $x = \frac{1}{e}$, la dérivée s'annule, et la fonction devient minimum ; x croissant à partir de la valeur $\frac{1}{e}$, la dérivée est toujours positive, et x^x croît sans limite.

143. Étude de la fonction $y = \dfrac{Lx}{x}$, le logarithme étant pris dans le système de Neper. Pour $x = 0$, on a, évidemment, $y = -\infty$. La dérivée est :

$$y' = \frac{1 - Lx}{x^2}.$$

Cette dérivée est positive, tant que x est plus petit que e ; la fonction augmente donc sans cesse, lorsque x passe de la valeur 0 à la valeur e. La fonction passe alors de la valeur $-\infty$ à la valeur $\frac{1}{e}$. Cette valeur $\frac{1}{e}$ est son maximum ; et, la dérivée devenant ensuite négative, la fonction diminue indéfiniment ; et l'on voit sans peine qu'elle tend vers zéro, lorsque x augmente sans limite.

144. Problème. *On donne la somme* x + y ; *trouver le maximum ou le minimum de* x^m + y^m.

Remarquons d'abord que, la somme $x + y$ étant donnée, y est une fonction de x, et que, par conséquent, $x^m + y^m$ est aussi fonction de x; on peut, par conséquent, lui appliquer le théorème démontré plus haut (**141**).

Posons :
$$x + y = 2a,$$
$$x^m + y^m = u.$$

Il faut chercher la dérivée de u, et l'égaler à 0; or, on a évidemment :
$$u' = mx^{m-1} + my^{m-1}y'.$$

D'ailleurs, l'équation $\qquad x + y = 2a,$

donne : $\qquad 1 + y' = 0;$

donc : $\qquad y' = -1;$

et, par suite, $\qquad u' = mx^{m-1} - my^{m-1}.$

La condition $\qquad u' = 0,$

revient donc à $\qquad x^{m-1} = y^{m-1},$

et exige, par conséquent, que l'on ait $x = y$, et, par suite, $x = a$.

Pour savoir s'il y a maximum ou minimum, il faut chercher (**141**) si, lorsque x, en croissant, passe par la valeur a, la dérivée, en changeant de signe, devient négative ou positive. Or, en supposant m plus grand que 1, pour x plus petit que a, $(mx^{m-1} - my^{m-1})$ est négatif; et, pour x plus grand que a, cette différence est positive : donc il y a minimum. La conclusion serait opposée, si $(m - 1)$ était négatif.

145. PROBLÈME. *Chercher les valeurs maximum et minimum de l'expression.*
$$y = \frac{x^2 - 5x + 6}{x^2 + x + 1}.$$

Cherchons d'abord la dérivée y' de y; on a, d'après la règle donnée (**121**) :
$$y' = \frac{(2x - 5)(x^2 + x + 1) - (2x + 1)(x^2 - 5x + 6)}{(x^2 + x + 1)^2} = \frac{6x^2 - 10x - 11}{(x^2 + x + 1)^2}.$$

Le dénominateur de y' étant positif, le signe de cette dérivée sera celui de $(6x^2 - 10x - 11)$. Or, ce trinome est négatif, quand x est compris entre les racines de l'équation

$$[1] \qquad\qquad 6x^2 - 10x - 11 = 0,$$

et il est positif dans le cas contraire.

Les deux racines de l'équation [1] sont :

$$x = \frac{5 \mp \sqrt{91}}{6};$$

c'est-à-dire,
$$\begin{cases} x' = -0{,}75656\ 53357, \\ x'' = 2{,}42323\ 20024; \end{cases}$$

les valeurs correspondantes de y sont :

$$y = \frac{19 \pm 2\sqrt{91}}{3},$$

c'est-à-dire,
$$\begin{cases} y_1 = 12{,}69292\ 80094, \\ y_2 = 0{,}02626\ 13428. \end{cases}$$

On voit que la fonction y, qui ne devient pas infinie, puisque $(x^2 + x + 1)$ ne peut être nul, et qui est par conséquent continue, est croissante, lorsque x varie de $-\infty$ à x'; elle décroît ensuite, lorsque x varie de x' à x'', pour augmenter indéfiniment, quand x augmente à partir de la valeur x''. Elle atteint son maximum pour $x = x'$, et son minimum pour $x = x''$.

On voit, d'ailleurs, que, pour des valeurs très-grandes de x, la fonction diffère peu de l'unité; car, en remplaçant, pour de telles valeurs, le numérateur et le dénominateur par leurs premiers termes, qui sont égaux, l'erreur relative commise sur l'un et sur l'autre, et par suite, sur le quotient, est évidemment très-petite.

En résumé, la marche de la fonction est indiquée par le tableau suivant :

$$x = -\infty, \qquad y = 1,$$

$$x = x' = -0,75656\ldots, \quad y = 12,69292\ldots \text{ maximum},$$

$$x = \quad 0, \qquad y = 6,$$

$$x = \quad 2, \qquad y = 0,$$

$$x = \quad 2,42323\ldots, \quad y = -0,02626\ldots \text{ minimum},$$

$$x = \quad 3, \qquad y = 0,$$

$$x = \quad \infty, \qquad y = 1.$$

146. Cas où la fonction devient discontinue. Les fonctions considérées précédemment sont continues, et les théorèmes démontrés (**140, 141**) s'y appliquent sans difficulté. Mais il n'en est pas toujours ainsi; et il faut alors avoir soin d'examiner à part les valeurs de la variable, pour lesquelles la fonction change brusquement de valeur. La considération de la dérivée ne suffit plus alors pour étudier les variations de la fonction.

Soit, par exemple, la fonction

$$y = \frac{x^2 - 2x + 7}{x^2 - 8x + 15}.$$

On voit immédiatement que cette fonction est discontinue pour les valeurs $x = 3$ et $x = 5$, qui annulent le dénominateur; et, par conséquent, on ne pourra appliquer les théorèmes de la théorie des dérivées, que pour des valeurs de x variant entre des limites qui ne comprennent pas l'un des nombres 3 et 5.

On a, en prenant la dérivée de y :

$$y' = \frac{-6x^2 + 16x + 26}{(x^2 - 8x + 15)^2}.$$

Si l'on résout l'équation,

$$-6x^2 + 16x + 26 = 0,$$

on trouve :

$$x = \frac{4 \mp \sqrt{55}}{3},$$

et, par suite,

$$\begin{cases} x' = -1,13873\ 28290, \\ x'' = 3,80539\ 94957; \end{cases}$$

les valeurs correspondantes de y sont :

$$y = -7 \pm \sqrt{55},$$

ou
$$\begin{cases} y_1 = 0{,}41619\ 84871, \\ y_2 = -14{,}41619\ 84871. \end{cases}$$

Par suite, y' est négatif, tant que x est compris entre $-\infty$ et x', positif pour les valeurs de x comprises entre x' et x''; et il redevient négatif, pour x plus grand que x''. D'après cela, on devrait conclure (**140**) que y décroît, lorsque x varie dans le premier intervalle, qu'il augmente dans le second, et qu'il diminue dans le troisième. Mais, pour les raisons indiquées plus haut, ces conclusions cessent d'être exactes, à cause de la discontinuité de y.

y diminue, en effet, quand x varie de $-\infty$ à x' : car, dans cet intervalle, la fonction est continue, et la dérivée est négative.

Lorsque x varie de x' à 3, y augmente; il devient infini pour $x = 3$; puis il passe brusquement à la valeur $-\infty$, et augmente de nouveau jusqu'à $x = x''$, valeur pour laquelle y est maximum. A partir de la valeur x'', y diminue jusqu'à ce que l'on ait $x = 5$, valeur pour laquelle y est $-\infty$; puis cette fonction passe brusquement à la valeur $+\infty$, et diminue ensuite sans cesse, à mesure que x devient de plus en plus grand.

Si l'on remarque, comme plus haut, que, pour des valeurs très-grandes de x, positives ou négatives, y diffère peu de l'unité, on pourra représenter les conclusions qui précèdent par le tableau suivant; et l'on se fera facilement une idée de la marche de la fonction, qui, dans chaque intervalle, varie toujours dans le même sens.

$$x = -\infty, \qquad y = 1,$$
$$x = x' = -1{,}13873\ldots, \qquad y = 0{,}41619\ldots \text{ minimum,}$$
$$x = \quad 0, \qquad y = 0{,}46666\ldots,$$
$$x = \quad 3, \qquad y = \pm\infty,$$
$$x = x'' = \quad 3{,}80539\ldots, \qquad y = -14{,}41619\ldots \text{ maximum,}$$
$$x = \quad 5, \qquad y = \mp\infty,$$
$$x = \quad \infty, \qquad y = 1.$$

§ III. Application des dérivées à la détermination des valeurs des fonctions qui se présentent sous une forme indéterminée.

147. CAS OÙ UNE FONCTION SE PRÉSENTE SOUS LA FORME $\dfrac{0}{0}$.

Soit une fonction :

$$y = \frac{f(x)}{\mathrm{F}(x)};$$

et supposons que, pour $x = a$, on ait, à la fois, $f(a) = 0$, $\mathrm{F}(a) = 0$; y se présente sous la forme $\dfrac{0}{0}$; et l'on peut se propo· ser de déterminer la limite vers laquelle tend y, lorsque x tend vers a. Cette limite est ce qu'on appelle souvent, improprement, la *vraie valeur* de y.

Puisque $f(a) = 0$, $\mathrm{F}(a) = 0$, on a identiquement :

$$\frac{f(x)}{\mathrm{F}(x)} = \frac{f(x) - f(a)}{\mathrm{F}(x) - \mathrm{F}(a)} = \frac{\dfrac{f(x) - f(a)}{x - a}}{\dfrac{\mathrm{F}(x) - \mathrm{F}(a)}{x - a}}.$$

Or, lorsque x tend vers a, les termes du rapport, dans le second membre, tendent respectivement, et par définition même, vers les dérivées $f'(a)$ et $\mathrm{F}'(a)$. Donc, en prenant les limites des deux membres, on a, pour $x = a$:

$$\lim \frac{f(x)}{\mathrm{F}(x)} = \frac{f'(a)}{\mathrm{F}'(a)}, \quad \text{ou} \quad \lim \frac{f(x)}{\mathrm{F}(x)} = \lim \frac{f'(x)}{\mathrm{F}'(x)}.$$

Donc si $f'(x)$ et $\mathrm{F}'(x)$ ne sont ni nulles ni infinies, pour $x = a$, *la vraie valeur de* y *est la valeur du quotient des dérivées de ses deux termes.*

148. EXEMPLES. 1° Vraie valeur de $\dfrac{x^m - a^m}{x - a}$, pour $x = a$. Le quotient des dérivées est $\dfrac{mx^{m-1}}{1}$, et la limite est ma^{m-1}.

149. CAS OÙ UNE FONCTION SE PRÉSENTE SOUS LA FORME $\frac{\infty}{\infty}$.

Supposons que, pour $x = a$, la fonction $y = \dfrac{f(x)}{\mathrm{F}(x)}$ se présente sous la forme $\frac{\infty}{\infty}$, c'est-à-dire que l'on ait $f(a) = \infty$, $F(a) = \infty$. On a identiquement :

$$\frac{f'(x)}{F(x)} = \frac{1}{F(x)} : \frac{1}{f(x)}.$$

Or, pour $x = a$, $\frac{1}{F(x)}$ et $\frac{1}{f(x)}$ sont nuls : donc la vraie valeur de cette expression sera la limite du quotient des dérivées (**147**). Or ce quotient est :

$$\frac{-F'(x)}{F(x)^2} : \frac{-f'(x)}{f(x)^2}, \quad \text{ou} \quad \left(\frac{f(x)}{F(x)}\right)^2 : \frac{f'(x)}{F'(x)}.$$

Si donc la limite de y n'est ni nulle ni infinie, et qu'on la désigne par L, on aura, pour la déterminer :

$$\lim \frac{f(x)}{F(x)} = \lim \left(\frac{f(x)}{F(x)}\right)^2 : \lim \frac{f'(x)}{F'(x)},$$

ou $\qquad L = L^2 : \lim \dfrac{f'(x)}{F'(x)}, \quad$ d'où $\quad L = \lim \dfrac{f'(x)}{F''(x)},$

comme dans le premier cas (**147**).

Si la limite de y est 0, le raisonnement précédent ne s'applique plus. Mais alors on remarque que, k désignant une constante, l'expression

$$\frac{f(x)}{F(x)} + k, \quad \text{ou} \quad \frac{f(x) + kF(x)}{F(x)}$$

devient aussi $\frac{\infty}{\infty}$ pour $x = a$, et que sa vraie valeur est k, puisque, par hypothèse, $\frac{f(x)}{F(x)}$ a pour limite 0. On peut donc appliquer la règle précédente; et l'on a :

$$k = \frac{f'(a) + kF'(a)}{F'(a)} = \frac{f'(a)}{F'(a)} + k;$$

donc $\qquad \dfrac{f'(a)}{F'(a)} = 0, \quad$ ou $\quad \lim \dfrac{f'(x)}{F'(x)} = 0 = \lim \dfrac{f(x)}{F(x)}.$

La limite de y est encore la limite du rapport des dérivées.

Il en serait encore de même, si la limite de y était infinie. Car si $\dfrac{f(a)}{F(a)} = \infty$, il en résulte que $\dfrac{F(a)}{f(a)} = 0$; par suite, en vertu de ce qui précède, $\dfrac{F'(a)}{f'(a)} = 0$, et, par conséquent, $\dfrac{f'(a)}{F'(a)} = \infty$.

150. Cas où une fonction se présente sous la forme $0 \times \infty$. Si l'on a un produit $y = f(x) \times F(x)$, et que, pour $x = a$, on trouve $f(a) = 0$, $F(a) = \infty$, on écrit :

$$y = \frac{f(x)}{\dfrac{1}{F(x)}}, \qquad \text{ou} \qquad y = \frac{F(x)}{\dfrac{1}{f(x)}};$$

et l'on applique les règles précédentes ; car, sous la première forme, y devient $\dfrac{0}{0}$, et il devient $\dfrac{\infty}{\infty}$ sous la seconde.

151. Cas où une fonction se présente sous la forme 0^0. Soit la fonction

$$y = F(x)^{f(x)},$$

et supposons que $F(a) = 0$, et $f(a) = 0$. Si l'on prend les logarithmes des deux membres, on a :

$$\log y = f(x) \times \log F(x).$$

Si l'on peut trouver la limite du produit $f(x) \times \log F(x)$ par la règle (**150**), on aura celle de $\log y$, et par suite celle de y.

152. Cas où $a = \infty$. La démonstration des règles précédentes suppose que a a une valeur finie. Mais on peut prouver directement que les règles subsistent, lorsque la forme indéterminée résulte de l'hypothèse $x = \infty$. Soit, par exemple, $y = \dfrac{f(x)}{\varphi(x)}$ une fonction qui, pour $x = \infty$, prend la forme $\dfrac{0}{0}$. Posons $x = \dfrac{1}{z}$; nous aurons :

$$y = \frac{f\left(\dfrac{1}{z}\right)}{F\left(\dfrac{1}{z}\right)}.$$

Or, pour $x = \infty$, on a $z = 0$. On peut donc appliquer la règle (**147**), et l'on a :

$$\lim y = \lim \frac{f'\left(\frac{1}{z}\right)\left(\frac{1}{z^2}\right)}{F'\left(\frac{1}{z}\right)\left(\frac{1}{z^2}\right)} = \lim \frac{f'\left(\frac{1}{z}\right)}{F'\left(\frac{1}{z}\right)} = \lim \frac{f'(x)}{F'(x)}.$$

Ce qu'il fallait démontrer. Seulement il faudra s'assurer, avant d'appliquer les règles, que $\frac{f(x)}{F(x)}$ et $\frac{f'(x)}{F'(x)}$ tendent bien vers une limite déterminée, quand x tend vers ∞. Par exemple, l'expression

$$\frac{x + \cos x}{x - \sin x} = \frac{1 + \dfrac{\cos x}{x}}{1 - \dfrac{\sin x}{x}}$$

tend évidemment vers 1, quand x tend vers ∞ : tandis que le rapport des dérivées $\dfrac{1 - \sin x}{1 - \cos x}$ a une limite complétement indéterminée.

155. REMARQUE. Il peut arriver qu'en appliquant les règles précédentes, on rencontre des dérivées qui présentent toujours la même indétermination que la fonction dont on cherche la vraie valeur. Dans ce cas on est obligé de recourir à des artifices particuliers (voy. la 1re partie, n^{os} **240** et suiv.). Ce qu'il y a, le plus souvent, de mieux à faire, dans ce cas, c'est de remplacer x par $a + h$, d'effectuer les réductions, et de poser ensuite $h = 0$.

Soit, par exemple, $y = \dfrac{\sqrt[3]{x - a}}{\sqrt[4]{x^2 - a^2}}$; elle devient $\dfrac{0}{0}$ pour $x = a$, et les dérivées de ses deux termes deviennent toutes infinies. En posant $x = a + h$, on a :

$$\frac{\sqrt[3]{h}}{\sqrt[4]{2ah + h^2}}, \quad \text{ou} \quad \frac{h^{\frac{1}{3}}}{h^{\frac{1}{4}}(2a + h)^{\frac{1}{4}}}, \quad \text{ou} \quad \frac{h^{\frac{1}{12}}}{(2a + h)^{\frac{1}{4}}},$$

et sous cette forme, on voit que la limite est zéro, quand h tend vers zéro.

§ IV. Retour de la dérivée à la fonction qui l'a fournie.

154. THÉORÈME. *Deux fonctions, qui ont des dérivées égales, ne peuvent différer que par une constante.* Si deux fonctions ont des dérivées égales, leur différence a évidemment pour dérivée 0. Il suffit donc, pour prouver le théorème énoncé, de faire voir qu'*une fonction, dont la dérivée est nulle, est nécessairemnt constante.*

Soit $F(x)$, une fonction dont la dérivée soit nulle. Considérons les fractions suivantes :

$$[1] \quad \begin{cases} \dfrac{F(x+h) - F(x)}{h} = \varepsilon_1, \\[2mm] \dfrac{F(x+2h) - F(x+h)}{h} = \varepsilon_2, \\[2mm] \dfrac{F(x+3h) - F(x+2h)}{h} = \varepsilon_3, \\[2mm] \vdots \\[2mm] \dfrac{F(x+nh) - F[x+(n-1)h]}{h} = \varepsilon_n. \end{cases}$$

Supposons que, h tendant vers zéro, n augmente de telle manière, que le produit nh conserve une valeur constante k. Les seconds membres ε_1, $\varepsilon_2, \dots \varepsilon_n$ tendront tous vers zéro ; car, par hypothèse, le rapport de l'accroissement de la fonction à l'accroissement infiniment petit de la variable a toujours zéro pour limite. En chassant les dénominateurs des équations [1], et ajoutant ensuite ces équations, il vient :

$$F(x+nh) - F(x) = F(x+k) - F(x) = h(\varepsilon_1 + \varepsilon_2 + \dots \varepsilon_n),$$

et, en nommant η le plus grand des nombres ε_1, $\varepsilon_2, \dots \varepsilon_n$, en valeur absolue,

$$F(x+k) - F(x) < n\eta h < \eta k.$$

Or, les quantités ε_1, $\varepsilon_2, \dots \varepsilon_n$ tendant toutes vers zéro, la plus grande d'entre elles η peut devenir aussi petite que l'on veut; et, par suite, la différence *fixe*, $F(x+k) - F(x)$, ne peut différer de zéro. Deux valeurs quelconques de $F(x)$ sont donc égales entre elles; et la fonction est constante.

ALG. SP. B.   9

155. REVENIR DE LA DÉRIVÉE A LA FONCTION PRIMITIVE, DANS LES CAS LES PLUS SIMPLES. La recherche d'une fonction, dont la dérivée est donnée, est l'un des problèmes les plus difficiles que présente l'analyse; et l'on est loin de savoir le résoudre en général. Le théorème qui précède prouve, au moins, qu'une fois une pareille fonction trouvée, toutes celles qui ont, comme elle, la dérivée proposée, s'obtiendront en lui ajoutant une constante, de valeur arbitraire.

Nous nous bornerons ici à traiter le problème, dans les cas les plus simples, où la solution s'aperçoit, en quelque sorte, immédiatement:

1° Quelle est la fonction dont la dérivée est Ax^m? $\dfrac{Ax^{m+1}}{m+1}.$

2° Quelle est la fonction dont la dérivée est $\cos mx$? $\dfrac{\sin mx}{m}.$

3° Quelle est la fonction dont la dérivée est $\sin mx$? $-\dfrac{\cos mx}{m}.$

4° Quelle est la fonction dont la dérivée est a^x? $\dfrac{a^x \log e}{\log a}.$

5° Quelle est la fonction dont la dérivée est $\tang x$?

On a: $\tang x = \dfrac{\sin x}{\cos x} = -\dfrac{\cos' x}{\cos x};$

et l'on voit que la fonction demandée est $-\log \cos x$.

6° Quelle est la fonction dont la dérivée est $\dfrac{2-x^3}{1-x}$?

On a, en effectuant la division:

$$\frac{2-x^3}{1-x} = x^2 + x + 1 + \frac{1}{1-x}.$$

La fonction demandée est, par conséquent,

$$\frac{x^3}{3} + \frac{x^2}{2} + x - L(1-x).$$

7° Quelle est la fonction dont la dérivée est $\dfrac{1}{\sin\ x}$?

On a : $\qquad \dfrac{1}{\sin\ x} = \dfrac{1}{2\sin\frac{1}{2}x\cos\frac{1}{2}x} = \dfrac{\frac{1}{2}\dfrac{1}{\cos^2\frac{1}{2}x}}{\tang\frac{1}{2}x} = \dfrac{\tang'\frac{1}{2}\ x}{\tang\ \frac{1}{2}\ x}.$

La fonction demandée est, par conséquent, L tang $\frac{1}{2}$ x.

8° Quelle est la fonction dont la dérivée est $\dfrac{1}{a^2 + x^2}$?

On a : $\qquad\qquad \dfrac{1}{a^2 + x^2} = \dfrac{1}{a}\dfrac{\dfrac{1}{a}}{1 + \dfrac{x^2}{a^2}};$

la fonction demandée est donc $\dfrac{1}{a}\arc\tang\dfrac{x}{a}$.

9° Quelle est la fonction qui a pour dérivée $\dfrac{Lx}{x}$?

On a : $\qquad\qquad \dfrac{Lx}{x} = \dfrac{1}{x}.\,Lx;$

donc la fonction est $\dfrac{1}{2}$ $(Lx)^2$.

10° Quelle est la fonction qui a pour dérivée $\dfrac{1}{xLx}$?

On a : $\qquad\qquad \dfrac{1}{xLx} = \dfrac{\dfrac{1}{x}}{Lx};$

et, par conséquent, la fonction demandée est LLx.

Nous nous bornerons à ces exemples, ne pouvant indiquer ici aucune des méthodes que l'on emploie, pour résoudre le problème, dans des cas un peu moins faciles.

RÉSUMÉ.

139. Définition des fonctions croissantes ou décroissantes. — 140. Condition pour qu'une fonction soit croissante ou décroissante. — 141. Condi-

tion commune au maximum ou au minimum d'une fonction. — **142**. Étude de la fonction x^x. — **143**. Étude de $\dfrac{Lx}{x}$. — **144**. Maximum ou minimum de $x^m + y^m$, quand $x + y = a$. — **145**. Maximum et minimum d'une fraction du second degré. — **146**. Examen d'une fonction discontinue. — **147**. Recherche de la vraie valeur d'une fonction qui se présente sous la forme $\dfrac{0}{0}$. — **148**. Exemple. — **149**. Cas où la fonction devient $\dfrac{\infty}{\infty}$. — **150**. Cas où la fonction devient $0 \times \infty$. — **151**. Cas où elle devient 0^0. — **152**. Cas où $a = \infty$. — **153**. Remarque. — **154**. Deux fonctions, qui ont même dérivée, ne diffèrent que par une constante. — **155**. Retour de la dérivée à la fonction primitive, dans les cas les plus simples.

EXERCICES.

I. Trouver les bases des systèmes, dans lesquels un nombre peut être égal à son logarithme, en employant l'un des procédés suivants :

1° On étudiera la fonction $x - \log x$; et l'on cherchera la condition, pour qu'elle puisse devenir nulle.

2° On étudiera la fonction $\dfrac{x}{\log x}$; et l'on cherchera la condition, pour qu'elle puisse devenir égale à l'unité.

3° On étudiera la fonction $a^x - x$; et l'on cherchera la condition, pour qu'elle puisse devenir égale à zéro.

4° On étudiera la fonction $\dfrac{a^x}{x}$; et l'on cherchera la condition, pour qu'elle puisse devenir égale à l'unité.

On devra, bien entendu, trouver, des quatre manières, le même résultat, qui est

$$a < c^{\frac{1}{e}}.$$

II. Examiner si l'équation

$$x^m = m^x,$$

deut admettre d'autre solution que $x = m$.

On met facilement cette équation sous la forme :

$$\frac{\log x}{x} = \frac{\log m}{m}.$$

On répondra donc à la question, en étudiant la fonction $\dfrac{\log x}{x}$, et en cherchant si cette fonction peut prendre deux fois la même valeur pour des valeurs différentes m et x de la variable.

III. Un point lumineux, placé sur une droite verticale, éclaire une portion très-petite d'un plan horizontal, située à une distance d de la droite verticale : étudier les variations de la quantité de lumière reçue, lorsque la hauteur x du point lumineux varie.

Le maximum a lieu, lorsque $x = \dfrac{d}{\sqrt{2}}$.

IV. Un tronc de pyramide régulière, à bases octogonales, est circonscrit à une sphère, de rayon donné r. Étudier la variation du volume, lorsque varie l'inclinaison des faces latérales sur les bases.

Le minimum a lieu, lorsque le tronc devient un prisme.

V. Une ligne droite, de longueur donnée $2a$ est courbée en arc de cercle, de rayon variable : étudier la variation de l'aire du segment compris entre l'arc et sa corde.

Le maximum a lieu, lorsque l'arc forme une demi-circonférence.

VI. Trouver la vraie valeur de $(1 - x)\tan\dfrac{\pi x}{2}$ pour $x = 1$.

On trouve $\dfrac{2}{\pi}$.

VII. Trouver la vraie valeur de $x^n e^{-x}$ pour $x = \infty$.

On trouve zéro.

VIII. Trouver la vraie valeur de $x^{\frac{1}{x}}$ pour $x = \infty$.

On trouve l'unité.

IX. Trouver la vraie valeur de $x e^{\frac{1}{x}}$ pour $x = 0$.

On trouve l'infini.

X. Si l'on désigne par U_m la fonction qui a pour dérivée $\dfrac{x^m}{\sqrt{1 - x^2}}$ on a :

$$m U_m = - x^{m-1}\sqrt{1 - x^2} + (m - 1)U_{m-2}.$$

Comme on a, d'ailleurs, évidemment :

$$U_0 = \arcsin x, \quad U_1 = -\sqrt{1 - x^2},$$

on peut conclure de cette formule un moyen général de former U_m, quelle que soit la valeur paire ou impaire de m.

CHAPITRE III.

SÉRIES QUI SERVENT AU CALCUL DES LOGARITHMES ET DU NOMBRE π.

§ I. Séries qui servent au calcul des logarithmes.

156. DÉVELOPPEMENT EN SÉRIE DE — L $(1 — u)$. Soit x une variable, que nous ferons varier depuis $x = 0$ jusqu'à $x = u$, u désignant une constante positive et moindre que 1. Posons :

$$[1] \qquad f(x) = — \mathrm{L}\,(1 — x),$$

le signe L désignant, comme dans le chapitre précédent, un logarithme népérien : la dérivée de $f(x)$ est $\dfrac{1}{1—x}$; et l'on a évidemment ;

$$[2] \quad f'(x) = \frac{1}{1—x} = 1 + x + x^2 + \ldots + x^{n-1} + \frac{x^n}{1—x},$$

ainsi que l'on s'en assure, soit en faisant la division, soit en sommant la première partie du second membre, à l'aide de la théorie des progressions.

Posons aussi :

$$[3] \qquad \varphi(x) = x + \frac{x^2}{2} + \frac{x^3}{3} + \ldots + \frac{x^n}{n};$$

la dérivée de $\varphi(x)$, désignée, suivant l'habitude, par $\varphi'(x)$, sera précisément la première partie de $f'(x)$; et l'on aura :

$$[4] \qquad \varphi'(x) = 1 + x + x^2 + \ldots + x^{n+1}.$$

En retranchant l'équation [4] de l'équation [2], il vient :

$$f'(x) — \varphi'(x) = \frac{x^n}{1—x}.$$

Le second membre de cette équation est positif et moindre

que $\dfrac{x^n}{1-u}$, tant que x n'est pas égal à u; on a donc :

$$f'(x) - \varphi'(x) > 0,$$

$$f'(x) - \varphi'(x) - \frac{x^n}{1-u} < 0.$$

Ces inégalités montrent (**140**), que les fonctions $f(x) - \varphi(x)$ et

$f(x) - \varphi(x) - \dfrac{x^{n+1}}{(n+1)(1-u)}$, sont, la première croissante, la

deuxième décroissante, quand x croît de 0 à u. En effet, les deux fonctions sont continues; et la première a une dérivée constamment positive, tandis que la seconde a une dérivée constamment négative.

D'ailleurs, les deux fonctions dont il s'agit sont nulles pour $x = 0$; donc, pour $x = u$, la première est positive, et la seconde est négative.

On a, par conséquent :

$$f(u) - \varphi(u) > 0,$$

$$f(u) - \varphi(u) - \frac{u^{n+1}}{(n+1)(1-u)} < 0;$$

$f(u)$ est donc compris entre $\varphi(u)$ et $\varphi(u) + \dfrac{u^{n+1}}{(n+1)(1-u)}$; et il

est, par suite, égal à $\varphi(u)$, augmenté d'une quantité moindre que

$\dfrac{u^{n+1}}{(n+1)(1-u)}$. Cette quantité peut, évidemment se représen-

ter par $\theta \dfrac{u^{n+1}}{(n+1)(1-u)}$, en désignant par θ un nombre positif

inférieur à l'unité. On a donc enfin :

$$f(u) = \varphi(u) + \theta \frac{u^{n+1}}{(n+1)(1-u)},$$

c'est-à-dire,

$$-L(1-u) = u + \frac{u^2}{2} + \frac{u^3}{3} \cdots + \frac{u^n}{n} + \theta \frac{u^{n+1}}{(n+1)(1-u)}.$$

u étant, comme on l'a supposé, inférieur à l'unité, on voit que

$\dfrac{\theta u^{n+1}}{(n+1)(1-u)}$ tend vers zéro, à mesure que n augmente; et l'on a, par conséquent :

$$[a] \qquad -L(1-u)=u+\frac{u^2}{2}+\frac{u^3}{3}+\frac{u^4}{4}+\dots$$

La démonstration même prouve que la série, qui forme le second membre, est convergente, lorsque u est plus petit que l'unité. On pourrait aussi le déduire des règles démontrées (Liv. I, chap. I).

157. DÉVELOPPEMENT DE L $(1+u)$. Soit x une variable, que nous ferons varier entre les limites 0 et u, u désignant une constante positive moindre que 1. Posons :

$$[1] \qquad\qquad f(x)=L(1+x);$$

la dérivée de $f(x)$ est $\dfrac{1}{1+x}$; et l'on a évidemment :

$$[2] \quad \begin{cases} f'(x)=1-x+x^2-x^3\dots\pm x^{n-1}\mp\dfrac{x^n}{1+x}, \\[2mm] f'(x)=1-x+x^2-x^3\dots\pm x^{n-1}\mp x^n\pm\dfrac{x^{n+1}}{1+x}. \end{cases}$$

Posons aussi :

$$[3] \qquad\qquad \varphi(x)=x-\frac{x^2}{2}+\frac{x^3}{3}\dots\pm\frac{x^n}{n},$$

et désignons, suivant la notation habituelle, par $\varphi'(x)$ la dérivée de $\varphi(x)$; nous aurons :

$$[4] \qquad \varphi'(x)=1-x+x^2-x^3+\dots\pm x^{n-1}.$$

En retranchant l'équation [4] de chacune des équations [2], on obtient :

$$\begin{cases} f'(x)-\varphi'(x)=\mp\dfrac{x^n}{1+x}, \\[2mm] f'(x)-\varphi'(x)\pm x^n=\pm\dfrac{x^{n+1}}{1+x}. \end{cases}$$

Les seconds membres de ces équations sont de signes contraires; par conséquent, les deux fonctions $f(x)-\varphi(x)$ et

$f(x) - \varphi(x) \pm \dfrac{x^{n+1}}{n+1}$, ayant leurs dérivées de signes contraires, sont l'une croissante, l'autre décroissante, quand x croît de 0 à u; et, comme elles sont nulles pour $x = 0$, elles sont, pour $x = u$, de signes contraires; et $f(u)$ est, par conséquent, compris entre

$$\varphi(u) \quad \text{et} \quad \varphi(u) \mp \dfrac{u^{n+1}}{n+1}.$$

On a donc, en désignant par θ un nombre positif moindre que 1 :

$$f(u) = \varphi(u) \mp \dfrac{\theta u^{n+1}}{n+1};$$

et, par suite, comme $\dfrac{\theta u^{n+1}}{n+1}$ tend vers zéro, lorsque n augmente,

[b] $$L(1+u) = u - \dfrac{u^2}{2} + \dfrac{u^3}{3} - \dfrac{u^4}{4} + \dots.$$

Nous remarquerons, comme à la fin de l'article précédent, que la démonstration même de la formule [b] prouve que la série, qui forme le second membre, est convergente, lorsque u est moindre que 1.

La démonstration pourrait même se faire, sans modifications, si l'on avait $u = 1$; et la série précédente peut donner, par conséquent, le logarithme népérien de 2,

$$L2 = 1 - \dfrac{1}{2} + \dfrac{1}{3} - \dfrac{1}{4} + \dfrac{1}{5} - \dots.$$

158. FORMULE POUR LE CALCUL DES LOGARITHMES NÉPÉRIENS. Reprenons les deux formules :

$$L(1+u) = u - \dfrac{u^2}{2} + \dfrac{u^3}{3} - \dfrac{u^4}{4} + \dots,$$

$$-L(1-u) = u + \dfrac{u^2}{2} + \dfrac{u^3}{3} + \dfrac{u^4}{4} \dots;$$

il vient, en ajoutant, et en observant que

$$L(1+u) - L(1-u) = L\left(\frac{1+u}{1-u}\right), \quad .$$

[1] $$L\left(\frac{1+u}{1-u}\right) = 2\left(u + \frac{u^3}{3} + \frac{u^5}{5} + \frac{u^7}{7} + \dots\right).$$

$\frac{1+u}{1-u}$ étant plus grand que 1, posons :

$$\frac{1+u}{1-u} = 1 + \frac{h}{N} = \frac{N+h}{N};$$

d'où

$$u = \frac{h}{2N+h}.$$

L'équation [1] devient, en observant que

$$L\frac{N+h}{N} = L(N+h) - LN,$$

[c] $$L(N+h) = LN + 2\left[\frac{h}{2N+h} + \frac{h^3}{3(2N+h)^3} + \frac{h^5}{5(2N+h)^5} + \dots\right].$$

Cette formule, où N et h désignent deux nombres positifs quelconques, *permet de calculer* L(N+h), *quand on connaît* LN.

159. LIMITE DE L'ERREUR COMMISE, EN S'ARRÊTANT A UN CERTAIN TERME. Si l'on néglige, dans le second membre de l'équation [c], tous les termes qui suivent $2\dfrac{h^{2i+1}}{(2i+1)(2N+h)^{2i+1}}$, l'erreur commise ε sera évidemment moindre que

$$2\frac{h^{2i+3}}{(2i+3)(2N+h)^{2i+3}}\left[1 + \left(\frac{h}{2N+h}\right)^2 + \left(\frac{h}{2N+h}\right)^4 + \dots\right],$$

c'est-à-dire moindre que

$$\frac{2h^{2i+3}}{(2i+3)(2N+h)^{2i+3}\left\{1 - \left(\frac{h}{2N+h}\right)^2\right\}};$$

on aura donc :

[d] $$\varepsilon < \frac{h^{2i+3}}{(2i+3)(2N+h)^{2i+1}2N(N+h)}.$$

En particulier, si l'on néglige, dans la série, tous les termes qui suivent le premier, et que l'on écrive simplement :

$$L(N+h) = LN + \frac{2h}{2N+h},$$

l'erreur commise sera moindre que

$$\frac{h^3}{6N(N+h)(2N+h)},$$

et, à plus forte raison, moindre que

$$\frac{1}{12}\left(\frac{h}{N}\right)^3.$$

160. CALCUL DE L10. Le module du système vulgaire est l'inverse du logarithme népérien de 10. Il est important de connaître ce nombre. Pour le calculer, on cherche d'abord L10. Or on a :

$$L10 = L2 + L5.$$

En faisant $N=1$, $h=1$, dans la formule (c), on a :

$$L2 = 2\left(\frac{1}{2} + \frac{1}{3.3^3} + \frac{1}{5.3^5} + \frac{1}{7.3^7} + \frac{1}{9.3^9} + \frac{1}{11.3^{11}} + \cdots\right).$$

Puis, en faisant $N=4$, $h=1$, dans la même formule, et remarquant que $L4 = 2L2$, on a :

$$L5 = 2L2 + 2\left(\frac{1}{2} + \frac{1}{3.9^3} + \frac{1}{5.9^5} + \frac{1}{7.9^7} + \frac{1}{9.9^9} + \frac{1}{11.9^{11}} + \cdots\right).$$

Par conséquent,

$$L10 = 6\left(\frac{1}{3} + \frac{1}{3.3^3} + \frac{1}{5.3^5} + \frac{1}{7.3^7} + \cdots\right)$$

$$+ 2\left(\frac{1}{9} + \frac{1}{3.9^3} + \frac{1}{5.9^5} + \frac{1}{7.9^7} + \cdots\right),$$

ou, en faisant passer les coefficients de chaque série aux numérateurs, et simplifiant :

$$[e] \quad L10 = \left(2 + \frac{2}{3.3^2} + \frac{2}{5.5^4} + \frac{2}{7.3^6} + \ldots\right.$$

$$\left.+ \left(\frac{2}{3^2} + \frac{2}{3.3^6} + \frac{2}{5.3^{10}} + \frac{2}{7.3^{14}} + \ldots\right)\right).$$

On calcule d'abord les nombres $\frac{2}{3^2}, \frac{2}{3^4}, \frac{2}{3^6}, \frac{2}{5^8}, \ldots$ dont chacun est le neuvième du précédent. On a ainsi :

$$\frac{2}{3^2} = 0,22222\ 22222\ 22222\ 22222\ 22$$

$$\frac{2}{3^4} = 0,02469\ 13580\ 24691\ 35802\ 47$$

$$\frac{2}{3^6} = 0,00274\ 34842\ 24965\ 70644\ 72$$

$$\frac{2}{3^8} = 0,00030\ 48315\ 80551\ 74516\ 08$$

$$\frac{2}{3^{10}} = 0,00003\ 38701\ 75616\ 86057\ 34$$

$$\frac{2}{3^{12}} = 0,00000\ 37633\ 52846\ 31784\ 15$$

$$\frac{2}{3^{14}} = 0,00000\ 04181\ 50316\ 25753\ 79$$

$$\frac{2}{3^{16}} = 0,00000\ 00464\ 61146\ 25083\ 75$$

$$\frac{2}{3^{18}} = 0,00000\ 00051\ 62349\ 58342\ 64$$

$$\frac{2}{3^{20}} = 0,00000 \ 00005 \ 73594 \ 39816 \ 85$$

$$\frac{2}{3^{22}} = 0,00000 \ 00000 \ 63732 \ 71090 \ 65$$

$$\frac{2}{3^{24}} = 0,00000 \ 00000 \ 07081 \ 41232 \ 29$$

$$\frac{2}{3^{26}} = 0,00000 \ 00000 \ 00786 \ 82359 \ 14$$

$$\frac{2}{3^{28}} = 0,00000 \ 00000 \ 00087 \ 42485 \ 35$$

$$\frac{2}{3^{30}} = 0,00000 \ 00000 \ 00009 \ 71387 \ 15$$

$$\frac{2}{3^{32}} = 0,00000 \ 00000 \ 00001 \ 07931 \ 91$$

$$\frac{2}{3^{34}} = 0,00000 \ 00000 \ 00000 \ 11992 \ 43$$

$$\frac{2}{3^{36}} = 0,00000 \ 00000 \ 00000 \ 01332 \ 49$$

$$\frac{2}{3^{38}} = 0,00000 \ 00000 \ 00000 \ 00148 \ 05$$

$$\frac{2}{3^{40}} = 0,00000 \ 00000 \ 00000 \ 00016 \ 45$$

$$\frac{2}{3^{42}} = 0,00000 \ 00000 \ 00000 \ 00001 \ 83$$

$$\frac{2}{3^{44}} = 0,00000 \ 00000 \ 00000 \ 00000 \ 20$$

On forme ensuite les termes de la première série, en divisant

respectivement les nombres ainsi obtenus par 3, 5, 7.... On
ainsi :

$$2,$$

0,07407 40740 74074 07407 41
0,00493 82716 04938 27160 49
0,00039 19263 17852 24377 82
0,00003 38701 75616 86057 34
0,00000 30791 06874 26005 21
0,00000 02894 88680 48598 78
0,00000 00278 76687 75050 25
0,00000 00027 33008 60299 04
0,00000 00002 71702 60965 40
0,00000 00000 27314 01895 99
0,00000 00000 02770 98743 07
0,00000 00000 00283 25649 29
0,00000 00000 00029 14161 45
0,00000 00000 00003 01464 98
0,00000 00000 00000 31335 07
0,00000 00000 00000 03270 66
0,00000 00000 00000 00342 64
0,00000 00000 00500 00036 01
0,00000 00000 00000 00003 79
0,00000 00000 00000 00000 40
0,00000 00000 00000 00000 04
_____
2,07944 15416 79835 92825 13 = 3 L 2.

On forme de même les termes de la seconde série; et l'on a :

0,22222 22222 22222 22222 22
0,00091 44947 41655 23548 24
0,00000 67740 35123 37211 47
0,00000 00597 35759 46536 26
0,00000 00005 73594 39815 85
0,00000 00000 05793 88280 97
0,00000 00000 00060 52489 16
0,00000 00000 00000 64759 14
0,00000 00000 00000 00705 44
0,00000 00000 00000 00007 79
0,00000 00000 00000 00000 09
_____
0,22314 35513 14209 75576 63

Puis on ajoute les deux résultats ; ce qui donne :

$$\mathrm{L}\,10 = 2{,}30258\ 50929\ 94045\ 68402.$$

On en conclut, par division, que le module des logarithmes vulgaires est :

$$\frac{1}{\mathrm{L}\,10} = \log e = \frac{1}{2{,}302\ldots} = 0{,}43429\ 44819\ 03251\ 82765.$$

161. Calcul des logarithmes vulgaires. Pour obtenir les logarithmes vulgaires, c'est-à-dire les logarithmes dans le système dont la base est 10, il faut multiplier les logarithmes népériens par le facteur $\dfrac{1}{\mathrm{L}\,10}$, dont nous venons de trouver la valeur.

On pourra aussi calculer immédiatement les logarithmes, en remarquant que, si l'on désigne ce module par M, et qu'on emploie la notation log. pour indiquer ces logarithmes vulgaires, la formule [c] devient :

$$\log (\mathrm{N} + h) - \log \mathrm{N} = 2\,\mathrm{M}\left\{ \frac{h}{2\,\mathrm{N} + h} + \frac{1}{3}\frac{h^3}{(2\,\mathrm{N} + h)^3} + \cdots \right\}.$$

Si l'on suppose $h = 1$, cette formule devient :

$$[f] \quad \log(\mathrm{N} + 1) - \log \mathrm{N} = \left\{ \frac{2\,\mathrm{M}}{2\,\mathrm{N} + 1} + \frac{1}{3}\frac{2\,\mathrm{M}}{(2\,\mathrm{N} + 1)^3} + \cdots \right\}.$$

C'est la formule employée par les calculateurs, qui ont construit les tables dont on fait usage. On calcule seulement les logarithmes des nombres premiers ; les autres s'obtiennent par des additions. Les premiers calculs sont laborieux : mais, lorsqu'on arrive à 101, deux termes de la série suffisent pour obtenir son logarithme avec huit décimales ; et lorsqu'on dépasse 1000, le premier terme suffit.

§ II. Séries qui servent au calcul du nombre π.

162. Développement de arc tang u. Soit x une variable, que nous supposons comprise entre 0 et une limite constante u, inférieure ou égale à l'unité.

Posons :

$$f(x) = \text{arc tang}\, x;$$

cet arc étant celui qui s'annule avec x, et qui varie ensuite d'une manière continue avec cette variable. Nous aurons :

$$f'(x) = \frac{1}{1+x^2} = 1 - x^2 + x^4 - x^6 + \ldots - x^{4n-2} + \frac{x^{4n}}{1+x^2}.$$

Posons : $\quad \varphi(x) = x - \dfrac{x^3}{3} + \dfrac{x^5}{5} - \dfrac{x^7}{7} - \ldots - \dfrac{x^{4n-1}}{4n-1},$

et, par suite :

$$\varphi'(x) = 1 - x^2 + x^4 - x^6 - \ldots - x^{4n-2};$$

nous aurons : $\quad f'(x) - \varphi'(x) = \dfrac{x^{4n}}{1+x^2}.$

Par conséquent, la différence $f'(x) - \varphi'(x)$ est constamment positive, et moindre que x^{4n}. On peut donc écrire :

$$f'(x) - \varphi'(x) > 0,$$

$$f'(x) - \varphi'(x) - x^{4n} < 0;$$

et, par suite, la fonction $f(x) - \varphi(x)$ est croissante, et la fonction $f(x) - \varphi(x) - \dfrac{x^{4n+1}}{4n+1}$ est décroissante, lorsque x varie de 0 à u. Mais ces deux fonctions sont nulles, pour $x = 0$. La première est donc positive, et la seconde négative, pour $x = u$; en sorte que $f(u)$ est compris entre $\varphi(u)$ et $\varphi(u) + \dfrac{u^{4n+1}}{4n+1}$. Et l'on peut écrire, en désignant par θ un coefficient positif moindre que 1 :

$$f(u) = \varphi(u) + \theta\, \frac{u^{4n+1}}{4n+1},$$

c'est-à-dire,

$$\text{arc tang}\, u = u - \frac{u^3}{3} + \frac{u^5}{5} + \frac{u^7}{7} + \ldots - \frac{u^{4n-1}}{4n-1} + \theta\, \frac{u^{4n+1}}{4n+1};$$

et comme, pour une grande valeur de n, le terme $\theta \dfrac{u^{4n+1}}{4n+1}$ est aussi petit que l'on veut, on a :

$$[g] \qquad \text{arc tang} \, u = u - \frac{u^3}{3} + \frac{u^5}{5} - \frac{u^7}{7} + \frac{u^9}{9} - \ldots$$

Les deux membres de la formule changeant de signe avec u, celle-ci s'applique évidemment aux valeurs de u comprises entre -1 et $+1$.

163. Cas où u est plus grand que l'unité. Si l'on donnait une tangente u plus grande que l'unité, la série, qui donne l'arc correspondant, devenant divergente, ne serait plus d'aucun usage ; mais on pourrait facilement calculer l'arc demandé, en cherchant à sa place arc tang $\dfrac{1}{u}$, qui en est évidemment le complément, et qui sera formé par une série convergente.

Soit, par exemple, à trouver arc tang $4,49341$; on fera usage de la formule :

$$\frac{\pi}{2} - \text{arc tang} \, u = \text{arc tang} \, \frac{1}{u} = \frac{1}{u} - \frac{1}{3u^3} + \frac{1}{5u^5} - \frac{1}{7u^7} + \ldots$$

Pour calculer les termes successifs de cette série, on formera d'abord les fractions $\dfrac{1}{u}$, $\dfrac{1}{u^3}$, $\dfrac{1}{u^5}$, $\ldots$; ce qui sera facile, chacune s'obtenant en divisant la précédente par le diviseur fixe

$$u^2 = 20,19073 \ 34281 ;$$

on aura ainsi :

$$\frac{1}{u} = 0,22253 \ 81315 \ 97161$$

$$\frac{1}{u^3} = 0,01102 \ 22906 \ 16122$$

$$\frac{1}{u^5} = 0,00054 \ 59083 \ 81950$$

$$\frac{1}{u^7} = 0,00002 \ 70375 \ 70670$$

$$\frac{1}{u^9} = 0{,}00000 \ 13391 \ 07902$$

$$\frac{1}{u^{11}} = 0{,}00000 \ 00663 \ 22895$$

$$\frac{1}{u^{13}} = 0{,}00000 \ 00032 \ 84819$$

$$\frac{1}{u^{15}} = 0{,}00000 \ 00001 \ 62689$$

$$\frac{1}{u^{17}} = 0{,}00000 \ 00000 \ 08058$$

$$\frac{1}{u^{19}} = 0{,}00000 \ 00000 \ 00399$$

$$\frac{1}{u^{21}} = 0{,}00000 \ 00000 \ 00020$$

l'on en conclura :

$$\frac{1}{u} = 0{,}22254 \ 81315 \ 97161 \qquad \frac{1}{3u^3} = 0{,}00367 \ 40968 \ 72041$$

$$\frac{1}{5u^5} = 0{,}00010 \ 91816 \ 76390 \qquad \frac{1}{7u^7} = 0{,}00000 \ 38625 \ 10096$$

$$\frac{1}{9u^9} = 0{,}00000{,} \ 01487 \ 89767 \qquad \frac{1}{11u^{11}} = 0{,}00000 \ 00060 \ 29354$$

$$\frac{1}{13u^{13}} = 0{,}00000 \ 00002 \ 52678 \qquad \frac{1}{15u^{15}} = 0{,}00000 \ 00000 \ 10846$$

$$\frac{1}{17u^{17}} = 0{,}00000 \ 00000 \ 00474 \qquad \frac{1}{19u^{19}} = 0{,}00000 \ 00000 \ 00021$$

$$\frac{1}{21u^{21}} = 0{,}00000 \ 00000 \ 00001$$

$$. \ = 0{,}22265 \ 74623 \ 16471 \qquad\qquad . \ = 0{,}00367 \ 79354 \ 22358$$

donc : arc cotang $(4{,}49341) = + 0{,}22265 \ 64623 \ 16471$
$\qquad\qquad\qquad\qquad\qquad\qquad\quad\ - 0{,}00367 \ 79654 \ 22358$

ou $\qquad\qquad$ arc cotang $(4{,}49341) = 0{,}21897 \ 94968 \ 94113.$

Puis : arc tang $(4,49341) = \dfrac{\pi}{2} -$ arc cotang $(4,49341)$

$$= + 1{,}57079 \ 63267 \ 94897$$
$$- 0{,}21897 \ 94968 \ 94113$$

ou arc tang $(4,49341) = \overline{\ \ 1{,}35181 \ 68299 \ 00784.}$

164. CALCUL DU RAPPORT DE LA CIRCONFÉRENCE AU DIAMÈTRE. Si, dans la formule démontrée (**161**), on suppose $u = 1$, l'arc dont la tangente est u, est égal à $\dfrac{\pi}{4}$, et l'on a :

$$\frac{\pi}{4} = 1 - \frac{1}{3} + \frac{1}{5} - \frac{1}{7} + \frac{1}{9} - \dots.$$

Cette série est convergente ; mais les termes décroissent trop lentement pour qu'on puisse facilement l'employer au calcul du nombre π.

On peut obtenir d'autres expressions, qui conduisent rapidement à des valeurs très-approchées de ce nombre. Posons :

$$\text{arc tang } x = p, \ \text{arc tang } y = q;$$

on aura : $\qquad x = \text{tang } p, \ y = \text{tang } q,$

$$\text{tang } (p + q) = \frac{\text{tang } p + \text{tang } q}{1 - \text{tang } p \, \text{tang } q} = \frac{x + y}{1 - xy};$$

donc : arc tang $x +$ arc tang $y =$ arc tang $\dfrac{x + y}{1 - xy}.$
On trouverait de même :

$$\text{arc tang } x - \text{arc tang } y = \text{arc tang } \frac{x - y}{1 + xy}.$$

En faisant, dans la formule qui donne tang $(p + q)$, $q = p$, $q = 2p$, $q = 3p$, on trouvera successivement :

$$2 \text{ arc tang } x = \text{arc tang } \frac{2x}{1 - x^2},$$

$$3 \text{ arc tang } x = \text{arc tang } \frac{3x - x^3}{1 - 3x^2},$$

$$4 \text{ arc tang } x = \text{arc tang } \frac{4x - 4x^3}{1 - 6x^2 + x^4};$$

et ainsi de suite.

En attribuant à x et à y diverses valeurs, les formules précédentes donnent :

$$\frac{\pi}{4} = \text{arc tang } 1 = \text{arc tang } \tfrac{1}{2} + \text{arc tang } \tfrac{1}{3},$$

$$= \text{arc tang } \tfrac{1}{2} + \text{arc tang } \tfrac{1}{5} + \text{arc tang } \tfrac{1}{8},$$

$$= 2 \text{ arc tang } \tfrac{1}{2} - \text{arc tang } \tfrac{1}{7},$$

$$= 2 \text{ arc tang } \tfrac{1}{3} + \text{arc tang } \tfrac{1}{7},$$

$$= 3 \text{ arc tang } \tfrac{1}{4} - \text{arc tang } \tfrac{2}{11},$$

$$= 4 \text{ arc tang } \tfrac{1}{5} - \text{arc tang } \tfrac{1}{239}.$$

La dernière de ces expressions est celle qui se prête le mieux au calcul de $\dfrac{\pi}{4}$.

Voici le tableau des calculs à faire. En appliquant la formule (g), on a :

$$\pi = 4 \text{ arc tang } \frac{1}{5} - \text{arc tang } \frac{1}{239}$$

$$= 4 \left(\frac{1}{5} - \frac{1}{3 . 5^3} + \frac{1}{5 . 5^5} - \dots \right) - \left(\frac{1}{239} - \frac{1}{3 . 239^3} + \dots \right).$$

Les différents termes de la série, arc tang $\dfrac{1}{239}$, réduits en fractions décimales, donnent :

$$\frac{1}{239} = \quad 0{,}00418 \; 41004 \; 18410 \; 04184 \; 10$$

$$- \frac{1}{3 . 239^3} = - \; 0{,}00000 \; 00244 \; 16591 \; 78708 \; 38$$

$$\frac{1}{5 . 239^5} = \quad 0{,}00000 \; 00000 \; 00256 \; 47231 \; 44$$

$$- \frac{1}{7 . 239^7} = - \; 0{,}00000 \; 00000 \; 00000 \; 00320 \; 71$$

$$\overline{\phantom{- \frac{1}{7 . 239^7} = - \; 0{,}00000}}$$

$$\text{arc tang } \frac{1}{239} = \quad 0{,}00418 \; 40760 \; 02074 \; 73386 \; 45.$$

Pour évaluer arc tang $\frac{1}{5}$, calculons d'abord les termes positifs de la série :

$$\frac{1}{5} = 0,20000\ 00000\ 00000\ 00000\ 00$$

$$\frac{1}{5.5^5} = 0,00006\ 40000\ 00000\ 00000\ 00$$

$$\frac{1}{9.5^9} = 0,00000\ 00568\ 88888\ 88880\ 89$$

$$\frac{1}{13.5^{13}} = 0,00000\ 00000\ 63015\ 38461\ 54$$

$$\frac{1}{17.5^{17}} = 0,00000\ 00000\ 00077\ 10117\ 65$$

$$\frac{1}{21.5^{21}} = 0,00000\ 00000\ 00000\ 09986\ 44$$

$$\frac{1}{25.5^{25}} = 0,00000\ 00000\ 00000\ 00013\ 42$$

$$\frac{1}{29.5^{29}} = 0,00000\ 00000\ 00000\ 00000\ 02$$

La somme $\qquad = 0,20006\ 40569\ 51981\ 47467\ 96.$

Si nous calculons ensuite les termes négatifs, nous aurons :

$$\frac{1}{3.5^3} = 0,00266\ 66666\ 66666\ 66666\ 67$$

$$\frac{1}{7.5^7} = 0,00000\ 18285\ 71428\ 57142\ 86$$

$$\frac{1}{11.5^{11}} = 0,00000\ 00018\ 61818\ 18181\ 82$$

$$\frac{1}{15.5^{15}} = 0,00000\ 00000\ 02184\ 53333\ 53$$

$$\frac{1}{19.5^{19}} = 0,00000\ 00000\ 00002\ 75941\ 05$$

$$\frac{1}{23.5^{23}} = 0,00000\ 00000\ 00000\ 00464\ 72$$

$$\frac{1}{27.5^{27}} = 0,00000\ 00000\ 00000\ 00000\ 50$$

La somme $\qquad = 0,00266\ 84971\ 02100\ 71630\ 95.$

En retranchant cette somme de la somme des termes positifs, on obtient, pour valeur de l'arc dont la tangente est $\frac{1}{5}$:

$$\text{arc tang } \frac{1}{5} = 0,19739\ 55598\ 49880\ 75837\ 01$$

D'où : $4 \text{ arc tang } \frac{1}{5} = 0,78958\ 22393\ 99523\ 03348\ 04.$

Et comme $\text{arc tang } \dfrac{1}{239} = 0,00418\ 40760\ 02074\ 72386\ 45$

on a : $\dfrac{\pi}{4} = 0,78539\ 81633\ 97448\ 30961\ 59$

Donc : $\pi = 3,14159\ 26535\ 89793\ 23846.$

RÉSUMÉ.

156. Développement en série de $-L(1-u)$, u étant compris entre 0 et 1.— **157.** Développement de $L(1+u)$. — **158.** Série qui représente $L(N+h)-LN$. — **159.** Limite de l'erreur commise, en s'arrêtant à un terme donné. — **160.** Calcul du logarithme népérien de 10. — **161.** Calcul des logarithmes vulgaires. — **162.** Développement de arc tang u, u étant moindre que 1. — **163.** Développement de arc cot u, lorsque u est plus grand que 1; application numérique. — **164.** Calcul de π à vingt décimales.

EXERCICES.

I. Démontrer la formule :

$$Lx = \frac{L(1+x)+L(1-x)}{2} + \left[\frac{1}{2\,x^2-1} + \frac{1}{3\,(2\,x^2-1)^3} + \cdots\right].$$

On applique la formule [1] du n° **158**.

II. Démontrer la formule :

$$L(x+5) = L(x+3) + L(x-3) + L(x+4) + L(x-4) - L(x-5) - 2Lx$$

$$- 2\left[\frac{72}{x^4-25\,x^2+72} + \frac{1}{3}\left(\frac{72}{x^4-25\,x^2+72}\right)^3 + \cdots\right].$$

On applique la même formule.

III. Si a et b désignent deux nombres positifs donnés, et que l'on forme une série de nombres, d'après les formules suivantes,

$$a' = \frac{1}{2}(a+b), \quad b' = \sqrt{a'b},$$

$$a'' = \frac{1}{2}(a'+b'), \quad b'' = \sqrt{a''b'},$$

$$\cdot \ \cdot \ \cdot \ \cdot \ \cdot \ \cdot \ \cdot \ \cdot \ \cdot \ \cdot \ \cdot \ ;$$

si l'on pose, en outre, $a = b\cos\varphi$, $a^{(m)}$ et $b^{(m)}$ seront exprimés par les formules :

$$a^{(m)} = \frac{\sqrt{b^2-a^2}}{2^m \tang\left(\dfrac{\varphi}{2^m}\right)}, \quad b^{(m)} = \frac{\sqrt{b^2-a^2}}{2^m \sin\left(\dfrac{\varphi}{2^m}\right)} ;$$

et la limite commune, vers laquelle convergent $a^{(m)}$ et $b^{(m)}$, est $\dfrac{\sqrt{b^2-a^2}}{\varphi}$. Si $a = 0$, $b = 1$, cette limite est $\dfrac{2}{\pi}$.

On s'appuie sur la formule suivante, facile à démontrer :

$$\sin\varphi = 2^m \sin\left(\frac{\varphi}{2^m}\right) \cos\frac{\varphi}{2} \cos\frac{\varphi}{4} \cos\frac{\varphi}{8} \ldots \cos\left(\frac{\varphi}{2^m}\right).$$

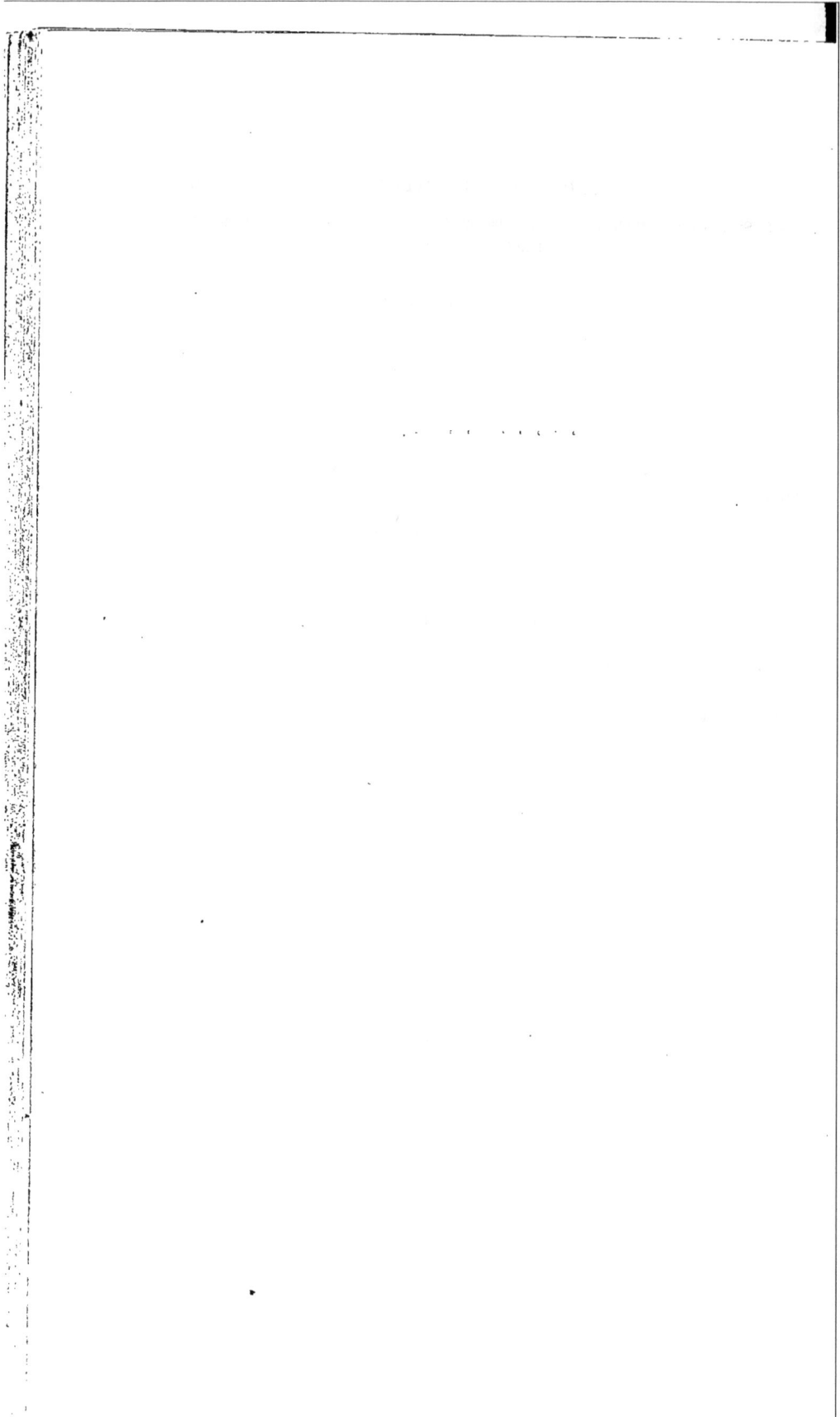

LIVRE III.

THÉORIE GÉNÉRALE DES ÉQUATIONS.

CHAPITRE PREMIER.

PRINCIPES GÉNÉRAUX SUR LES ÉQUATIONS NUMÉRIQUES DE DEGRÉ QUELCONQUE.

§ I. Variations d'une fonction entière $f(x)$.

165. FORME GÉNÉRALE D'UNE FONCTION ENTIÈRE. La forme la plus générale, que puisse présenter une fonction entière de x, $f(x)$, est la suivante :

$$f(x) = Ax^m + A_1 x^{m-1} + A_2 x^{m-2} + \ldots + A_{m-1}x + A_m ;$$

$A, A_1 \ldots A_m$ désignant des coefficients constants, et m le degré de la fonction.

Lorsque x varie, ce polynome peut changer de signe, en suivant des lois d'accroissement ou de décroissement, très-variables avec la valeur et les signes des coefficients. Il existe cependant quelques principes généraux qui, pour être presque complétement évidents, n'en sont pas moins très-utiles à signaler d'une manière toute spéciale.

166. THÉORÈME I. *Toute fonction, entière et rationnelle, d'une variable* x , *est une fonction continue. C'est-à-dire que; si l'on fait croître* a *variable d'une manière continue, la fonction variera aussi d'une manière continue, et ne pourra pas passer d'une valeur à une autre sans passer par toutes les valeurs intermédiaires.*

Pour prouver qu'une fonction $f(x)$ est continue, il suffit de faire voir qu'en donnant à x un accroissement h suffisamment petit, l'accroissement $f(x+h) - f(x)$ de la fonction pourra être aussi petit qu'on le voudra.

Or on sait que le rapport

$$\frac{f(x+h)-f(x)}{h},$$

a pour limite, quand h tend vers zéro, la dérivée de $f(x)$, qui est :

$$f'(x)=mAx^{m-1}+(m-1)A_1x^{m-2}+(m-2)A_2x^{m-3}+\ldots+A_{m-1};$$

on a donc
$$\frac{f(x+h)-f(x)}{h}=f'(x)+\varepsilon$$

ε étant une quantité qui tend vers zéro avec h. On en tire :

$$f(x+h)-f(x)=h[f'(x)+\varepsilon].$$

Or $f'(x)$, n'ayant pas de dénominateurs qui puissent s'annuler, n'est infini pour aucune valeur de x; le produit $h[f'(x)+\varepsilon]$ tend donc nécessairement vers zéro avec h; et, par suite, il en est de même de $f(x+h)-f(x)$; ce qui démontre la proposition énoncée.

167. Remarque. La démonstration s'applique évidemment à toute fonction dont la dérivée est finie; et l'on peut énoncer ce théorème plus général :

Une fonction reste continue tant que sa dérivée ne devient pas infinie.

168. Théorème II. *Dans une fonction entière*

$$f(x)=Ax^m+A_1x^{m-1}+\ldots A_{m-1}x+A_m,$$

on peut toujours donner à x *une valeur assez grande pour que le premier terme devienne aussi grand que l'on voudra, par rapport à la somme de tous les autres, et donne, par conséquent, son signe au polynome.*

Pour prouver que le premier terme peut devenir aussi grand que l'on voudra, par rapport à la somme de tous les·autres, il suffit, évidemment, de prouver qu'il peut devenir aussi grand que l'on voudra, par rapport à chacun d'eux considéré isolément.

Or, en comparant le premier terme, Ax^m, au terme général, $A_n x^{m-n}$, on a :

$$\frac{Ax^m}{A_n x^{m-n}} = \frac{A}{A_n} x^n;$$

et ce rapport, à cause du facteur x^n, peut grandir sans limite. On peut donc prendre x assez grand pour que le premier terme soit mille, cent mille fois, un million, cent millions.... de fois plus grand que l'un quelconque des autres, et, par suite, aussi grand que l'on voudra, par rapport à la somme.

169. REMARQUE. Il résulte du théorème précédent, qu'une fonction, de degré pair, a le même signe que le coefficient de son premier terme, pour de très-grandes valeurs, positives ou négatives, de la variable. Une fonction, de degré impair a aussi le même signe que le coefficient de son premier terme, quand la variable reçoit une valeur positive très-grande ; mais elle prend un signe opposé à celui de ce coefficient, lorsque x est négatif et de très-grande valeur absolue.

EXEMPLES.   1° $x^6 - 1000x^4 - 195000x^3 + 1$

est positif, si la valeur absolue de x est suffisamment grande, quel que soit, du reste, son signe.

2° $x^7 + 10000000x^6 - x^3 + 1$

est positif pour de grandes valeurs positives de x, et négatif, lorsque x, étant négatif, a une valeur absolue suffisamment grande.

§ II. Théorèmes sur les racines d'une équation.

170. THÉORÈME I. *Lorsque deux nombres,* a *et* b, *substitués dans une fonction entière* f(x), *donnent des résultats de signes contraires, l'équation* f(x) = 0 *a, au moins, une racine réelle comprise entre* a *et* b.

Si l'on suppose, en effet, que x varie d'une manière continue depuis la valeur $x = a$ jusqu'à la valeur $x = b$, $f(x)$ **(166)** variera lui-même d'une manière continue : or, passant de la valeur $f(a)$ à la valeur $f(b)$, qui a un signe contraire, il devra nécessairement changer de signe ; et, à cause de la continuité, il prendra la valeur zéro, intermédiaire entre les valeurs négatives et les valeurs positives.

171. REMARQUE. Le même raisonnement s'applique à toute équation, dont le premier membre est fonction continue de la variable x.

172. THÉORÉME II. *Une équation algébrique, de degré impair, à coefficients réels, a au moins une racine réelle, de signe contraire à son dernier terme.*

Soit $\quad f(x) = x^{2n+1} + A_1 x^{2n} + A_2 x^{2n-1} + \dots + A_{2n+1} = 0,$

une équation de degré impair.

Si l'on substitue à x une valeur négative très-grande, le résultat de cette substitution sera négatif (**169**). Si l'on substitue, au contraire, une valeur positive très-grande, le résultat sera positif; si, enfin, on substitue à x la valeur 0, la fonction $f(x)$ se réduira à son dernier terme A_{2n+1}.

Nous pouvons indiquer ces résultats par le tableau suivant :

Valeurs de x :	Signes de $f(x)$:
$-\infty$	$-$
0	Signe de A_{2n+1}
$+\infty$	$+$

Si donc A_{2n+1} est négatif, $f(x)$ change de signe, lorsque x passe de la valeur 0 à $+\infty$, et a, par suite, une racine positive. Si A_{2n+1} est positif, $x=0$ et $x=-\infty$ donnent à $f(x)$ des valeurs de signes contraires: et il y a, par conséquent, une racine négative.

EXEMPLES. L'équation

$$x^7 - 8x^5 + 3x^2 - 3 = 0,$$

a, au moins, une racine positive; et l'équation

$$x^9 + 8x^4 + 3 = 0,$$

a, au moins, une racine négative.

173. THÉORÈME III. *Une équation algébrique, de degré pair, à* *coefficients réels, dont le dernier terme est négatif, a au moins deux racines réelles.*

Soit

$$f(x) = x^{2m} + A_1 x^{2m-1} + A_2 x^{2m-2} + \ldots + A_{2m-1} x + A_{2m} = 0,$$

une équation, de degré pair, dont le dernier terme est négatif. D'après ce qui précède, on peut former le tableau suivant :

Valeurs de x :	Signes de $f(x)$:
$-\infty$	$+$
0	$-$
$+\infty$	$+$

Lors donc que x varie de $-\infty$ à 0, $f(x)$ change de signe : et il en est de même, lorsque x varie de 0 à $+\infty$. Il y a donc nécessairement une racine comprise entre $-\infty$ et 0, et une autre entre 0 et $+\infty$; c'est-à-dire deux racines, l'une positive et l'autre négative.

§ III. Nombre des racines d'une équation.

174. POSTULATUM. Nous admettrons, sans démonstration, la proposition suivante, qui est fondamentale, et qui, hâtons-nous de le dire, peut se démontrer en toute rigueur.

Toute équation algébrique, à une inconnue, ne renfermant que des puissances entières et positives de cette inconnue, et dont les coefficients sont des nombres donnés, réels ou imaginaires de la forme m $+$ n $\sqrt{-1}$, *admet, au moins, une racine réelle, ou une racine imaginaire de la forme* a $+$ b $\sqrt{-1}$, a *et* b *désignant deux nombres réels.*

Cette proposition étant admise, nous en déduirons facilement la suivante.

175. THÉORÈME FONDAMENTAL. *Une équation, de degré* m, *de la forme*

$$[1] \qquad A x^m + A_1 x^{m-1} + A_2 x^{m-2} + \ldots + A_m = 0,$$

dans laquelle A, A_1, A_2,...A_m *représentent des nombres donnés, réels ou imaginaires, admet toujours précisément* m *racines réelles ou imaginaires.*

En représentant par X le premier membre de l'équation [1], X = 0 admet, en effet, par hypothèse, au moins une racine. Si nous désignons cette racine par la lettre a, qu'elle soit réelle ou imaginaire, X sera divisible* par $(x - a)$. Désignons le quotient par Q; il sera, dans tous les cas, du degré $(m - 1)$, et son premier terme sera Ax^{m-1}. Nous aurons identiquement :

$$[2] \qquad X = (x - a) Q;$$

et les coefficients de Q seront ou réels, ou imaginaires de la forme donnée. Puisque, par hypothèse, toute équation a une racine, Q = 0 en admet une; si nous la désignons par b, on aura :

$$Q = (x - b) Q_1,$$

et, par suite,

$$[3] \qquad X = (x - a)(x - b) Q_1.$$

D'après le même postulatum, l'équation $Q_1 = 0$, qui est du degré $(m - 2)$, et dont le premier terme est évidemment Ax^{m-2}, doit admettre une racine. Si nous la désignons par c, on aura

$$Q_1 = (x - c) Q_2,$$

et, par suite,

$$[4] \qquad X = (x - a)(x - b)(x - c) Q_2,$$

le premier terme de Q_2 étant évidemment Ax^{m-3}.

En continuant de la même manière, et en opérant sur Q_2 comme on l'a fait sur Q et Q_1, chaque opération mettra en évidence un nouveau facteur du premier degré; et le degré des quotients successifs allant sans cesse en diminuant, on finira par en obtenir un qui sera numérique et évidemment égal à A. On aura donc :

$$[5] \qquad X = (x - a)(x - b)(x - c)....(x - k)(x - l) A.$$

---

* La démonstration de ce théorème, donnée (I, **75** et **76**), s'applique, sans modification, au cas où a est imaginaire.

A l'inspection de cette égalité, on reconnaît que l'équation X = 0 est satisfaite pour les valeurs $x = a$, $x = b$, $x = c$,..$x = l$, et qu'elle ne peut l'être autrement; car toute autre valeur attribuée à x, n'annulant aucun des facteurs du second membre, ne peut annuler le produit, comme on va le voir.

176. REMARQUE. *Un produit de plusieurs facteurs n'est nul, que quand l'un des facteurs est égal à zéro.* Cela n'est évident que quand les facteurs sont réels; mais il est facile d'étendre la proposition au cas même où ils sont imaginaires.

Soit le produit

$$\left(a + b\sqrt{-1}\right)\left(a' + b'\sqrt{-1}\right);$$

on a :

[1] $\left(a + b\sqrt{-1}\right)\left(a' + b'\sqrt{-1}\right) = aa' - bb' + (ab' + ba')\sqrt{-1}.$

Pour que ce produit soit nul, il faut donc qu'on ait à la fois :

[2] $\begin{cases} aa' - bb' = 0, \\ ab' + ba' = 0; \end{cases}$

ou, en faisant la somme des carrés de ces deux égalités :

[3] $(aa' - bb')^2 + (ab' + ba')^2 = 0.$

Or, le premier membre de [3] est identiquement égal à $(a^2 + b^2)(a'^2 + b'^2)$, et ne peut, par suite, s'annuler, que si l'on a $a = 0$, $b = 0$, ou bien $a' = 0$, $b' = 0$. Donc il faut que l'on ait :

$$\left(a + b\sqrt{-1}\right) = 0, \quad \text{ou} \quad \left(a' + b'\sqrt{-1}\right) = 0.$$

Et la condition est, d'ailleurs, évidemment suffisante.

177. AUTRE REMARQUE. La formule [5] (**175**) montre que le premier membre d'une équation est toujours décomposable en acteurs du premier degré. Elle permet aussi de former le premier membre d'une équation du degré m, lorsque l'on connaît ses m racines. Ce premier membre ne contient rien d'arbitraire que le coefficient A, par lequel on peut évidemment multiplier les deux membres d'une équation, sans altérer les conditions qu'elle impose à l'inconnue. Il résulte de là, que *deux équations*, *qui ont les mêmes racines, ne peuvent différer que par un facteur constant.*

178. POLYNOMES IDENTIQUES. Une équation, du degré m, ne pouvant avoir plus de m racines, il en résulte que *deux polynomes, du degré* m, *en* x, *ne peuvent être égaux pour plus de* m *valeurs de cette variable, sans être complétement identiques.* Si, en effet, on égale leur différence à zéro, on obtiendra une équation, du degré m, qui, si elle n'est pas identique, ne peut être satisfaite pour plus de m valeurs de la variable.

179. RACINES ÉGALES. Dans la démonstration que nous avons donnée (**175**), rien ne suppose que les racines désignées par a, b, c....k, l, soient différentes. Le nombre des racines *distinctes* d'une équation, du degré m, n'est donc pas toujours effectivement égal à m. On énonce cependant tous les théorèmes, comme s'il en était ainsi; et, pour en acquérir le droit, on dit qu'une racine a est double, triple ou quadruple, lorsque le facteur $(x-a)$, qui lui correspond, figure deux, trois, quatre fois, dans le produit qui est égal au premier membre.

§ IV. Racines imaginaires conjuguées.

180. THÉORÈME. *Si une équation à coefficients réels, admet une racine imaginaire* a $+$ b $\sqrt{-1}$, *elle admet nécessairement, et un même nombre de fois, la racine conjuguée* a $-$ b $\sqrt{-1}$.

Si l'équation $X = 0$,

est satisfaite par l'hypothèse

$$x = a + b\sqrt{-1},$$

je dis que le premier membre X est divisible par $(x-a)^2 + b^2$. Effectuons, en effet, la division; le reste, devant être de degré moindre que le diviseur, sera de la forme $mx + n$; et l'on aura :

[1] $X = [(x-a)^2 + b^2]Q + mx + n,$

m et n étant des nombres réels, puisqu'il n'a pu s'introduire dans le calcul aucune expression imaginaire.

Si, dans les deux membres de l'identité [1], qui existe, quel que soit x, nous faisons $x = a + b\sqrt{-1}$, le premier membre s'annule, pas hypothèse. Il en est, évidemment, de même de $(x-a)^2 + b^2$; et, par suite, on doit avoir :

$$0 = m(a + b\sqrt{-1}) + n,$$

ce qui exige : $ma + n = 0, \quad mb = 0;$

et, par suite, puisque b n'est pas nul,

$$m = 0, \quad n = 0.$$

On en conclut : $X = [(x-a)^2 + b^2]Q.$

Or $(x-a)^2 + b^2$ s'annulant pour $x = a - b\sqrt{-1}$, cette égalité prouve, qu'il en est de même de X.

Si X est divisible par $(x - a - b\sqrt{-1})^2$, c'est-à-dire si la racine $a + b\sqrt{-1}$ est double, il faut que Q soit divisible par $(x - a - b\sqrt{-1})$; on prouvera alors, comme on l'a fait pour X, qu'il admet aussi le facteur $(x-a)^2 + b^2$, et l'on aura :

$$X = [(x-a)^2 + b^2]^2 Q_1 = [x - (a + b\sqrt{-1})]^2 [x - (a - b\sqrt{-1})]^2 Q_1;$$

en sorte que la racine $a - b\sqrt{-1}$ se trouvera aussi deux fois dans X.

Si X admet trois fois la racine $a + b\sqrt{-1}$, il doit être divisible par $(x - a - b\sqrt{-1})^3$; et, par suite, Q_1 doit admettre le facteur $(x - a - b\sqrt{-1})$. On prouvera alors, comme on l'a fait pour X et pour Q, qu'il est divisible par $(x-a)^2 + b^2$, et que l'on a :

$$X = [(x-a)^2 + b^2]^3 Q_2 = [x - (a + b\sqrt{-1})]^3 [x - (a - b\sqrt{-1})]^3 Q_2;$$

en sorte que la racine $a - b\sqrt{-1}$ est triple, comme sa conjuguée.

Le même raisonnement peut évidemment se continuer indéfiniment; et, par conséquent, la racine $a - b\sqrt{-1}$ a le même degré de multiplicité que sa conjuguée.

§ V. Relations entre les coefficients d'une équation et les racines.

181. THÉORÈME. Soit

$$x^m + A_1 x^{m-1} + \ldots + A_{m-1} x + A_m = 0,$$

une équation, du degré m, dont nous supposons, pour plus de simplicité, que le premier terme ait pour coefficient l'unité. Nous avons vu, qu'en désignant par a, b, c....k, l, ses racines, on a identiquement :

[1] $x^m + A_1 x^{m-1} + \ldots + A_{m-1} x + A_m$

$$= (x - a)(x - b)(x - c) \ldots (x - k)(x - l).$$

Mais on sait qu'en affectuant le produit indiqué dans le second membre, on aura (57) pour premier terme, x^m; pour second terme, x^{m-1} multiplié par la somme des seconds termes $- a$, $- b \ldots - l$; pour troisième terme, x^{m-2} multiplié par la somme des produits, deux à deux, de $- a$, $- b$, $- c \ldots - l$, ou, ce qui revient au même, par la somme des produits, deux à deux, de a, b, $c \ldots l$, et ainsi de suite, en sorte que, si l'on représente par Σa, Σab, Σabc la somme des racines, les sommes de leurs produits deux à deux, trois à trois, etc., on a :

[2] $(x - a)(x - b) \ldots (x - k)(x - l)$

$$= x^m - x^{m-1} \Sigma a + x^{m-2} \Sigma ab - x^{m-3} \Sigma abc + \ldots \pm abc \ldots kl,$$

le dernier terme étant précédé du signe $+$ ou du signe $-$ suivant que m est pair ou impair. En identifiant ce produit avec le premier membre de l'équation [1], on conclut le théorème suivant :

Dans toute équation algébrique, dont le premier terme a pour coefficient l'unité,

$$x^m + A_1 x^{m-1} + \ldots + A_{m-1} x + A_m = 0,$$

le coefficient du second terme A_1 est égal à la somme des racines, prise en signe contraire.

Le coefficient du troisième terme A_2 est égal à la somme des produits, deux à deux, des racines.

Le coefficient du quatrième terme A_3 *est la somme de leurs produits trois à trois, pris en signe contraire; et ainsi de suite.*

Enfin, *le dernier terme* A_m *est égal au produit de toutes les racines, pris avec son signe ou avec un signe contraire, suivant que le degré de l'équation est pair ou impair.*

182. REMARQUE I. Ce théorème s'exprime par les équations suivantes :

$$[3] \quad \begin{cases} A_1 = -(a+b+c+\ldots+k+l), \\ A_2 = (ab+ac+\ldots+bc+\ldots+kl), \\ A_3 = -(abc+abd+\ldots+acd+\ldots+akl+\ldots), \\ \vdots \\ A_m = \pm abc\ldots kl. \end{cases}$$

En considérant les racines comme des inconnues, nous avons là m équations distinctes, auxquelles elles doivent satisfaire. Lorsque l'on connaîtra quelques-unes des racines, ces équations pourront faciliter la recherche des autres; mais elles ne peuvent pas servir, *en général*, à la résolution complète de l'équation proposée. Si, en effet, on cherchait, par le moyen de ces équations, à déterminer une racine, a par exemple, il faudrait, pour cela, éliminer toutes les autres; or, quel que soit le moyen que l'on emploie, je dis que l'équation obtenue devra avoir pour solution, non-seulement a, mais encore les autres racines b, $c\ldots k$, l. Si l'on remarque, en effet, que les racines entrent absolument de la même manière dans les équations [3], que rien ne les y distingue les unes des autres, on conclura que, si l'on parvient, par certains calculs, à éliminer toutes les racines, à l'exception de a, des calculs tout semblables auraient pu éliminer toutes les racines autres que b, par exemple, sans qu'il y eût, dans le résultat, d'autre différence que le changement de a en b : c'est donc la même équation à laquelle a et b doivent satisfaire; et, comme on en peut dire autant des autres racines, il est évident que l'équation en a doit avoir pour racines a, b, $c\ldots k$, l, et qu'elle ne doit, par conséquent (**177**), pas différer de l'équation proposée elle-même. Cette conclusion peut d'ailleurs se vérifier d'une manière bien simple.

Reprenons, en effet, les équations [3] :

$$[3] \quad \begin{cases} A_1 = -(a+b+c+\ldots+k+l), \\ A_2 = (ab+ac+\ldots), \\ A_3 = -(abc+abd+\ldots), \\ \vdots \\ A_m = \pm\, abc\ldots kl. \end{cases}$$

Multiplions la première par a^{m-1}, la seconde par a^{m-2}, la troisième par $a^{m-3}\ldots$, l'avant-dernière par a, la dernière par 1, et ajoutons-les; on reconnaîtra facilement, que l'on obtient ainsi l'équation :

$$A_1 a^{m-1} + A_2 a^{m-2} + \ldots + A_{m-1}a + A_m = -a^m,$$

qui n'est autre chose que l'équation proposée, dans laquelle x est remplacé par a.

185. REMARQUE II. Il ne faut pas affirmer, en vertu de ce qui précède, que les équations [3] ne peuvent jamais conduire à la résolution d'une équation algébrique. Il est prouvé seulement, qu'en cherchant à atteindre ce but par l'élimination de $(m-1)$ des racines cherchées, on serait ramené à l'équation proposée elle-même; mais on peut concevoir d'autres manières de procéder. Cherchons, par exemple, à déterminer les deux racines a et b de l'équation du second degré,

$$x^2 + A_1 x + A_2 = 0,$$

en faisant usage des relations :

$$a + b = -A_1, \quad ab = A_2.$$

Formons le carré de la première équation, et retranchons-en, membre à membre, la seconde équation, après avoir multiplié tous les termes par 4; il viendra :

$$(a+b)^2 - 4ab = A_1^2 - 4A_2,$$

ou $$(a-b)^2 = A_1^2 - 4A_2;$$

d'où $$a - b = \pm\sqrt{A_1^2 - 4A_2}.$$

Connaissant $(a+b)$ et $(a-b)$, on en conclut facilement a et b.

§ VI. Théorème sur les racines d'une équation.

184. Nous terminerons ce chapitre, en précisant davantage les conséquences que l'on peut tirer (**170**) de la substitution de deux nombres différents dans le premier membre d'une équation.

THÉORÈME. *Si deux nombres, α et β, substitués à* x *dans le premier membre d'une équation algébrique* X = 0, *donnent des résultats de signes contraires, ils comprennent un nombre impair de racines.*

Il faut entendre que les racines multiples sont comptées un nombre de fois égal à leur degré de multiplicité.

Soient a, b, ... p, les racines comprises entre α et β, Q le quotient de la division de X par $(x-a)(x-b)...(x-p)$; en sorte que l'on a identiquement :

$$X = (x-a)(x-b)...(x-p)Q,$$

Q désignant le produit des facteurs qui correspondent aux racines imaginaires et aux racines réelles non comprises entre α et β. Si l'on fait successivement, dans cette égalité, $x = α$, $x = β$, on aura :

$$X_α = (α-a)(α-b)...(α-p)Q_α,$$

$$X_β = (β-a)(β-b)...(β-p)Q_β,$$

$X_α$, $Q_α$, $X_β$, $Q_β$ désignant ce que deviennent les polynomes X, Q, lorsque l'on y substitue à x la valeur α ou la valeur β. Par hypothèse, $X_α$ et $X_β$ sont de signes contraires : il doit donc en être de même des seconds membres. Or $Q_α$ et $Q_β$ sont de même signe : car, sans cela, l'équation Q = 0 aurait une racine, au moins (**170**), comprise entre α et β. Il faut donc que les produits

$$\begin{cases} (α-a)(α-b)...(α-p), \\ (β-a)(β-b)...(β-p), \end{cases}$$

soient de signes contraires; et, comme tous les facteurs du premier sont négatifs, et tous ceux du second positifs, il faut évidemment que le nombre de ces facteurs, et, par suite, le nombre des racines a, b, ...p, soit impair.

On verrait absolument de la même manière que, *si deux nombres donnent des résultats de même signe, ils comprennent un nombre pair de racines* (ce nombre peut être zéro).

RÉSUMÉ.

165. Forme générale d'une fonction entière de x. — **166.** Toute fonction, entière et rationnelle, d'une variable x, varie d'une manière continue. — **167.** Il en est de même de toute fonction, dont la dérivée ne devient pas infinie. — **168.** On peut toujours donner à x une valeur assez grande pour que la fonction prenne le signe de son premier terme. — **169.** Signe d'une fonction, de degré pair, ou d'une fonction, de degré impair, lorsque la variable reçoit de grandes valeurs positives ou négatives. — **170.** Si deux nombres, a et b, substitués à x, donnent à $f(x)$ des valeurs de signes contraires, l'équation $f(x)=0$ admet, au moins, une racine comprise entre a et b. — **171.** Même théorème, pour toute équation dont le premier membre est une fonction continue de x. — **172.** Une équation, de degré impair, a toujours une racine réelle, de signe contraire à son dernier terme. — **173.** Une équation, de degré pair, dont le dernier terme est négatif, a au moins deux racines, l'une positive, l'autre négative. — **174.** On admet que toute équation a une racine réelle ou imaginaire. — **175.** Toute équation, de degré m, a précisément m racines ; et son premier membre est le produit de m facteurs du premier degré. — **176.** Un produit de facteurs imaginaires ne peut être nul, que si l'un des facteurs est égal à zéro. — **177.** Deux équations, qui ont les mêmes racines, ne diffèrent que par un facteur constant. — **178.** Deux polynomes, de degré m, égaux pour $(m+1)$ valeurs de la variable, sont identiques. — **179.** Définition des racines égales. — **180.** Si $(a+b\sqrt{-1})$ est m fois racine d'une équation, à coefficients réels, il en sera de même de $(a-b\sqrt{-1})$. — **181.** Expression des coefficients d'une équation, en fonction des racines. — **182.** Les relations ne peuvent pas conduire, par élimination, à la résolution de l'équation. — **183.** Il ne faut pas affirmer que, par une autre voie, il soit impossible qu'elles fournissent l'expression des racines. — **184.** Si deux nombres, α et β, substitués dans $f(x)$, donnent des résultats de signes contraires, ils comprennent un nombre impair de racines ; s'ils donnent des résultats de même signe, ils en comprennent un nombre pair, ou n'en comprennent aucune.

EXERCICES.

I. Trouver le maximum du produit $x(p - x^2)$, lorsque x varie de 0 à p. En conclure les conditions, pour que l'équation

$$x(p - x^2) = q$$

admette deux racines positives.

On trouve la condition $\qquad 4p^3 > 27q^2$.

II. Chercher les conditions, pour que l'équation

$$x^m - px^n + q = 0$$

admette deux racines positives.

On trouve la condition

$$n^n(m - n)^{m-n}p^m > m^m q^{m-n}.$$

III. L'équation

$$\frac{A}{x - a} + \frac{B}{x - b} + \frac{C}{x - c} + \dots + \frac{L}{x - l} = P,$$

admet m racines réelles, si $a, b, \dots l$ représentent m nombres distincts.

On applique le théorème (**170**).

IV. Si l'équation

$$x^m - Ax^{m-1} + Bx^{m-2} - Cx^{m-3} + Dx^{m-4} - \dots = 0.$$

a toutes les racines réelles, on a, nécessairement :

$$A^2 - 2B > 0,$$

$$B^2 - 6AC + 2D > 0,$$

$$C^2 - 2BD + 2AE - 2F > 0$$

$$\cdot \quad \cdot \quad \cdot \quad \cdot \quad \cdot \quad \cdot \quad \cdot \quad \cdot \quad \cdot$$

On le démontrera, en posant $y = x^2$; et en remarquant, qu'après avoir rendu l'équation en y rationnelle, les coefficients de celle-ci doivent être alternativement positifs et négatifs.

V. Si $\alpha_1, \alpha_2, \dots \alpha_n$, sont n racines de l'équation

$$x^m + A_1 x^{m-1} + A_2 x^{m-2} + \dots + A_n = 0,$$

les $(m - n)$ autres racines satisfont à l'équation

$$x^{m-n} + (A_1 + \Sigma\alpha_1)x^{m-n-1} + (A_2 + A_1\Sigma\alpha_1 + \Sigma\alpha_1\alpha_2)x^{m-n-2}$$
$$+ (A_3 + A_2\Sigma\alpha_1 + A_1\Sigma\alpha_1\alpha_2 + \Sigma\alpha_1\alpha_2\alpha_3)x^{m-n-3} + \ldots = 0 ;$$

$\Sigma\alpha_1$, $\Sigma\alpha_1\alpha_2$, $\Sigma\alpha_1\alpha_2\alpha_3$ désignant la somme des racines, les sommes de leurs produits deux à deux, trois à trois, etc., en comprenant, dans ces sommes, les produits où la même racine figure plusieurs fois.

On applique le théorème (**181**).

CHAPITRE II.

THÉORÈME DE DESCARTES. — THÉORÈME DE ROLLE.

§ I. Théorème de Descartes.

185. Définition. Le but de ce paragraphe est la démonstration d'un théorème célèbre, qui permet d'assigner, à la seule inspection d'une équation algébrique, une limite supérieure du nombre des racines positives qu'elle peut avoir.

La démonstration de ce théorème repose sur un lemme, que nous établirons d'abord.

Lorsque deux termes consécutifs d'un polynome sont de signes contraires, on dit qu'ils présentent une *variation* de signe : lorsqu'ils ont le même signe, on dit qu'ils présentent une *permanence*.

186. Lemme. *Si l'on multiplie par* (x — α) *un polynome rationnel et entier, ordonné suivant les puissances décroissantes de* x, *les coefficients du produit, considérés à partir du premier, présentent au moins une variation de signe de plus que ceux du multiplicande.* On suppose, bien entendu, dans l'énoncé précédent que α désigne un nombre positif.

Soit $f(x)$ le multiplicande considéré. Supposons, pour fixer les idées, que son premier terme ait un coefficient positif; décomposons ce polynome en groupes de termes, dans chacun desquels tous les coefficients aient le même signe. Le premier groupe se composera du premier terme et de tous les termes positifs qui le suivent sans interruption ; le second groupe commencera au premier terme négatif, et comprendra tous les termes négatifs compris entre celui-là et le premier des termes positifs qui viennent après; ce terme sera le premier du troisième groupe, et ainsi de suite : il est bien entendu que chaque groupe peut ne contenir qu'un seul terme. Écrivons le premier terme de chaque groupe :

[1] $\qquad Ax^m + + \dots - Px^p - - \dots + Qx^q + \dots$

$\qquad - Rx^h - - \dots \pm Ux^u \pm \dots \pm V,$

les termes, que l'on n'écrit pas, étant tous de même signe que le premier terme écrit à leur gauche, et qui commence le groupe auquel ils appartiennent. Il est bon de remarquer, que tous les termes écrits servent de commencement à un groupe, à l'exception du terme $\pm$ V, qui termine, au contraire, le groupe auquel il appartient.

Multiplions, actuellement, le polynome ainsi écrit par le multiplicateur $(x - \alpha)$; et attachons-nous seulement à former, dans le produit, les termes en x^{m+1}, x^{p+1}, x^{q+1}, x^{r+1}, ... x^{n+1}, et, en outre, le dernier terme $\pm$ Vα.

On verra tout de suite :

Que le coefficient du terme en x^{m+1} est positif;

Que le coefficient du terme en x^{p+1} est négatif;

Que le coefficient du terme en x^{q+1} est positif;

$$\vdots$$

Que le coefficient du terme x^{u+1} a le signe $\pm$, c'est-à-dire le même signe que celui du terme en x^u dans le multiplicande.

Le terme en x^{m+1}, dans le produit, provient, en effet, du produit de Ax^m par x.

Le terme en x^{p+1} provient du produit $-$ Px^{p+1} de $-$ Px^p par x, et du produit, par $-\alpha$, du terme qui précède immédiatement $-$ Px^p; or, ce terme ayant, d'après nos conventions, un coefficient positif, son produit par $-\alpha$ aura un coefficient négatif, qui, ajouté à $-$ P, coefficient de $-$ Px^{p+1}, donnera nécessairement une somme négative. Le terme en x^{q+1} provient du produit $+$ Qx^{q+1} de $+$ Qx^q par x, et du produit, par $-\alpha$, du terme qui précède immédiatement Qx^q; or, ce terme ayant, d'après nos conventions, un coefficient négatif, son produit par $-\alpha$ aura un coefficient positif, qui, réuni à $+$ Q, coefficient de $+$ Qx^{q+1}, donnera nécessairement une somme positive.

La démonstration est la même pour les termes suivants.

Ajoutons que le dernier terme du produit, provenant, sans réduction, du produit de $\pm$ V par $-\alpha$, aura nécessairement le signe $\mp$, en sorte que le produit peut s'écrire :

$$[2] \quad \mathrm{A}x^{m+1} \ldots - \mathrm{P}'x^{p+1} \ldots + \mathrm{Q}'x^{q+1} \ldots - \mathrm{R}'x^{r+1} \ldots \pm \mathrm{U}'x^{u+1} \ldots \mp \mathrm{V}\alpha;$$

P', Q', R', U', . . . désignant des nombres positifs, et les termes non écrits ayant un signe incertain.

Or, à l'inspection de ce produit [2], on voit qu'il a au moins une variation de plus que le multiplicande [1]. En effet : de Ax^{m+1} à $- P'x^{p+1}$, nous avons au moins une variation ; et il n'y en a qu'une dans la partie correspondante du multiplicande. De $- P'x^{p+1}$ à $+ Q'x^{q+1}$, nous avons au moins une variation ; et il n'y en a qu'une dans la partie correspondante du multiplicande. Nous continuerons le même raisonnement jusqu'au terme $\pm U'x^{u+1}$; et nous verrons qu'il y a, jusqu'à ce terme, autant de variations de signe, au moins, dans le produit, qu'il y en a en tout dans le multiplicande. Mais, après le terme $\pm U'x^{u+1}$, le produit présente encore, au moins, une variation, puisque ce terme n'a pas le même signe que le dernier terme $\mp V\alpha$; et, par conséquent, il y a dans le produit, au moins, une variation de plus que dans le multiplicande. C'est précisément ce qu'il fallait démontrer.

187. Remarque. Si le premier groupe du produit [2], de Ax^{m+1} à $- P'x^{p+1}$, offre plus d'une variation, il en présente un nombre impair, puisque ses termes extrêmes n'ont pas le même signe. Donc le nombre des variations *introduites*, par la multiplication, dans cette partie du produit, est pair. Il en est de même du nombre des variations introduites dans chaque groupe, jusqu'au dernier exclusivement. Mais ce dernier groupe, qui ne présentait aucune variation dans le multiplicande, en présente dans le produit un nombre impair. Donc, *le nombre total des variations introduites est impair*.

188. Limite supérieure du nombre des racines positives d'une équation. Supposons actuellement que l'on considère une équation algébrique

$$\varphi(x) = 0 ;$$

et soit $f(x)$ le produit des facteurs simples, qui répondent aux racines négatives ou imaginaires de cette équation ; de telle sorte qu'en nommant $\alpha, \beta, \gamma, \ldots$ les racines positives, on ait :

$$\varphi(x) = f(x)(x-\alpha)(x-\beta)(x-\gamma)\ldots$$

D'après le lemme précédent, le produit $f(x)(x-\alpha)$ admet au moins une variation de plus que $f(x)$: le produit $f(x)\,(x-\alpha)\,(x-\beta)$ en admet une, au·moins, de plus que le précédent, et, par suite, deux de plus que $f(x)$: $f(x)\,(x-\alpha)\,(x-\beta)\,(x-\gamma)$ en admet au moins trois de plus, et ainsi de suite ; et, par conséquent, lors même que $f(x)$ aurait tous ses termes de même signe, le produit $\varphi(x)$ a autant de variations, au moins, qu'il y a de racines α, β, γ,....

Si toutes les racines de $\varphi(x)=0$ étaient positives, on supposerait $f(x)=1$; et la conclusion n'en subsisterait pas moins.

On peut donc énoncer le théorème suivant :

Une équation algébrique,

$$\varphi(x)=0,$$

dont le premier membre est une fonction rationnelle et entière de x, *ne peut pas avoir plus de racines positives qu'il n'y a de variations de signes dans les coefficients de* φ (x).

C'est là le théorème connu sous le nom de *règle des signes* de Descartes.

189. Limite supérieure du nombre des racines négatives. Soit

$$[1]\qquad\qquad\varphi(x)=0,$$

une équation algébrique. Si $-\alpha$ désigne une racine négative de cette équation, on a :

$$\varphi(-\alpha)=0;$$

et, par suite, $x=+\alpha$ est racine de l'équation

$$[2]\qquad\qquad\varphi(-x)=0,$$

obtenue en changeant, dans la proposée, x en $-x$. Cette équation [2] admet donc, pour racines positives, les racines négatives de l'équation [1]; et, par suite, en lui appliquant le théorème de Descartes, on aura une limite supérieure du nombre de ces racines négatives. *Une équation ne peut donc avoir plus de racines négatives qu'il n'y a de variations dans le premier membre de sa transformée en* −x.

190. Remarque. Le théorème de Descartes fournit une limite supérieure du nombre des racines positives ou négatives, que peut avoir une équation. Mais il arrive souvent que cette limite n'est pas atteinte, et que le nombre des racines positives, par exemple, est moindre que le nombre des variations du premier membre.

On peut démontrer seulement que, *si ces deux nombres sont différents, leur différence est toujours un nombre pair.*

En d'autres termes, *si une équation a un nombre pair de variations, elle a aussi un nombre pair de racines positives; et, si elle a un nombre impair de variations, elle a un nombre impair de racines positives.*

Remarquons, pour le prouver, qu'une équation, qui a un nombre pair de variations, a évidemment son dernier terme positif; par suite, en faisant $x = 0$ et $x = \infty$, on aura des résultats de même signe; le nombre des racines positives est donc (**184**) pair. Si le nombre des variations est impair, le dernier terme est négatif; $x = 0$, substitué dans le premier membre, donne donc un résultat négatif; $x = \infty$ donne toujours (**168**) un résultat positif; et, par suite (**184**), entre 0 et ∞, il y a un nombre impair de racines positives.

191. Limite inférieure du nombre des racines imaginaires. Il arrive souvent que l'application de la règle de Descartes rend certaine l'existence de racines imaginaires. Si, en effet, le nombre possible de racines positives, ajouté au nombre possible de racines négatives, forme une somme moindre que le degré de l'équation, il faut bien qu'il y ait des racines imaginaires.

Soit, par exemple, l'équation

$$x^8 + 5x^3 + 2x - 1 = 0 ;$$

son premier membre n'a qu'une variation; elle ne peut donc avoir qu'une seule racine positive.

Si on change x en $- x$, la transformée est :

$$- x^8 - 5x^3 - 2x - 1 = 0,$$

qui n'a aussi qu'une variation, et qui ne peut avoir, par suite, qu'une racine positive. La proposée ne peut donc avoir que deux racines réelles; et elle a, par conséquent, au moins, six racines imaginaires.

On peut remarquer que les deux racines, que la règle de Descartes indique comme possibles, existent certainement dans ce cas; l'excès du nombre des variations sur le nombre des racines positives étant, en effet, pair (**190**), il faut bien qu'il soit 0, dans le cas où il n'y a qu'une seule variation.

§ II. Théorème de Rolle.

192. Théorème. *Deux racines réelles consécutives* a *et* b, *d'une équation* $\varphi(x) = 0$, *comprennent au moins une racine réelle de la dérivée* $\varphi'(x) = 0$.

En effet, si l'on fait varier x depuis a jusqu'à b, $\varphi(x)$ part de zéro pour revenir à zéro; cette fonction, qui est continue, va donc d'abord en augmentant, pour diminuer ensuite; ou bien, elle commence par diminuer, pour aller ensuite en augmentant. Dans les deux cas, la dérivée change de signe; et comme elle est continue, elle passe par zéro, pour une valeur de x comprise entre a et b. C'est ce qu'il fallait démontrer.

Comme la fonction peut subir, entre a et b, plusieurs alternatives d'accroissement et de diminution, la dérivée peut s'annuler plusieurs fois dans l'intervalle. *Il peut donc y avoir plusieurs racines de la dérivée comprise entre deux racines consécutives de la proposée.*

Ce théorème est vrai pour toute équation dont le premier membre est une fonction continue de x, quand sa dérivée elle-même est continue.

193. Corollaire. Il résulte de là que *deux racines consécutives de la dérivée peuvent ne comprendre aucune racine de la proposée, mais qu'elles n'en comprennent jamais plus d'une.* On voit, en effet, d'une part, que, si deux racines consécutives a, b de la proposée comprennent plusieurs racines a', b', ... de la dérivée, ces racines a', b' de la dérivée ne comprennent pas de racine de la proposée: et l'on voit, d'autre part, que si deux racines consécutives a', b' de la dérivée comprenaient plusieurs racines a, b,... de la proposée, ces racines a, b de la proposée ne comprendraient pas de racines de la dérivée : ce qui n'est pas possible.

194. Nombre des racines réelles d'une équation. On conclut de ce qui précède, que, *si l'on sait trouver les racines de la dérivée, on pourra compter le nombre des racines réelles de la proposée.* Soient, en effet, a', b', c',... l', les racines réelles de la dérivée, rangées par ordre de grandeur : substituons successivement à x, dans le premier membre de la proposée, les nombres

$$-\infty, \; a', \; b', \; c', ... \; l', +\infty.$$

Si deux substitutions consécutives donnent des résultats de signes contraires, il y a, entre les deux racines correspondantes de la dérivée, une racine de la proposée (**170**) et une seule (**193**). Si les résultats sont de même signe, il n'existe entre elles aucune racine de la proposée ; car elles ne sauraient en comprendre plus d'une (**193**). Ainsi chaque changement de signe, dans les substitutions successives, prouvera l'existence d'une racine réelle de la proposée.

Si l'on désigne par n le nombre des racines réelles de la dérivée, $(n+1)$ sera le nombre des intervalles ; et par suite $(n+1)$ sera la limite supérieure du nombre des racines réelles de la proposée.

On voit encore que, si une équation a toutes ses racines réelles, sa dérivée a aussi toutes ses racines réelles ; car les m racines réelles de la proposée fournissent $(m-1)$ intervalles, dans chacun desquels doit se trouver, au moins, une racine de la dérivée (qui n'a que m racines). La réciproque n'est pas vraie.

195. Application a l'équation du troisième degré. Si l'on considère, en particulier, l'équation du troisième degré, sous la forme simple

$$x^3 + px + q = 0,$$

on remarque que, pour qu'elle ait ses trois racines réelles, il faut d'abord que sa dérivée, $3x^2 + p = 0$, ait ses deux racines réelles ; car si celles-ci étaient imaginaires, la proposée ne pourrait avoir (**194**) plus d'une racine réelle. Il faut donc que p soit négatif; et alors les racines de la dérivée sont :

$$x = \pm \sqrt{-\frac{p}{3}}.$$

Il faut, en outre, qu'en substituant successivement à x, dans le premier membre de la proposée,

$$-\infty, \quad -\sqrt{-\frac{p}{3}}, \quad +\sqrt{-\frac{p}{3}}, \quad +\infty,$$

chaque substitution amène un changement de signe (**194**). Or, la substitution de $-\infty$ rend l'expression négative, et celle de $+\infty$ la rend positive; il faut donc, et cela suffit, que l'on obtienne le signe $+$ en substituant la plus petite racine de la dérivée, et le signe $-$ en substituant la plus grande. Or, le premier membre $x^3 + px + q$ peut se mettre sous la forme $x(x^2 + p) + q$. Les conditions nécessaires et suffisantes sont donc fournies par les inégalités :

$$\begin{cases} -\sqrt{-\frac{p}{3}}\left(-\frac{p}{3}+p\right)+q>0, \\ \sqrt{-\frac{p}{3}}\left(-\frac{p}{3}+p\right)+q<0, \end{cases} \quad \text{ou} \quad \begin{cases} -\frac{2p}{3}\sqrt{-\frac{p}{3}}+q>0, \\ \frac{2p}{3}\sqrt{-\frac{p}{3}}+q<0. \end{cases}$$

Distinguons deux cas : 1° Si q est positif, comme p est négatif, la première inégalité est vérifiée d'elle-même; quant à la seconde, on peut l'écrire :

$$q < -\frac{2p}{3}\sqrt{-\frac{p}{3}};$$

et, comme les deux membres sont positifs, on peut les élever au carré (I, **205**); et l'on a :

$$q^2 < -\frac{4p^3}{27}, \quad \text{ou} \quad \left(\frac{p}{3}\right)^3 + \left(\frac{q}{2}\right)^2 < 0. \qquad [1]$$

2° Si q est négatif, la seconde inégalité est vérifiée d'elle-même. Quant à la première, on peut l'écrire :

$$-\frac{2p}{3}\sqrt{-\frac{p}{3}} > -q,$$

ou, en élevant au carré les deux membres qui sont positifs,

$$-\frac{4\,p^3}{27} > q^2, \quad \text{ou encore} \quad \left(\frac{p}{3}\right)^3 + \left(\frac{q}{2}\right)^2 < 0. \quad [1]$$

Telle est donc [1] la condition nécessaire et suffisante, pour que l'équation du troisième degré ait ses trois racines réelles. (Cette condition, on le voit aisément, comprend la première $p < 0$.)

RÉSUMÉ.

185. Définition des variations et des permanences. — **186.** Si l'on multiplie un polynome entier en x par $(x-\alpha)$, α étant positif, le produit a, au moins, une variation de plus que le multiplicande. — **187.** Le nombre des variations introduites est impair. — **188.** Le nombre des racines positives d'une équation ne peut surpasser le nombre des variations de son premier membre. — **189.** Limite supérieure du nombre des racines négatives. — **190.** L'excès du nombre des variations sur le nombre des racines positives est un nombre pair. — **191.** Limite inférieure du nombre des racines imaginaires. — **192.** Deux racines réelles consécutives d'une équation comprennent, au moins, une racine réelle de la dérivée. — **193.** Deux racines réelles consécutives de la dérivée peuvent ne comprendre aucune racine de la proposée; elles n'en comprennent jamais plus d'une. — **194.** Lorsqu'on sait trouver les racines de la dérivée, on peut compter les racines réelles de la proposée. Pour qu'une équation ait toutes ses racines réelles, il faut que sa dérivée ait toutes ses racines réelles; mais cela n'est pas suffisant. — **195.** Condition pour que l'équation du troisième degré ait ses trois racines réelles.

EXERCICES.

I. Lorsqu'une équation algébrique, de degré m, à coefficients réels, est complète, c'est-à-dire, lorsque son premier membre contient toutes les puissances de x, depuis la puissance m jusqu'à la puissance zéro, si toutes ses racines sont réelles, le nombre des racines positives est égal au nombre des variations, et le nombre des racines négatives est égal au nombre des permanences.

II. Si une équation incomplète, de degré m, contient n termes, le nombre des racines réelles ne peut surpasser $(2n-2)$, si m est pair, et $(2n-3)$, si m est impair.

On applique les théorèmes (**188** et **189**), pour ces deux exercices.

III. Si, dans une équation incomplète, il manque un nombre pair de termes entre deux termes de même signe ou de signes contraires, l'équation a, au moins, autant de racines imaginaires qu'il y a de termes manquants.

IV. Si, dans une équation incomplète, il manque un nombre impair de termes entre deux termes de même signe, il y a, au moins, autant de racines imaginaires qu'il y a de termes manquants plus un. Et si les deux termes, qui comprennent la lacune, sont de signes contraires, il y a, au moins, autant de racines imaginaires qu'il y a de termes manquants, moins un.

V. Lorsqu'une équation incomplète a toutes ses racines réelles, il ne peut manquer de terme entre deux termes de même signe ; et il n'en peut manquer plus d'un entre deux termes de signes contraires.

VI. Lorsqu'une équation incomplète a toutes ses racines réelles, le nombre des racines positives est égal au nombre des variations ; et le nombre des racines négatives est égal au nombre des permanences, augmenté du nombre des lacunes.

On applique, pour les exercices III, IV, V, VI, les théorèmes (**188**), **189** et **191**).

VII. Deux racines consécutives d'une équation comprennent toujours un nombre impair de racines de la dérivée, pourvu que l'on compte pour deux chaque racine double que peut avoir la dérivée, pour trois chaque racine triple, etc.

On étudie les variations du premier membre de l'équation (**192**).

VIII. Si l'on a une équation

$$x^m + A_1 x^{m-1} + A_2 x^{m-2} + \ldots + A_{m-1}x + A_m = 0,$$

et que l'on multiplie respectivement ses termes par a, $a+b$, $a+2b$, ... $a+(m-1)b$, $a+mb$ (a et b étant des nombres positifs), on forme une équation nouvelle, qui a une racine comprise entre deux racines consécutives de la proposée, excepté entre la plus petite racine positive et la racine négative qui la précède.

On applique le théorème précédent (VII).

IX. Si dans une équation $f(x) = 0$, on change x en $-x$, le nombre des variations, tant de la proposée que de la transformée, ne peut être supérieur au degré de l'équation ; et, quand il lui est inférieur, la différence est un nombre pair.

On examine comment la suppression de certains termes, dans l'équation, influe sur le nombre des variations.

X. Si une équation, de degré m, présente v variations, elle a, au plus, $(m-v)$ racines négatives.

Corollaire du théorème IX.

XI. S'il arrive, qu'en multipliant le premier membre d'une équation par $(x-\alpha)$, on introduise $(2v+1)$ variations, l'équation proposée a, au moins, $2v$ racines imaginaires.

Application des théorèmes X et **191**.

CHAPITRE III.

THÉORIE DES RACINES ÉGALES.

§ I. Facteurs communs à deux polynomes.

196. Définition du plus grand commun diviseur algébrique. Nous avons vu (**175**), qu'une fonction entière de la variable x peut toujours se décomposer en facteurs du premier degré, de la forme $(x — \alpha)$, α désignant un nombre réel ou une expression imaginaire indépendante de x. La décomposition ne peut se faire que d'une seule manière ; et chaque polynome admet seulement un nombre de facteurs égal à son degré. En général, deux polynomes différents admettront des facteurs inégaux ; et ce sera seulement dans des cas particuliers, qu'ils en auront un ou plusieurs de communs. Il est important, dans plusieurs recherches d'algèbre, de savoir décider, si deux polynomes donnés se trouvent précisément dans un de ces cas, et quel est alors le produit des facteurs communs, que l'on nomme *plus grand commun diviseur* des deux polynomes.

197. Recherche du plus grand commun diviseur de deux polynomes. Soient $\varphi(x)$ et $\varphi_1(x)$ les deux polynomes, ordonnés suivant les puissances décroissantes de x. Supposons $\varphi(x)$ de degré supérieur à $\varphi_1(x)$, et divisons le premier de ces polynomes par le second. Soient Q le quotient et $\varphi_2(x)$ le reste ; on aura :

$$\varphi(x) = Q\varphi_1(x) + \varphi_2(x) ;$$

et cette égalité prouve, que le produit des facteurs communs à $\varphi(x)$ et à $\varphi_1(x)$ est le même que celui des facteurs communs à $\varphi_1(x)$ et à $\varphi_2(x)$.

Soit, en effet, $(x — \alpha)$ un facteur commun à $\varphi(x)$ et à $\varphi_1(x)$, qui figure p fois dans chacun de ces deux polynomes ; $\varphi(x)$ et $\varphi_1(x)$ étant divisibles par $(x — \alpha)^p$, la somme $\varphi(x)$ et l'une des parties $Q\varphi_1(x)$ admettent évidemment ce diviseur ; il en est, par suite, de même de l'autre partie de la somme, c'est-à-dire de $\varphi_2(x)$.

On verra de même, que, si $\varphi_2(x)$ et $\varphi_1(x)$ admettent p fois un facteur $(x — \alpha)$, il en sera de même de $\varphi(x)$.

Il est bien entendu que, dans ce qui précède, on peut avoir $p = 1$.

D'après cela, les facteurs communs à $\varphi(x)$ et à $\varphi_1(x)$ sont les mêmes que les facteurs communs à $\varphi_1(x)$ et à $\varphi_2(x)$; ils doivent être pris, dans les deux cas, avec les mêmes exposants; et, par suite, le plus grand commun diviseur de $\varphi(x)$ et de $\varphi_1(x)$ est le même que celui de $\varphi_1(x)$ et de $\varphi_2(x)$.

On ramènera, de la même manière, la recherche du plus grand commun diviseur de $\varphi_1(x)$ et de $\varphi_2(x)$ à celle du plus grand commun diviseur entre $\varphi_2(x)$ et le reste $\varphi_3(x)$ de la division de φ_1 par φ_2. On continuera ainsi à substituer aux polynomes proposés d'autres polynomes, dont le degré ira sans cesse en diminuant; et *lorsqu'on parviendra à une division qui se fera exactement, le diviseur de cette dernière opération sera le plus grand commun diviseur cherché.*

Si l'on parvient à un reste numérique, avant d'avoir rencontré une division qui réussisse, les polynomes proposés n'ont aucun facteur commun, et il n'y a pas de plus grand commun diviseur.

198. REMARQUE. En cherchant le produit des facteurs communs à deux polynomes, on ne se préoccupe aucunement des facteurs numériques. On peut donc multiplier l'un des polynomes donnés, ou l'un quelconque des restes obtenus dans l'opération par un facteur numérique quelconque. On profite souvent de cette remarque, pour éviter l'introduction des dénominateurs numériques. Il suffit, pour cela, de multiplier les dividendes successifs par le coefficient du premier terme du diviseur; et l'on doit prendre cette précaution, non-seulement pour les fonctions successives φ, φ_1, φ_2, φ_3,..., qui servent successivement de diviseurs, mais aussi pour les dividendes partiels, qui se présentent dans le cours de chaque division.

Supposons, par exemple, qu'en divisant $\varphi(x)$ par $\varphi_1(x)$, on ait trouvé au quotient un certain nombre de termes, dont nous représenterons l'ensemble par Q_1.

Soit $\psi(x)$ ce qui reste du dividende, lorsqu'on en a retranché le produit de Q_1 par le diviseur; on a :

$$\varphi(x) = Q_1\varphi_1(x) + \psi(x)$$

et l'on prouvera, comme au n° **197**, que les facteurs communs à $\varphi(x)$ et à $\varphi_1(x)$ sont les mêmes que les facteurs communs à $\psi(x)$ et à $\varphi_1(x)$, et, par suite aussi, que les facteurs communs à $k\psi(x)$ et à $\varphi_1(x)$, k étant une constante quelconque. Il est donc permis de continuer l'opération, après avoir multiplié le dividende partiel $\psi(x)$ par un facteur numérique k.

On peut aussi diviser l'un des polynomes ou l'un des restes, par un diviseur numérique qui serait commun.

199. Exemple I. Soit à chercher le produit des facteurs communs aux deux polynomes :

$$\begin{cases} x^7 - 3x^6 + x^5 - 4x^2 + 12x - 4, \\ 2x^4 - 6x^3 + 3x^2 - 3x + 1. \end{cases}$$

Voici le tableau des opérations :

$$\varphi(\dot{x}) = x^7 - 3x^6 + x^5 - 4x^2 + 12x - 4,$$

$$\varphi_1(x) = 2x^4 - 6x^3 + 3x^2 - 3x + 1.$$

Première opération partielle.

Prodᵗ du divᵈᵉ par 2... $2x^7 - 6x^6 + 2x^5 - 8x^2 + 24x - 8$ | $2x^4 - 6x^3 + 3x^2 - 3x + 1$

$2x^7 - 6x^6 + 3x^5 - 3x^4 + x^3$ | $x^3 - x$

$- x^5 + 3x^4 - x^3 - 8x^2 + 24x - 8$

Prodᵗ du reste par 2... $-2x^5 + 6x^4 - 2x^3 - 16x^2 + 48x - 16$

$-2x^5 + 6x^4 - 3x^3 + 3x^2 - x$

$x^3 - 19x^2 + 49x - 16$

Deuxième opération partielle.

$2x^4 - 6x^3 + 3x^2 - 3x + 1$ | $x^3 - 19x^2 + 49x - 16$

$2x^4 - 38x^3 + 98x^2 - 32x$ | $2x + 32$

$32x^3 - 95x^2 + 29x + 1$

$32x^3 - 608x^2 + 1568x - 512$

$513x^2 - 1539x + 513$

Quotient du reste par 513... $x^2 - 3x + 1$

Troisième opération partielle.

$x^3 - 19x^2 + 49x - 16$ | $x^2 - 3x + 1$

$x^3 - 3x^2 + x$ | $x - 16$

$-16x^2 + 48x - 16$

$-16x^2 + 48x - 16$

Ainsi donc, le produit des facteurs communs est $(x^2 - 3x + 1)$; et l'on a :

$$\varphi(x) = (x^2 - 3x + 1)(\ x^5 - 4),$$

$$\varphi_1(x) = (x^2 - 3x + 1)(2x^2 + 1).$$

On remarquera que, dans les opérations précédentes, le polynome $\varphi(x)$ et le premier reste de la première division ont été multipliés par 2, et que le reste de la seconde division a été divisé par 513. Cette introduction et cette suppression de facteurs numériques sont permises, comme on l'a remarqué plus haut, quoiqu'elles changent les quotients successivement obtenus. Ainsi, par exemple, en divisant $\varphi(x)$ par $\varphi_1(x)$, sans faire usage de ces simplifications, on trouverait pour quotient $\left(\dfrac{x^3}{2} - \dfrac{x}{2}\right)$, au lieu de $(x^3 - x)$ que nous avons obtenu; mais, les quotients n'étant d'aucun usage, cela n'a pas d'inconvénients.

Exemple II. Considérons, pour second exemple, les deux polynomes :

$$\begin{cases} \varphi(x) = x^6 - 49x^4 + 67x^3 + 10x^2 - 25x - 4, \\ \varphi_1(x) = 2x^5 - 18x^4 + 39x^3 - 25x^2 + x + 1. \end{cases}$$

Voici le tableau des opérations :

$$
\begin{array}{l|l}
2x^6 \quad\;\; - 98x^4 + 134x^3 + 20x^2 - 50x - 8 & 2x^5 - 18x^4 + 39x^3 - 25x^2 + x + 1 \\
2x^6 - 18x^5 + 39x^4 - 25x^3 + \;\; x^2 + \;\; x & \overline{\quad x + 9 \quad} \\
\hline
\quad 18x^5 - 137x^4 + 159x^3 + 19x^2 - 51x - 8 & \\
\quad 18x^5 - 162x^4 + 351x^3 - 225x^2 + 9x + 9 & \\
\hline
\quad\quad 25x^4 - 192x^3 + 244x^2 - 60x - 17 &
\end{array}
$$

$$
\begin{array}{l|l}
50v^5 - 450x^4 + \;\; 975x^3 - \;\; 625x^2 + \;\; 25x + \;\; 25 & 25x^4 - 192x^3 + 244x^2 - 60x - 17 \\
50x^5 - 384x^4 + \;\; 488x^3 - \;\; 120x^2 - \;\; 34x & \overline{\quad 2x - 66 \quad} \\
\hline
\quad - \;\; 66x^4 + \;\; 487x^3 - \;\; 505x^2 + \;\; 59x + \;\; 25 & \\
\;\; -1650x^4 + 12175x^3 - 12625x^2 + 1475x + 625 & \\
\;\; -1650x^4 + 12672x^3 - 16104x^2 + 3960x + 1122 & \\
\hline
\quad\quad - \;\; 497x^3 + \;\; 3479x^2 - 2485x - \;\; 497 & \\
\hline
\quad\quad - \quad\;\; x^3 + \quad 7x^2 - \quad 5x - \quad 1 &
\end{array}
$$

$$
\begin{array}{l|l}
25x^4 - 192x^3 + 244x^2 - 60x - 17 & x^3 - 7x^2 + 5x + 1 \\
25x^4 - 175x^3 + 125x^2 - 25x & \overline{\quad 25x - 17 \quad} \\
\hline
\quad - 17x^3 + 119x^2 - 85x - 17 & \\
\quad - 17x^3 + 119x^2 - 85x - 17 &
\end{array}
$$

»

Le produit des facteurs communs est donc $(x^3 - 7x^2 + 5x + 1)$; et, en divisant par ce produit les deux polynomes $\varphi(x)$ et $\varphi_1(x)$, on aura :

$$\varphi(x) = (x^3 - 7x^2 + 4x + 1)(x^3 + 7x^2 - 5x - 4),$$

$$\varphi_1(x) = (x^3 - 7x^2 + 5x + 1)(2x^2 - 4x + 1).$$

Nous remarquerons, comme plus haut, que diverses simplifications ont été apportées aux divisions précédentes. Dans la première on a multiplié le dividende par 2. Dans la seconde, le dividende a été multiplié par 25, ainsi que le premier dividende partiel ; le reste a été divisé par 497.

EXEMPLE III. Nous chercherons encore le plus grand commun diviseur entre les deux polynomes :

$$\begin{cases} \varphi(x) = x^6 - 7x^5 + 15x^4 - 40x^2 + 48x - 16, \\ \varphi_1(x) = 6x^5 - 35x^4 + 60x^3 - 80x + 48. \end{cases}$$

Voici le tableau des opérations :

$$
\begin{array}{r|l}
6x^6 - 42x^5 + 90x^4 - 240x^2 + 288x - 96 & 6x^5 - 35x^4 + 60x^3 - 80x + 48 \\
6x^6 - 35x^5 + 60x^4 - 80x^2 + 48x & \overline{\hspace{2cm}} \\
\hline
-7x^5 + 30x^4 - 106x^2 + 240x - 96 & x - 7 \\
\hline
-42x^5 + 180x^4 - 760x^2 + 1440x - 576 & \\
-42x^5 + 245x^4 - 420x^3 + 560x - 336 & \\
\hline
-65x^4 + 420x^3 - 960x^2 + 880x - 240 & \\
\hline
-13x^3 + 84x^2 - 192x^2 + 176x - 48 &
\end{array}
$$

$$
\begin{array}{r|l}
78x^5 - 455x^4 + 780x^3 - 1040x + 624 & 13x^4 - 84x^3 + 192x^2 - 176x + 48 \\
78x^5 - 504x^4 + 1152x^3 - 1056x^2 + 288x & \overline{\hspace{2cm}} \\
\hline
+49x^4 - 372x^2 + 1056x^2 - 1328x + 624 & 6x + 59 \\
\hline
637x^4 - 4836x^3 + 13728x^2 - 17264x + 8112 & \\
637x^5 - 4116x^3 + 9408x^2 - 8624x + 2352 & \\
\hline
-720x^3 + 4320x^2 - 8640x + 5760 & \\
\hline
-x^3 = 6x^2 - 12x + 8 &
\end{array}
$$

$$
\begin{array}{r|l}
13x^4 - 84x^3 + 192x^2 - 176x + 48 & x^3 - 6x^2 + 12x - 8 \\
13x^3 - 78x^3 + 156x^2 - 104x & \overline{\hspace{2cm}} \\
\hline
-6x^3 + 36x^2 - 72x + 48 & 13x - 6 \\
\hline
-6x^3 + 36x^2 - 72x + 48 &
\end{array}
$$

Donc le facteur commun est $x^3 - 6x^2 + 12x - 8$.

Dans ces divisions, on a introduit et supprimé, comme dans les précédentes, des facteurs numériques, que le lecteur, suffisamment averti, apercevra sans peine.

§ II. Racines communes à deux équations.

200. Moyen d'obtenir les racines communes a deux équations. La théorie qui précède permet de ramener la recherche des racines communes à deux équations, à la résolution d'une équation qui ne contient plus qu'elles seules, et qui est, par conséquent, de degré moindre que les proposées. Il est clair, en effet, que *le produit des facteurs communs à deux polynomes, étant égalé à zéro, donnera précisément les racines qui les annulent l'un et l'autre.*

Soient, par exemple, les équations :

$$x^6 - 49x^4 + 67x^3 + 10x^2 - 25x - 4 = 0,$$
$$2x^5 - 18x^4 + 39x^4 - 25x^2 + x + 1 = 0;$$

on a vu (**199**, exemple II), que le produit des facteurs, communs à leurs premiers membres, est :

$$x^3 - 7x^2 + 5x + 1;$$

et, par suite, les racines communes s'obtiendront en résolvant l'équation du troisième degré

$$x^3 - 7x^2 + 5x + 1 = 0.$$

Cette équation a évidemment pour racine $x = 1$: son premier membre est donc divisible par $(x - 1)$. Le quotient, $x^2 - 6x - 1$, égalé à zéro, fournira les deux autres racines communes, $x = 3 \pm \sqrt{10}$.

§ III. Des racines égales.

201. But de la théorie des racines égales. Les procédés, employés pour la résolution des équations numériques, exigent que ces équations n'admettent pas de racines égales. Il est donc essentiel de résoudre les deux questions suivantes.

1° Une équation algébrique étant donnée, reconnaître si elle a des racines égales.

2° Une équation ayant des racines égales, ramener sa résolution à celle de plusieurs autres équations, de degré moindre, et dont les racines soient inégales.

202. MOYEN DE RECONNAÎTRE SI UNE ÉQUATION A DES RACINES ÉGALES. On dit qu'une équation, $\varphi(x) = 0$, admet n fois la racine a, lorsque $\varphi(x)$ est divisible par $(x - a)^n$. Le théorème suivant exprime les conditions nécessaires et suffisantes, pour qu'il en soit ainsi.

THÉORÈME I. *Pour qu'un nombre* a *soit* n *fois racine d'une équation algébrique* $\varphi(x) = 0$, *il est nécessaire et suffisant que, substitué à* x, *il annule la fonction* $\varphi(x)$ *et ses* (n — 1) *premières dérivées.*

On a, en effet, identiquement :

$$x = a + (x - a),$$

et, par suite, $\varphi(x) = \varphi[a + (x - a)].$

En développant $\varphi[a + (x - a)]$ par la formule générale donnée (**110**), on a :

$$\varphi(x) = \varphi(a) + \frac{\varphi'(a)}{1}(x-a) + \frac{\varphi''(a)}{1.2}(x-a)^2 + \ldots + \frac{\varphi^n(a)}{1.2\ldots n}(x-a)^n$$

$$+ \ldots + \frac{\varphi^m(a)}{1.2\ldots m}(x-a)^m.$$

A la seule inspection de cette formule, on voit que la condition énoncée est suffisante. Si l'on a, en effet, $\varphi(a) = 0$, $\varphi'(a) = 0$, $\varphi^{n-1}(a) = 0$, tous les termes qui restent dans le second membre contiennent $(x-a)^n$ en facteur; et $\varphi(x)$ est, par conséquent, divisible par $(x-a)^n$.

Je dis, de plus, que cette condition est nécessaire; supposons, en effet, que $\varphi(x)$ étant divisible par $(x-a)^n$, et $\varphi^p(x)$ étant la première des dérivées de $\varphi(x)$ qui ne s'annule pas pour $x = a$, on ait $p < n$; l'équation précédente deviendra :

$$\varphi(x) = \frac{\varphi^p(a)}{1.2\ldots p}(x-a)^p + \frac{\varphi^{p+1}(a)}{1.2\ldots(p+1)}(x-a)^{p+1}$$

$$+ \ldots + \frac{\varphi^m(a)}{1.2\ldots m}(x-a)^m.$$

Si l'on divise les deux membres par $(x-a)^p$, il viendra :

$$\frac{\varphi(x)}{(x-a)^p} = \frac{\varphi^p(a)}{1\cdot 2\ldots p} + \frac{\varphi^{p+1}(a)}{1.2\ldots(p+1)}(x-a) + \ldots + \frac{\varphi^m(a)}{1.2\ldots m}(x-a)^{m-p},$$

égalité impossible; car $\varphi(x)$ renfermant, par hypothèse, $(x-a)^n$ en facteur, et n étant plus grand que p, le premier membre s'annule pour $x = a$, et le second prend une valeur différente de zéro, savoir : $\dfrac{\varphi^p(a)}{1.2\ldots p}$.

On peut déduire du théorème précédent les conditions suivantes.

203. THÉORÈME II. *Pour qu'un nombre a soit* n *fois racine d'une équation algébrique* $\varphi(x) = 0$, *il est nécessaire et suffisant que, substitué à* x, *il annule le polynome* $\varphi(x)$, *et qu'il soit, en outre,* (n — 1) *fois racine de l'équation dérivée* $\varphi'(x) = 0$.

Il résulte, en effet, du théorème précédent, que les conditions nécessaires et suffisantes sont exprimées par les équations :

$$\varphi(a) = 0, \quad \varphi'(a) = 0 \ldots, \quad \varphi^{n-1}(a) = 0,$$

dont les $(n-1)$ dernières expriment, que a est racine de l'équation $\varphi'(x) = 0$ et de ses $(n-2)$ premières dérivées; et, par suite, en vertu du même théorème, que a est $(n-1)$ fois racine de l'équation $\varphi'(x) = 0$.

204. REMARQUE. Il résulte du théorème précédent, que, si l'on décompose le premier membre d'une équation et sa dérivée en facteurs simples correspondants à leurs diverses racines, à chaque racine multiple a, entrant n fois dans l'équation, correspondront, dans la dérivée, $(n-1)$ facteurs égaux à $(x-a)$; en sorte que, si une équation $\varphi(x) = 0$ admet n racines égales à a, p

racines égales à b, q racines égales à c, r racines égales à d, etc., on a :

$$\varphi(x) = (x-a)^n (x-b)^p (x-c)^q (x-d)^r \ldots,$$

$$\varphi'(x) = (x-a)^{n-1} (x-b)^{p-1} (x-c)^{q-1} (x-d)^{r-1} \ldots;$$

et, par suite, $\varphi(x)$ et $\varphi'(x)$ admettent les facteurs communs $(x-a)^{n-1}$, $(x-b)^{p-1}$, $(x-c)^{q-1}$, $(x-d)^{r-1}$. Je dis, de plus, qu'ils n'en admettent pas d'autres; car, s'ils admettaient un facteur commun $(x-k)$, k serait racine de $\varphi(x)$ et de $\varphi'(x)$, et, par suite (**202**), racine double de $\varphi(x)$.

Le plus grand commun diviseur, entre le premier membre d'une équation et sa dérivée, est donc le produit des facteurs simples correspondants aux racines multiples, l'exposant de chacun d'eux étant diminué d'une unité.

Et, pour décider si une équation a des racines égales, on cherche le plus grand commun diviseur entre son premier membre et sa dérivée. S'il n'existe pas de plus grand commun diviseur, c'est qu'il n'y a pas de racines égales.

205. Réduction d'une équation qui a des racines égales. Les théorèmes précédents permettent de ramener la résolution d'une équation, qui a des racines égales, à celle de plusieurs autres équations qui n'en ont pas. Considérons, en effet, une équation $\varphi(x) = 0$; et concevons son premier membre décomposé en facteurs correspondants à ses racines. Soient X_1, X_2, X_3, X_4 les produits des facteurs de chaque degré de multiplicité, pris chacun une fois seulement, savoir : X_1 le produit des facteurs simples ; X_2 le produit des facteurs qui correspondent à des racines doubles, pris chacun une fois seulement ; et ainsi de suite. En sorte que l'on ait :

$$\varphi(x) = X_1 X_2^2 X_3^3 X_4^4.$$

Le produit des facteurs, communs au polynome X et à sa dérivée, est, d'après les théorèmes précédents :

$$P = X_2 X_3^2 X_4^3.$$

Le produit P_1 des facteurs, communs à P et à sa dérivée, est
le même :

$$P_1 = X_3 X_4^2.$$

Enfin, le produit P_2 des facteurs, communs à P_1 et à sa dérivée, est :

$$P_2 = X_4.$$

Si l'équation proposée n'admet pas de racines, dont le degré
de multiplicité surpasse 4, P_2 n'aura plus de facteurs communs
avec sa dérivée; sinon il faut continuer à opérer de la même
manière, jusqu'à ce que l'on rencontre un résultat, qui n'ait pas
de diviseur commun avec sa dérivée. Maintenant, en divisant
chacune des égalités précédentes par la suivante, il vient :

$$\frac{\varphi(x)}{P} = Q = X_1 X_2 X_3 X_4,$$

$$\frac{P}{P_1} = Q_1 = X_2 X_3 X_4,$$

$$\frac{P_1}{P_2} = Q_2 = X_3 X_4,$$

$$P_2 = X_4;$$

et, en divisant chacune de celles-ci par la suivante :

$$\frac{Q}{Q_1} = X_1, \quad \frac{Q_1}{Q_2} = X_2, \quad \frac{Q_2}{P_2} = X_3, \quad P_2 = X_4.$$

On pourra donc, par de simples divisions, trouver X_1, X_2, X_3,
X_4; et, en résolvant les équations,

$$X_1 = 0, \quad X_2 = 0, \quad X_3 = 0, \quad X_4 = 0,$$

qui n'ont plus de racines multiples, on obtiendra séparément les
racines simples, doubles, triples, quadruples.... de la proposée.

206. EXEMPLE I. Appliquons la méthode précédente à l'é-
quation

$$\varphi(x) = x^4 + 4x^3 + 2x^2 + 12x + 45 = 0.$$

On a :
$$\varphi'(x) = 4x^3 + 12x^2 + 4x + 12$$
$$= 4.(x^3 + 3x^2 + x + 3).$$

Par des divisions successives, on obtient les équations suivantes :

$$4.\varphi(x) = (x+1).\varphi'(x) - 8(x^2 - 4x - 21)$$

$$\varphi'(x) = 4(x+7).(x^2 - 4x - 21) + 200(x+3)$$

$$x^2 - 4x - 21 = (x+3).(x-7).$$

Par conséquent, le facteur commun à $\varphi(x)$ et $\varphi'(x)$ est $(x+3)$. Donc — 3 est une racine double; on trouve, en effet, par la division :

$$\varphi(x) = (x+3)^2.(x^2 - 2x + 5).$$

Exemple II. Soit encore l'équation

$$\varphi(x) = x^5 - 10x^2 + 15x - 6 = 0.$$

On a :
$$\varphi'(x) = 5(x^4 - 4x + 3).$$

Les divisions consécutives donnent :

$$x^5 - 10x^2 + 15x - 6 = x(x^4 - 4x + 3) - 6(x^2 - 2x + 1)$$

$$x^4 - 4x + 3 = (x^2 - 2x + 1).(x^2 + 2x + 3)$$

$$= (x-1)^2.(x^2 + 2x + 3).$$

Le plus grand commun diviseur, entre $\varphi(x)$ et $\varphi'(x)$, est donc $(x-1)^2$; la seule racine multiple est donc, $x = 1$, qui figure trois fois dans la proposée; et l'on a, en effet :

$$\varphi(x) = (x-1)^3.(x^2 + 3x + 6).$$

Exemple III. Soit l'équation :

$$\varphi(x) = x^6 - 7x^5 + 15x^4 - 40x^2 + 48x - 16 = 0;$$

la première dérivée est :

$$\varphi'(x) = 6x^5 - 35x^4 + 60x^3 - 80x + 48.$$

Nous avons déjà trouvé (**199**), que le produit des facteurs communs à ces deux fonctions est :

$$x^3 - 6x^2 + 12x - 8,$$

ou $$(x-2)^3.$$

Donc, l'équation proposée admet quatre racines égales à 2; on a, en effet :

$$\varphi(x) = (x-2)^4 . (x^2 + x - 1).$$

EXEMPLE IV. Soit enfin l'équation :

$$\varphi(x) = x^6 - 10x^5 + 47x^4 - 140x^3 + 271x^2 - 530x + 225 = 0;$$

sa dérivée est :

$$\varphi'(x) = 6x^5 - 50x^4 + 188x^3 - 420x^2 + 542x - 330.$$

Les divisions successives donnent :

$$6. \; \varphi(x) = \varphi'x \left(x - \tfrac{5}{3}\right) + \tfrac{32}{3} \left(x^4 - 10x^2 + 36x^2 - 70x + 75\right)$$

$$\varphi'(x) = 2(3x+5)(x^4 - 10x^3 + 36x^2 - 70x + 75) + 72(x^3 - 5x^2 + 11x - 15)$$

$$x^4 - 10x^3 + 36x^2 - 70x + 75 = (x^3 - 5x^2 + 11x - 15)(x - 5).$$

Le produit des facteurs, communs aux deux polynomes, sera donc :

$$x^3 - 5x^2 + 11x - 15.$$

Si nous divisons ce produit par sa dérivée, après l'avoir multiplié par 3, nous trouvons :

$$
\begin{array}{l|l}
3x^3 - 15x^2 + 33x - 45 & 3x^2 - 10x + 11 \\
\quad\;\; -5x^2 + 22x - 45 & \overline{\;x - 5} \\
\end{array}
$$

ou, en multipliant de nouveau par 3,

$$-15x^2 + 66x - 135$$

$$16x - 80;$$

en supprimant le facteur 16, le dernier reste peut être remplacé par $(x-5)$; sans avoir besoin de continuer l'opération, après cette simplification, on voit que $(3x^2 - 10x + 11)$ n'est pas divisible par $(x-5)$; car il ne s'annule pas pour $x = +5$. Le commun

192   LIVRE III.

diviseur $(x^3 - 5x^2 + 11x - 15)$ entre $\varphi(x)$ et sa dérivée, n'a donc pas de facteurs multiples ; et, par suite, $\varphi(x)$ a seulement trois racines doubles, dont les valeurs sont les racines de l'équation :

$$x^3 - 5x^2 + 11x - 15 = 0.$$

RÉSUMÉ.

196. Définition du plus grand commun diviseur de deux polynomes. — **197.** Moyen de l'obtenir, par un procédé analogue à celui que l'on suit pour deux nombres. — **198.** Remarque importante sur l'introduction ou la suppression des facteurs numériques, dans le cours des divisions à effectuer. — **199.** Quelques exemples. — **200.** Recherche des racines communes à deux équations. — **201.** But de la théorie des racines égales. — **202.** Condition nécessaire et suffisante pour qu'une équation admette n fois la racine a. — **203.** Autre forme de cette condition. — **204.** Produit des facteurs communs au premier membre d'une équation et à sa dérivée; règle pour décider, si une équation a des racines égales. — **205.** Réduction d'une équation, qui a des racines multiples, à plusieurs autres qui n'en ont pas. — **206.** Quelques exemples.

EXERCICES.

I. Décomposer en facteurs le polynome

$$f(x) = x^5 - 2x^4 + 3x^3 - 7x^2 + 8x - 3.$$

On trouve $\qquad f(x) = (x - 1)^3 (x^2 + x + 3).$

II. Décomposer en facteurs le polynome

$$f(x) = x^6 - 6x^5 + 9x^4 + 8x^3 - 24x^2 + 16.$$

On trouve $\qquad f(x) = (x + 1)^2 (x - 2)^4.$

III. Décomposer en facteurs le polynome

$$f(x) = x^6 - 24x^4 + 32x^3 + 144x^2 - 384x + 256.$$

On trouve $\qquad f(x) = (x + 4)^2 (x - 2)^4.$

IV. Décomposer en facteurs le polynome

$$f(x) = x^7 + 2x^6 + 3x^5 - x^4 - 8x^3 - 13x^2 - 12x - 4.$$

On trouve $\qquad f(x) = (x^2 + x + 2)^2 (x + 1) (x^2 - x - 1)$

V. Décomposer en facteurs le polynome

$$f(x) + x^7 - 12x^5 - 2x^4 + 39x^3 - 6x^2 + 44x + 24.$$

On trouve $\qquad f(x) = (x-1)^3 (x+2)^3 (x-3).$

VI. P et Q désignant deux polynomes en x, à coefficients réels ou imaginaires, qui n'ont aucun facteur commun, et P′, Q′, représentant leurs dérivées : si l'équation $P^2 + Q^2 = 0$ admet une racine double, cette racine, réelle ou imaginaire, appartiendra à l'équation $P'^2 + Q'^2 = 0$.

Exemple :

$$P = x^2 - 1, \quad Q = 2x, \quad P^2 + Q^2 = (x^2+1)^2, \quad P'^2 + Q'^2 = 4(x^2+1).$$

on s'appuie sur l'identité :

$$\left(P + Q\sqrt{-1}\right)\left(P - Q\sqrt{-1}\right) = P^2 + Q^2.$$

VII. Si a est n fois racine de l'équation $\varphi(x) = 0$, il sera $(n-1)$ fois racine de l'équation qu'on obtient, en multipliant les termes de la proposée, supposée complète, par les termes successifs d'une progression arithmétique.

On s'appuie sur le théorème (**203**).

CHAPITRE IV.

DES RACINES COMMENSURABLES.

§ I. Des limites des racines.

207. Définition. On appelle *limite supérieure* des racines positives d'une équation, tout nombre plus grand que la plus grande des racines positives; *limite inférieure*, tout nombre plus petit que la plus petite d'entre elles.

On nomme *limite inférieure* des racines négatives tout nombre plus petit que la plus petite des racines négatives; *limite supérieure*, tout nombre plus grand que la plus grande d'entre elles.

Lorsqu'on a à résoudre une équation numérique, il est utile de connaître les limites de ses racines. Voici quelques règles à cet égard.

208. Pemière règle. *Si, dans une équation, de degré* n,

$$x^m + A_1 x^{m-1} + A_2 x^{m-2} + \ldots + A_{m-1} x + A_m = 0,$$

la valeur absolue du plus grand coefficient négatif est N, *et si* n *est la différence entre le degré de l'équation et celui du premier terme négatif,* $1 + \sqrt[n]{\bar{N}}$ *est une limite supérieure des racines positives.*

En effet, si l'on substitue à x, un nombre l, tel que, pour cette valeur et pour toute valeur plus grande, le premier membre de l'équation reste constamment positif, l sera évidemment une limite supérieure des racines positives. Or, pour satisfaire à cette condition, il suffit évidemment de choisir l, de manière à vérifier l'inégalité

$$[1] \qquad x^m - N(x^{m-n} + x^{m-n-1} + \ldots + x + 1) > 0 \,;$$

car nous avons supprimé, d'une part, tous les termes positifs qui pouvaient exister entre x^m et x^{m-n}; et nous avons, de l'autre, remplacé, dans tous les termes suivants, chaque coefficient par — N. L'inégalité [1] équivaut à

$$x^m - N \frac{x^{m-n+1} - 1}{x - 1} > 0,$$

ou à [2] $x^m(x - 1) - N(x^{m-n+1} - 1) > 0,$

parce qu'on peut toujours supposer $x > 1$. Or cette dernière inégalité sera vérifiée, si l'on satisfait à cette autre,

[3] $x^m(x - 1) - Nx^{m-n+1} > 0,$

que l'on obtient en diminuant le premier membre. D'ailleurs, en divisant par x^{m-n+1} les deux membres de l'inégalité [3], celle-ci devient :

$$x^{n-1}(x - 1) - N > 0;$$

et elle sera vérifiée, si l'on a :

$$(x - 1)^{n-1}(x - 1) - N > 0, \quad \text{ou} \quad (x - 1)^n - N > 0.$$

Il suffira donc de choisir x, de manière à vérifier l'inégalité

[4] $$x > 1 + \sqrt[n]{N}.$$

C'est ce qu'il fallait démontrer.

Si le premier terme négatif est le terme en x^{m-1}, on a $n = 1$; et la limite devient, dans ce cas, $1 + N$.

209. DEUXIÈME RÈGLE, DONNÉE PAR NEWTON. *Tout nombre* l, *qui rend positifs le premier membre d'une équation* f(x) = 0 *et toutes ses dérivées, est une limite supérieure des racines positives.*

En effet, si l'on diminue de l chacune des racines de l'équation, en posant $y = x - l$, ou $x = l + y$, l'équation devient :

$$f(l + y) = f(l) + f'(l)y + f''(l)\frac{y^2}{1.2} + \ldots + f^{(m)}(l)\frac{y^m}{1.2\ldots m} = 0.$$

Or, par hypothèse, tous les coefficients $f(l), f'(l), f''(l) \ldots f^m(l)$ sont positifs; aucun nombre positif, substitué à y, ne peut donc vérifier cette équation, qui n'a, par conséquent, pas de racines positives. En d'autres termes, toutes les racines réelles sont négatives ; ; et, par suite, toute valeur réelle de x est plus petite que l. C'est ce qu'il fallait démontrer.

Pour appliquer cette règle, on range les fonctions dans l'ordre suivant :

$$f^m(x),\ f^{m-1}(x),\ f^{m-2}(x),\ \dots\ f'(x),\ f(x)\ ;$$

comme $f^m(x)$ est égal à $1.2.3\dots m$, et est, par suite, toujours positif, on choisit d'abord le plus petit nombre entier qui rend positif $f^{m-1}(x)$. On substitue ce nombre dans $f^{m-2}(x)$; et, s'il le rend négatif, on l'augmente d'une ou de plusieurs unités, jusqu'à ce que $f^{m-2}(x)$ devienne positif. Puis on substitue le nouveau nombre dans $f^{m-3}(x)$; et l'on fait en sorte, en l'augmentant si cela est nécessaire, que $f^{m-3}(x)$ prenne à son tour une valeur positive. On continue ainsi pour toutes les fonctions jusqu'à $f(x)$. Le nombre l qui, après toutes ces substitutions, rend $f(x)$ positive, est le nombre cherché.

Supposons, en effet, qu'un nombre a, obtenu par cette méthode, rende positifs $f^{m-1}(x)$, $f^{m-2}(x)$, $\dots f^{m-n}(x)$, il est facile de voir que le même nombre, augmenté d'un nombre quelconque h d'unités, ne cessera pas de rendre positives les mêmes fonctions. Il suffit, pour le prouver, de remarquer que l'on a, en général :

$$f^p(a+h) = f^p(a) + f^{p+1}(a)h + f^{p+2}(a)\frac{h^2}{1.2} + f^{p+3}(a)\frac{h^3}{1.2.3} + \dots ;$$

et, si $f^p(a)$, $f^{p+1}(a)$, $f^{p+2}(a)\dots$, sont positifs, comme h est aussi positif, il en résulte que $f^p(a+h)$ est nécessairement positif. En faisant $p = m-1$, on reconnaîtra d'abord que, $f^{m-1}(a)$ étant positif, il en sera de même de $f^{m-1}(a+h)$. Puis, en faisant $p = m-2$, on verra que $f^{m-2}(a)$ et $f^{m-1}(a)$ étant positifs, il en sera de même de $f^{m-2}(a+h)$, et ainsi de suite.

210. TROISIÈME MÉTHODE. On peut enfin, en partageant le premier membre de l'équation en groupes de plusieurs termes, déterminer une limite supérieure des racines. Soit, par exemple, l'équation :

$$x^5 + 7x^4 - 12x^3 - 49x^2 + 52x - 13 = 0.$$

Groupons les termes de la manière suivante :

$$x^3(x^2 - 12) + 7x^2(x^2 - 7) + 52\left(x - \frac{1}{4}\right) = 0.$$

Il est évident que le nombre 4, substitué à x, rendant positif chacun des groupes, est une limite supérieure des racines.

De même, les termes de l'équation

$$x^4 - 5x^3 + 37x^2 - 3x + 39 = 0$$

peuvent se grouper ainsi :

$$x^2(x^2 - 5x + 7) + 30x\left(x - \frac{1}{10}\right) + 39 = 0.$$

Or le trinome $x^2 - 5x + 7$, ayant ses racines imaginaires, est positif, quel que soit x; d'ailleurs le second groupe est positif pour $x = 1$; donc 1 est une limite supérieure des racines.

On voit que l'artifice consiste à disposer les termes, de manière que chaque groupe commence par un terme positif, et à chercher le plus petit entier qui donne le signe $+$ à chacun de ces groupes.

211. Remarque. La première méthode aurait donné $1 + \sqrt{49}$ ou 8 pour limite des racines de la première équation, et $1 + 5$ ou 6 pour limite des racines de la seconde.

Pour appliquer à la première la méthode de Newton, on a :

$$f(x) = x^5 + 7x^4 - 12x^3 - 49x^2 + 52x - 13$$

$$f'(x) = 5x^4 + 28x^3 - 36x^2 - 98x + 52$$

$$\frac{1}{1.2} f''(x) = 10x^3 + 42x^2 - 36x - 49$$

$$\frac{1}{1.2.3} f'''(x) = 10x^2 + 28x - 12$$

$$\frac{1}{1.2.3.4} f''''(x) = 5x + 7$$

$$\frac{1}{1.2.3.4.5} f^{\text{v}}(x) = 1.$$

On voit que tout nombre positif rend $f''''(x)$ positif; que 1 rend positif $f'''(x)$, que 2 rend positifs $f''(x)$ et $f'(x)$, et qu'enfin 3, qui rend positif $f(x)$, est une limite supérieure.

Pour appliquer la même méthode à la seconde, on a :

$$f(x) = x^4 - 5x^3 + 37x^2 - 3x + 39$$

$$f'(x) = 4x^3 - 15x^2 + 74x - 3$$

$$\frac{1}{1.2} f''(x) = 6x^2 - 15x + 37$$

$$\frac{1}{1.2.3} f'''(x) = 4x - 5$$

$$\frac{1}{1.2.3.4} f''''(x) = 1.$$

On voit que 2 rend positifs $f'''(x)$, $f''(x)$, $f'(x)$, et $f(x)$. Donc 2 est une limite supérieure.

212. Limite inférieure des racines positives. On pose $x = \frac{1}{y}$ dans l'équation, et l'on cherche une limite supérieure l des racines de la transformée : il est évident que $\frac{1}{l}$ sera une limite inférieure des racines positives de la proposée. Car si l'on a $y < l$, on en conclut $x > \frac{1}{l}$.

213. Limites des racines négatives. On pose $x = -y$, et l'on cherche les limites supérieure et inférieure, l et l', des racines positives de la transformée : $-l$ et $-l'$ seront les limites inférieure et supérieure des racines négatives de la proposée. Car, si l'on a :

$$l > y > l',$$

on en conclut : $-l < x < -l'.$

§ II. Recherche des racines commensurables.

214. On peut obtenir, par des essais réguliers et fort simples,

les racines commensurables d'une équation à coefficients commensurables.

Nous commencerons par montrer, que cette recherche se ramène à celle des racines entières ; et, pour cela, nous établirons le théorème suivant :

THÉORÈME. *Une équation de la forme*

$$[1] \qquad x^m + A_1 x^{m-1} + A_2 x^{m-2} + \ldots + A_m = 0,$$

dont le premier terme a pour coefficient l'unité, et dont les autres coefficients sont entiers, ne peut avoir de racine commensurable fractionnaire.

Si, en effet, $\dfrac{a}{b}$ est racine de l'équation [1], on a :

$$\left(\frac{a}{b}\right)^m + A_1 \left(\frac{a}{b}\right)^{m-1} + A_2 \left(\frac{a}{b}\right)^{m-2} + \ldots + A_m = 0 ;$$

d'où l'on déduit, en multipliant tous les termes par b^{m-1}, et en faisant passer tous ceux qui suivent le premier dans le second membre :

$$\frac{a^m}{b} = -(A_1 a^{m-1} + A_2 a^{m-2} b + \ldots + A_m b^{m-1}).$$

Si l'on suppose, ce qui évidemment est permis, que la fraction $\dfrac{a}{b}$ ait été réduite à sa plus simple expression, a et b sont premiers entre eux ; la fraction $\dfrac{a^m}{b}$ est, par conséquent, irréductible, et ne peut être égale à un nombre entier. Il est donc impossible qu'elle soit égale au second membre, dont tous les termes sont entiers ; et, par conséquent, il est impossible que l'équation [1] admette une racine de la forme $\dfrac{a}{b}$. Les seules racines commensurables, qu'elle puisse avoir, sont donc entières.

215. COROLLAIRE. Une équation, à coefficients entiers, étant donnée, le théorème précédent permet de la transformer, de manière que toutes les racines commensurables deviennent entières.

Soit, en effet, l'équation

$$Ax^m + A_1 x^{m-1} + \ldots + A_{m-1} x + A_m = 0,$$

dans laquelle on peut supposer que A, A_1,... A_m soient des nombres entiers; car il est toujours facile de chasser les dénominateurs, en multipliant tous les termes par leur plus petit multiple commun. Posons $x = \dfrac{y}{A}$, y étant une nouvelle inconnue qui, évidemment, devra satisfaire à l'équation :

$$A \left(\frac{y}{A}\right)^m + A_1 \left(\frac{y}{A}\right)^{m-1} + \ldots + A_m = 0;$$

ou, en multipliant les deux membres par A^{m-1},

$$y^m + A_1 y^{m-1} + A_2 A y^{m-2} + \ldots + A_m A^{m-1} = 0.$$

Or cette équation a ses coefficients entiers, et le premier terme y^m a pour coefficient l'unité; les valeurs commensurables de y sont donc toutes entières. Il est évident, d'ailleurs, qu'elles correspondent aux valeurs commensurables de x; car la relation $x = \dfrac{y}{A}$, prouve que, x étant commensurable, il en est de même de y.

Si nous pouvons obtenir les racines entières de l'équation en y, d'après ce qui précède, nous aurons toutes les racines commensurables de l'équation en x.

216. Conditions nécessaires et suffisantes pour qu'un nombre entier soit racine d'une équation a coefficients entiers. Nous avons vu comment la recherche des racines commensurables peut se ramener à celle des racines entières. Il nous reste donc à montrer, comment on peut obtenir les racines entières d'une équation à coefficients entiers.

Soit l'équation

$$[1] \qquad Ax^m + A_1 x^{m-1} + A_2 x^{m-2} + \ldots + A_m = 0,$$

et α une de ses racines entières; le premier membre doit être

divisible par $(x-\alpha)$. Représentons le quotient, qui est un polynome du degré $(m-1)$, par

$$Ax^{m-1} + P_1x^{m-2} + P_2x^{m-3} + \ldots + P_{m-2}x + P_{m-1}.$$

P_1, $P_2 \ldots P_{m-1}$ sont évidemment des nombres entiers; car le premier terme du diviseur $(x-\alpha)$ ayant pour coefficient l'unité, la
division ne peut introduire aucun dénominateur.

En écrivant que le dividende est le produit du diviseur par le
quotient, on aura identiquement :

[2] $(x-\alpha)(Ax^{m-1} + P_1x^{m-2} + \ldots + P_{m-2}x + P_{m-1})$

$$= Ax^m + A_1x^{m-1} + A_2x^{m-2} + \ldots + A_{m-1}x + A_m.$$

En effectuant les opérations indiquées dans le premier membre, et en égalant les coefficients des mêmes puissances de x, il
vient :

[3]
$$
\begin{cases}
-P_{m-1}\alpha = A_m, \\
P_{m-1} - P_{m-2}\alpha = A_{m-1} \\
P_{m-2} - P_{m-3}\alpha = A_{m-2}, \\
\cdots\cdots\cdots \\
P_2 - P_1\alpha = A_2, \\
P_1 - A\alpha = A_1.
\end{cases}
$$

Tous les nombres, qui figurent dans ces formules, étant entiers,
la première équation prouve que α doit être un des diviseurs de
A_m, et que le quotient $\dfrac{A_m}{\alpha}$ est égal à $-P_{m-1}$.

La seconde équation peut s'écrire :

$$-P_{m-2}\alpha = A_{m-1} - P_{m-1} = A_{m-1} + \frac{A_m}{\alpha};$$

elle prouve que α doit être un diviseur de la somme $A_{m-1} + \dfrac{A_m}{\alpha}$,

et que le quotient $\dfrac{A_{m-1} + \dfrac{A_m}{\alpha}}{\alpha}$ est $-P_{m-2}$.

La troisième équation peut s'écrire :

$$-P_{m-3}\alpha = A_{m-2} - P_{m-2} = A_{m-2} + \frac{A_{m-1} + \dfrac{A_m}{\alpha}}{\alpha}.$$

Elle prouve que α doit être un diviseur de la somme

$$A_{m-1} + \frac{A_{m-1} + \dfrac{A_m}{\alpha}}{\alpha},$$ c'est-à-dire de la somme obtenue en ajou-

tant A_{m-2} au quotient précédent, et que le quotient est $- P_{m-3}$.

On peut continuer ainsi jusqu'à la dernière équation, qui prouvera que le dernier quotient $- P_1$, augmenté de A_1, doit être divisible par α, et donner pour quotient $- A$.

Ces conditions sont nécessaires. J'ajoute qu'elles sont suffisantes, pour que α soit racine; car, si elles sont remplies, on pourra trouver des nombres P_{m-1}, $P_{m-2} \ldots P_1$, qui rendent identiques les équations [3]; et, par suite, le premier membre de la proposée sera divisible par $(x - \alpha)$.

On peut remarquer que les opérations, à l'aide desquelles on s'assure qu'un nombre α est racine, font connaître les coefficients du quotient de la division du premier membre par $(x - \alpha)$. Ces coefficients P_{m-1}, P_{m-2}, ... sont égaux, en effet, aux quotients, changés de signes, des différentes divisions, dont la réussite est nécessaire pour que le nombre α ne soit pas rejeté.

217. Recherche des racines entières. Il résulte de là que, pour trouver les racines entières d'une équation telle que [1], on devra chercher d'abord les diviseurs entiers, positifs ou négatifs, du dernier terme : eux seuls peuvent être racines. On déterminera ensuite la limite supérieure des racines positives et la limite inférieure des racines négatives; et l'on rejettera tous les diviseurs qui ne seront pas compris entre ces limites. Si α est un des diviseurs qui restent, pour l'essayer, on divisera le dernier terme A_m par α, et l'on ajoutera au quotient le coefficient A_{m-1} : la somme devra être divisible par α. On formera le quotient; on y ajoutera A_{m-2} : la somme devra encore être divisible par α; et en continuant ainsi, on devra trouver un quotient qui, ajouté au coefficient du second terme, et divisé par α, donne pour dernier quotient $- A$.

218. Moyen de diminuer le nombre des essais. On peut diminuer le nombre des essais à faire par la remarque suivante. Si α est une racine de l'équation

$$[1] \qquad Ax^m + A_1 x^{m-1} + A_2 x^{m-2} + \ldots A_m = 0,$$

le premier membre de cette équation est divisible par $(x - \alpha)$; et les coefficients du quotient sont tous entiers, ainsi qu'on l'a exposé plus haut. Si donc on attribue à x une valeur entière quelconque, la valeur numérique du premier membre de [1] sera divisible par la valeur numérique de $(x - \alpha)$. Or les valeurs les plus simples, que l'on puisse attribuer à x, sont 1 et -1. Si donc on nomme Q et Q_1 les valeurs correspondantes du premier membre de [1], on ne devra essayer α, que si, d'une part, Q est divisible par $(1 - \alpha)$, ou, en changeant le signe, par $(\alpha - 1)$; et que si, d'autre part, Q_1 est divisible par $(-1 - \alpha)$, ou, en changeant le signe, par $(1 + \alpha)$.

219. APPLICATION DE LA MÉTHODE PRÉCÉDENTE. Voici la manière la plus avantageuse de disposer les calculs :

$$\begin{array}{|c} A_1, A_2, \ldots A_{m-2}, A_{m-1}, A_m \\ \hline A, \; P_1, \ldots P_{m-3}, P_{m-2}, P_{m-1} \end{array} \alpha.$$

J'écris, sur une ligne horizontale, les coefficients de l'équation proposée, à partir du second, et dans une colonne, à droite, le diviseur à essayer α. Sur la même ligne que α, et en allant de droite à gauche, j'écris au-dessous de A_m, A_{m-1} ..., les quotients, *changés de signes*, P_{m-1}, P_{m-2} ..., calculés comme il a été dit (**216**). Si tous ces quotients sont entiers, et si, en outre, le nombre écrit sous A_1, est $+A$, α est racine; et A, P_1, P_2 ..., P_{m-1} sont les coefficients de l'équation débarrassée de la racine α. Il n'y aura donc plus alors qu'à opérer sur cette seconde ligne comme sur la première. Si quelques-unes des divisions ne peuvent se faire, on passera à un autre diviseur.

EXEMPLE. $f(x) = x^4 - 2x^3 - 19x^2 + 68x - 60 = 0.$

$$\begin{array}{|rrrr|l} -2, & -19, & +68, & -60 & \\ \hline 1, & 0, & -19, & +30 & \text{2 est racine} \\ & 1, & 2, & -15 & \text{2 est racine} \\ & & 1, & +5 & \text{3 est racine} \\ & & & +1 & -\text{ 5 est racine} \end{array}$$

60 admet 24 diviseurs; mais on trouve, par la règle de Newton, que toutes les racines sont comprises entre 4 et -6. On ne doit donc essayer que les diviseurs de 60, plus petits que 4 et plus grands que -6. On commence par essayer $+1$ et -1, en les

substituant directement à la place de x : aucun d'eux n'est racine ; mais ce premier calcul nous apprend que $f(1) = -12$, et que $f(-1) = -144$. Dès lors on ne doit, parmi les diviseurs positifs, essayer que ceux qui, diminués de 1, divisent 12, et qui, augmentés de 1, divisent 144 ; et, parmi les diviseurs négatifs, on ne doit essayer que ceux dont la valeur absolue, augmentée de 1, divise 12, et, diminuée de 1, divise 144.

Le diviseur 2 satisfaisant à ces conditions, on l'essaye : on trouve que 2 est racine, et que l'équation, débarrassée de cette racine, est :

$$x^3 - 19x + 30 = 0.$$

Comme 2 divise 30, on l'essaye de nouveau ; et l'on continue de la même manière, en n'opérant que sur les diviseurs qui satisfont aux conditions précédentes, et qui, en outre, divisent le terme tout connu de la dernière équation simplifiée.

Tout calcul fait, on trouve que l'équation proposée a pour racines 2, 2, 3, —5, et que son premier membre est égal à

$$(x - 2)^2 (x - 3) (x + 5).$$

RÉSUMÉ.

207. Ce qu'on nomme limite supérieure ou inférieure des racines positives ou négatives d'une équation. — **208, 209, 210.** Diverses règles pour trouver une limite supérieure des racines. — **211.** Applications. — **212.** Limite inférieure des racines positives. — **213.** Limites des racines négatives. — **214.** Si le premier terme d'une équation a pour coefficient l'unité, et que les autres coefficients soient entiers, les racines commensurables sont toutes entières. — **215.** Le théorème précédent permet de transformer une équation, à coefficients rationnels, en une autre dont les racines soient entières. — **216.** Conditions nécessaires et suffisantes, pour qu'un nombre entier soit racine d'une équation à coefficients entiers. — **217.** Recherche des racines entières. — **218.** Théorème qui permet de diminuer le nombre des essais. — **219.** Application de la méthode à un exemple.

EXERCICES.

I. Rechercher les racines commensurables des équations :

$$x^7 - 5x^6 - 78x^5 + 499x^4 + 172x^3 - 4269x^2 + 1156x + 11320 = 0,$$

$$x^4 - x^3 - 13x^2 + 16x - 48 = 0,$$

$$15x^5 - 19x^4 + 6x^3 + 15x^2 - 19x + 6 = 0,$$

$$x^5 - 13x^4 + 67x^3 - 171x^2 + 216x - 108 = 0.$$

II. Chercher les racines commensurables d'une équation, sans les ramener préalablement à être entières. Montrer, qu'en désignant par $\frac{a}{b}$ une telle racine réduite à sa plus simple expréssion, a doit être diviseur du dernier terme, et b diviseur du coefficient du premier terme. Chercher par quels essais, analogues à ceux qui ont été indiqués pour les racines entières, on peut vérifier que $\frac{a}{b}$ est racine.

III. Chercher si l'équation

$$x^3 - (a + b + ab)x^2 + ab(a + b + 1)x - ab^2 - a^2b = 0$$

admet des racines exprimées rationnellement en a et b.

IV. Si une équation du troisième degré n'admet pas de racines commensurables, elle n'admet pas de racines multiples.

V. Le théorème précédent s'applique à une équation du cinquième degré, et ne s'applique pas à une équation du quatrième.

LIVRE IV.

DES DIFFÉRENCES.

CHAPITRE PREMIER.

NOTIONS SUR LA THÉORIE DES DIFFÉRENCES.

§ I. Différences des divers ordres.

220. Définition des différences. Si l'on considère une suite de nombres qui se succèdent suivant une loi quelconque, les différences, obtenues en retranchant chacun d'eux de celui qui le suit, forment une nouvelle suite, dont les termes se nomment les *différences* des termes de la première.

Ainsi, la suite proposée étant représentée par

$$[1] \qquad y_0, y_1, y_2, y_3, \ldots y_{n-1}, y_n;$$

la suite des différences sera

$$[2] \qquad y_1 - y_0, y_2 - y_1, y_3 - y_2, \ldots y_n - y_{n-1};$$

$(y_1 - y_0)$ est la *différence* de y_0; $(y_2 - y_1)$, la *différence* de y_1; $(y_n - y_{n-1})$, la *différence* de y_{n-1}. Pour former la différence de y_n, il faudrait connaître un terme de plus dans la suite [1].

Pour désigner les différences, on se sert souvent du signe Δ.

Ainsi, Δy_k désigne la différence $(y_{k+1} - y_k)$. D'après cette notation, les termes de la suite

$$y_0, y_1, y_2, \ldots y_n,$$

auront pour différences

$$\Delta y_0, \Delta y_1, \Delta y_2, \ldots \Delta y_{n-1}.$$

221. Définition des différences secondes. Une suite quelconque de nombres étant donnée, leurs différences forment une nouvelle suite, ayant un terme de moins que la première.

L'on peut opérer sur cette suite, comme sur celle qui lui a donné naissance, et former les différences des différences, que l'on nomme des *différences secondes*. On les désigne par le signe Δ^2.

Ainsi, étant donnée la suite

$$y_0, y_1, y_2, \ldots y_n,$$

les différences premières seront désignées par

$$\Delta y_0, \Delta y_1, \Delta y_2, \ldots \Delta y_{n-1};$$

et les différences secondes

$$\Delta y_1 - \Delta y_0, \Delta y_2 - \Delta y_1, \ldots \Delta y_{n-1} - \Delta y_{n-2},$$

le seront par

$$\Delta^2 y_0, \Delta^2 y_1, \ldots \Delta^2 y_{n-2}.$$

Cette nouvelle série a évidemment un terme de moins que la précédente, et, par suite, deux termes de moins que la proposée.

222. Définition des différences d'ordre quelconque. Si l'on opère sur la suite des différences secondes, comme on l'a fait sur la suite proposée, on formera les différences des différences secondes, que l'on nomme des *différences troisièmes*, et que l'on désigne par le signe Δ^3.

Ainsi, les différences

$$\Delta^2 y_1 - \Delta^2 y_0, \Delta^2 y_2 - \Delta^2 y_1, \ldots \Delta^2 y_{n-2} - \Delta^2 y_{n-3}$$

se désignent par $\quad \Delta^3 y_0, \Delta^3 y_1, \ldots \Delta^3 y_{n-3}.$

On conçoit que l'on peut continuer ainsi indéfiniment, et former les différences quatrièmes, cinquièmes, etc., qui se désigneront par les signes Δ^4, Δ^5... ; le nombre de ces différences n'étant limité que par celui des termes de la suite proposée. Ainsi, deux termes ne donnent lieu qu'à une différence première, et il n'y a pas lieu de considérer leur différence seconde. Trois termes donnent lieu à deux différences premières et à une différence seconde; il n'y a pas lieu de considérer leur différence troisième. En général, m termes donnent lieu à $(m-1)$ différences premières, à $(m-2)$ différences secondes, ... à une différence $(m-1)^{\text{me}}$; il n'y a pas lieu de considérer leur différence m^{me}. Si une suite est illimitée, on peut considérer des différences d'un ordre illimité.

225. USAGE DES DIFFÉRENCES POUR LA FORMATION DES CARRÉS. Nous commencerons par montrer, par deux exemples simples, de quelle utilité peut être la considération des différences.

Considérons la suite des carrés des nombres naturels :

[1]   1, 4, 9, 16, 25, 36, 49, 64, 81, 100...;

les différences premières sont :

[2]   3, 5, 7, 9, 11, 13, 15, 17, 19 ...;

et les différences secondes,

[3]   2, 2, 2, 2, 2, 2, 2, 2...,

sont toutes égales entre elles. La démonstration est tellement simple, que nous croyons pouvoir nous dispenser de la donner ici.

D'après cette remarque, si l'on voulait former la table des carrés des nombres naturels, on commencerait par écrire la suite [2],

[2]   3, 5, 7, 9, 11, 13, 15, 17, 19...,

puis le premier terme de la suite des carrés, qui est 1; et il est évident que chaque carré s'obtiendrait du précédent, en ajoutant le terme correspondant de cette suite [2].

Ainsi, on dirait 3 et 1, 4; 4 et 5, 9; 9 et 7, 16, etc.

224. USAGE DES DIFFÉRENCES POUR LA FORMATION DES CUBES. Considérons la suite des cubes :

[1]   1, 8, 27, 64, 125, 216, 343, 512, 729,...;

les différences premières sont :

[2]   7, 19, 37, 61, 91, 127, 169, 217,...;

les différences secondes sont :

[3]   12, 18, 24, 30, 36, 42, 48,...;

ALG. SP. B.   14

et les différences troisièmes,

[4]   6,   6,   6,   6,   6,   6,

sont constantes et égales à 6. Cette loi est générale. En effet, quatre cubes consécutifs sont :

$$a^3, \ (a+1)^3, \ (a+2)^3, \ (a+3)^3;$$

les différences premières sont :

$$3a^2+3a+1, \ 3(a+1)^2+3(a+1)+1, \ 3(a+2)^2+3(a+2)+1;$$

les différences secondes sont :

$$3[(a+1)^2-a^2]+3, \quad 3[(a+2)^2-(a+1)^2]+3,$$

c'est-à-dire, en réduisant,

$$6a+6, \quad 6(a+1)+6;$$

et la différence de ces deux expressions, c'est-à-dire, la différence troisième, est évidemment 6.

D'après cela, pour former un tableau des cubes, on formerait successivement les suites [4] [3] [2] [1], chacune permettant d'obtenir la suivante par de simples additions. Ainsi, ayant écrit la suite [3] sur une ligne verticale, on obtiendra la suite [2] en écrivant son premier terme 7, et en remarquant que chacun des autres se forme du précédent par l'addition du terme correspondant de la suite [3].

$$
\begin{array}{r|l}
12 & 7 \\
18 & 19 = 12 + 7 \\
24 & 37 = 18 + 19 \\
30 & 61 = 24 + 37 \\
36 & 91 = 30 + 61 \\
42 & 127 = 36 + 91 \\
48 & 169 = 42 + 127 \\
54 & 217 = 48 + 169 \\
60 & 271 = 54 + 217 \\
66 & 331 = 60 + 271 \\
72 & 397 = 66 + 331 \\
78 & 469 = 72 + 397 \\
\end{array}
$$

Ayant ainsi formé la suite [2], c'est-à-dire les différences premières des cubes, chaque cube pourra se déduire du précédent, en lui ajoutant la différence correspondante, en sorte qu'ils se déduiront tous du premier 1, par de simples additions.

Ainsi, ayant écrit, sur une ligne verticale, les différences premières obtenues plus haut, on formera la série des cubes, comme l'indique le tableau suivant :

$$
\begin{array}{r|l}
7 & 1 \\
19 & 8 = 7 + 1 \\
37 & 27 = 19 + 8 \\
61 & 64 = 37 + 27 \\
91 & 125 = 61 + 64 \\
127 & 216 = 91 + 125 \\
\text{etc.} & \text{etc.}
\end{array}
$$

Le tableau suivant résume les résultats que nous venons d'obtenir.

CUBES.	DIFFÉRENCES 1res.	DIFFÉRENCES 2mes.	DIFFÉRENCES 3mes.
1	7	12	6
8	19	18	6
27	37	24	6
64	61	30	6
125	91	36	6
216	127	42	6
343	169	48	
512	217		
729			

Pour former ce tableau, on écrit d'abord, dans la première colonne de gauche, trois cubes consécutifs, 1, 8, 27 ; on en conclut les deux différences premières, 7 et 19, que l'on écrit dans la seconde colonne, et la différence seconde 12, que l'on écrit dans la troisième. Puis, après avoir écrit plusieurs fois, dans la quatrième colonne, la différence troisième qui est toujours 6, on ajoute cette différence à celle qui est à sa gauche, en disant :

6 et 12... 18; 6 et 18... 24; 6 et 24... 30, etc.; on forme ainsi la troisième colonne. On forme de même la seconde colonne à l'aide de celle-ci, en disant : 18 et 19... 37; 24 et 37... 61; 30 et 61... 91, etc. Enfin la seconde colonne, ainsi construite, sert à former la première; on dit : 19 et 37... 64; 61 et 64... 125; 91 et 125... 216, et ainsi de suite.

On voit qu'*un nombre quelconque du tableau est égal au nombre placé au-dessus de lui dans la même colonne, augmenté de celui qui est à la droite de ce dernier dans la colonne suivante.*

§ II. Formules des différences.

225. EXPRESSION DE $\Delta^p u_0$ EN FONCTION DE u_0, u_1, u_2,... u_p. Lorsque $(n+1)$ quantités

$$u_0, \quad u_1, \quad u_2,... \quad u_n,$$

sont données, il n'y a aucune difficulté à former, d'après ce qui précède, leurs différences successives jusqu'à la n^{me} inclusivement; nous ne nous bornerons pas cependant aux indications qui permettent d'effectuer ces calculs, et nous donnerons la formule qui en exprime le résultat général.

On a, d'après les définitions :

$$\Delta u_0 = u_1 - u_0, \quad \Delta u_1 = u_2 - u_1, \quad \Delta u_2 = u_3 - u_2,...;$$

$$\Delta^2 u_0 = \Delta u_1 - \Delta u_0 = u_2 - 2u_1 + u_0, \quad \Delta^2 u_1 = \Delta u_2 - \Delta u_1 = u_3 - 2u_2 + u_1,...;$$

$$\Delta^3 u_0 = \Delta^2 u_1 - \Delta^2 u_0 = (u_3 - 2u_2 + u_1) - (u_2 - 2u_1 + u_0)$$

$$= u_3 - 3u_2 + 3u_1 - u_0.$$

Sans aller plus loin, on peut prévoir la loi suivante : *la différence de rang* p *se forme en multipliant* u_p, u_{p-1}... u_i *par les coefficients du développement de* $(x-a)^p$.

Pour montrer que cette loi est générale, nous allons faire voir, qu'en l'admettant comme vraie pour une différence d'un certain ordre, elle est vraie, par cela même, pour la différence d'ordre immédiatement supérieure.

Soit donc :

$$[1] \quad \Delta^p u_0 = u_p - p u_{p-1} + \frac{p(p-1)}{1.2} u_{p-2} - \frac{p(p-1)(p-2)}{1.2.3} u_{p-3} + ... \pm u_i.$$

Cette formule, donnant la différence p^{me} du premier terme d'une suite quelconque en fonction des $(p+1)$ premiers termes, nous pouvons l'appliquer au calcul de $\Delta^p u_1$, en considérant u_1 comme premier terme de la suite

$$u_1, \ u_2, \ u_3, \dots \ u_p, \ u_{p+1}, \dots \ u_n \, ;$$

cela-revient évidemment à remplacer, dans la formule [1], u_0 par u_1, u_1 par u_2,..., c'est-à-dire à augmenter tous les indices d'une unité. On aura, par suite, *en vertu de la même formule* :

$$[2] \quad \Delta^p u_1 = u_{p+1} - p u_p + \frac{p(p-1)}{1.2} u_{p-1} - \frac{p(p-1)(p-2)}{1.2.3} u_{p-2} + \dots,$$

ou, en retranchant l'égalité [1] de l'égalité [2] :

$$\Delta^{p+1} u_0 = \Delta^p u_1 - \Delta^p u_0 = u_{p+1} - (p+1)u_p + \left(\frac{p(p-1)}{1.2} + p \right) u_{p-1}$$

$$- \left(\frac{p(p-1)(p-2)}{1.2.3} + \frac{p(p-1)}{1.2} \right) u_{p-2} + \dots.$$

Or (46) la somme de deux coefficients successifs du développement d'un binome forme un coefficient du développement de la puissance immédiatement supérieure; on peut donc écrire :

$$\Delta^{p+1} u_0 = u_{p+1} - (p+1)u_p + \frac{(p+1)p}{1.2} u_{p-1}$$

$$- \frac{(p+1)p(p-1)}{1.2 \ 3} u_{p-2} + \dots;$$

c'est précisément ce qu'il fallait démontrer.

226. Expression de u_p en fonction de u_0 et de ses p diffé-rences successives. Réciproquement, si l'on donne u_0 et ses n différences successives Δu_0, $\Delta^2 u_0$,... $\Delta^n u_0$, on peut calculer les termes successifs u_1, u_2,.. u_n; nous donnerons aussi la formule générale, à laquelle conduit ce calcul.

On a, par définition :

$$u_1 = u_0 + \Delta u_0,$$

$$u_2 = u_1 + \Delta u_1 = u_0 + \Delta u_0 + \Delta u_0 + \Delta^2 u_0 = u_0 + 2\,\Delta u_0 + \Delta^2 u_0,$$

$$u_3 = u_2 + \Delta u_2 = u_0 + 2\,\Delta u_0 + \Delta^2 u_0 + \Delta u_1 + \Delta^2 u_1;$$

$$= u_0 + 2\,\Delta u_0 + \Delta^2 u_0 + (\Delta u_0 + \Delta^2 u_0) + (\Delta^2 u_0 + \Delta^3 u_0),$$

$$= u_0 + 3\,\Delta u_0 + 3\,\Delta^2 u_0 + \Delta^3 u_0;$$

et l'on aperçoit immédiatement la loi suivante.

Ls terme $\dot{u}_p$, *de rang* $(p+1)$, *se forme, en multipliant* u_0 *et les différences successives,* Δu_0, $\Delta^2 u_0$, $\Delta^3 u_0 \ldots \Delta^p u_0$, *par les coefficients du développement de* $(x + a)^p$.

Pour démontrer que cette loi est générale, nous prouverons encore, qu'en l'admettant comme vraie pour un terme de certain ordre, elle est vraie, par cela même, pour un terme immédiatement suivant.

Supposons donc que l'on ait prouvé la formule :

$$[1] \qquad u_p = u_0 + p\,\Delta u_0 + \frac{p(p-1)}{1.2}\,\Delta^2 u_0 + \ldots + \Delta^p u_0.$$

Cette formule donne le $(p+1)^{me}$ terme d'une suite quelconque u_0, u_1, $u_2,\ldots u_p$, en fonction du premier et de ses p différences successives ; si donc nous appliquons *la même formule* à la série

$$\Delta u_0, \quad \Delta u_1, \quad \Delta u_2 \ldots \Delta u_p,$$

elle nous donnera le $(p+1)^{me}$ terme Δu_p, en fonction du premier Δu_0 et de ses p différences successives qui sont évidemment $\Delta^2 u_0$, $\Delta^3 u_0 \ldots \Delta^{p+1} u_0$; on aura donc :

$$[2] \quad \Delta u_p = \Delta u_0 + p\,\Delta^2 u_0 + \frac{p(p-1)}{1.2}\,\Delta^3 u_0 + \ldots + \Delta^{p+1} u_0;$$

formule qui se déduit de [1] en augmentant d'une unité les indices des Δ. En ajoutant les formules [1] et [2], il vient :

$$u_{p+1} = u_p + \Delta u_p = u_0 + (p+1)\Delta u_0$$

$$+ \left(\frac{p(p-1)}{1.2} + p\right)\Delta^2 u_0 + \dots + \Delta^{p+1} u_0,$$

et, comme (46) la somme de deux coefficients consécutifs de la
puissance p d'un binome est un coefficient de la puissance $(p+1)$,
cette égalité peut s'écrire :

$$u_{p+1} = u_0 + (p+1)\Delta u_0 + \frac{(p+1)p}{1.2}\Delta^2 u_0$$

$$+ \frac{(p+1)p(p-1)}{1.2.3}\Delta^3 u_0 + \dots;$$

ce qui est précisément le résultat qu'il fallait obtenir.

§ III. Différences des polynomes.

227. Nous avons reconnu (**225**), que la suite des carrés des
nombres naturels a ses différences secondes, et la suite des
cubes ses différences troisièmes égales à une constante. Cette
proposition s'étend aux différences quatrièmes de la suite des
quatrièmes puissances, aux différences cinquièmes de la suite
des cinquièmes puissances, etc. Mais, sans nous arrêter à ces
propositions, nous démontrerons le théorème suivant, dont elles
sont évidemment des cas particuliers.

THÉORÈME. *Si dans un polynome en* x, *de degré* m, *on substitue
à* x *une suite de nombres en progression arithmétique, les différences*
m*mes des résultats obtenus sont constantes.*

Soit, en effet, le polynome :

[1] $y = F(x) = Ax^m + A_1 x^{m-1} + A_2 x^{m-2} + \dots + A_{m-1}x + A_m.$

Supposons que l'on substitue à x les valeurs successives

$$x_0, \ x_0 + h, \ x_0 + 2h, \ldots, \ x_0 + nh \ldots;$$

désignons par $\qquad y_0, \ y_1, \ y_2, \ldots, \ y_n \ldots,$

les valeurs correspondantes de y. Toutes ces valeurs sont évidemment des polynomes, de degré m, en x_0, dont les coefficients dépendent de h : car on a :

$$F(x_0 + ph) = F(ph + x_0) = F(ph) + F'(ph)x_0$$
$$+ \frac{F''(ph)}{1.2}x_0^2 + \ldots + \frac{F^m(ph)}{1.2 \ldots m}x_0^m.$$

De plus, il est clair que, pour passer de l'une de ces valeurs à la suivante, il suffit d'y changer x_0 en $(x_0 + h)$. On a, en effet, en considérant deux valeurs consécutives de y, y_p et y_{p+1} :

$$y_p = F(x_0 + ph), \quad y_{p+1} = F[x_0 + (p+1)h];$$

et il est évident que $\{x_0 + (p+1)h\}$ peut se déduire de $(x_0 + ph)$, en y changeant x_0 en $(x_0 + h)$.

Cela posé, les différences premières $\Delta y_0, \ \Delta y_1, \ \Delta y_2 \ldots$ sont des polynomes du degré $(m - 1)$ en x_0, dont les coefficients dépendent de h. On a, en effet :

$$\Delta y_0 = y_1 - y_0 = F(x_0 + h) - F(x_0) = F'(x_0)h + F''(x_0)\frac{h^2}{1.2} + \ldots.$$

Or on sait que $F'(x_0)$ est un polynome de degré $(m - 1)$, $F''(x_0)$ un polynome de degré $(m - 2)$, etc.; la proposition est donc démontrée pour Δy_0. Il en résulte qu'elle est vraie pour les différences suivantes, $\Delta y_1, \ \Delta y_2, \ldots$; car chacune d'elles se déduit de la précédente, en changeant x_0 en $(x_0 + h)$; ce qui ne change pas son degré, par rapport à x_0.

La série

[2] $\qquad\qquad \Delta y_0, \ \Delta y_1, \ldots, \ \Delta y_n \ldots,$

pourrait donc s'obtenir, en substituant successivement à x, dans un certain polynome, de degré $(m - 1)$, les valeurs $x_0, x_0 + h \ldots.$

Si donc nous appliquons à cette suite ce qui a été dit de la suite,

$$y_0, \ y_1, \ldots, \ y_n,$$

déduite de la même manière d'un polynome de degré m, nous verrons que les différences des termes de la série [2], c'est-à-dire

[3] $\qquad \Delta^2 y_0, \ \Delta^2 y_1, \ldots, \ \Delta^2 y_n,$

sont des polynomes, de degré $(m-2)$, en x_0, et que chacun se déduit du précédent, en y changeant x_0 en $(x_0 + h)$; en sorte qu'ils peuvent tous se déduire d'un même polynome, en y changeant x en $x_0, \ x_0 + h, \ x_0 + 2h, \ldots$

Si nous appliquons à la suite des différences secondes le théorème dont nous avons déjà deux fois fait usage, nous verrons que les différences des termes de la série [3], c'est-à-dire

[4] $\qquad \Delta^3 y_0, \ \Delta^3 y_1, \ldots, \ \Delta^3 y_n,$

sont des polynomes, de degré $(m-3)$, en x_0.

Et, en continuant de la même manière, nous verrons que les différences quatrièmes sont des polynomes de degré $(m-4)$, les différences cinquièmes, de degré $(m-5), \ldots$ et enfin les différences m^{mes}, de degré 0, c'est-à-dire indépendantes de x_0; ce qui prouve le théorème énoncé. Car, pour obtenir chacune de ces différences, on doit changer, dans la précédente, x_0 en $(x_0 + h)$; et elles sont, par conséquent, constantes, quand elles ne contiennent pas x_0.

228. REMARQUES. En revenant sur les détails de la démonstration précédente, on peut faire plusieurs remarques utiles.

REMARQUE I. On a trouvé la formule :

[1] $\qquad \Delta y_0 = y_1 - y_0 = \mathrm{F}(x_0 + h) - \mathrm{F}(x_0)$

$$= \mathrm{F}'(x_0)\, h + \mathrm{F}''(x_0)\, \frac{h^2}{1.2} + \ldots + \frac{\mathrm{F}^m(x_0) h^m}{1.2 \ldots m}.$$

On voit que l'accroissement h est facteur dans le second membre; et qu'il le sera encore, si l'on remplace x par $(x_0 + h)$, $(x_0 + 2h)$, pour former les différences $\Delta y_1, \ \Delta y_2, \ldots$; en sorte que toutes les différences premières contiennent en facteur l'accroissement h.

REMARQUE II. Il est évident que, si le polynome proposé F(x) renfermait h en facteur, ce facteur se retrouverait dans les dérivées successives F$'(x)$, F$''(x_0)$... F$^m(x_0)$; et, par suite, tous les termes de la différence contiendraient, non plus seulement h, mais h^2 en facteur. Il résulte de là que, la différence première étant un polynome qui contient h en facteur, la différence seconde contiendra h^2 en facteur à tous les termes. La formule [1] prouve, en général, que, si un polynome F(x) contient en facteur une puissance h^p de h, sa différence contiendra à tous les termes le facteur h^{p+1}; et il en résulte de là, que les différences des différences secondes, c'est-à-dire les différences troisièmes, contiendront le facteur h^3, que les différences quatrièmes contiendront le facteur h^4, et ainsi de suite.

On voit que, si l'accroissement h décroît de plus en plus, les différence décroîtront suivant une loi d'autant plus rapide que leur ordre sera plus élevé.

REMARQUE III. L'expression générale de Δy_0,

$$\Delta y_0 = \text{F}'(x_0)h + \text{F}''(x_0)\frac{h^2}{1.2} + \dots,$$

est, comme nous l'avons dit, un polynome, de degré $(m-1)$, que l'on peut ordonner suivant les puissances de x_0. Si $\text{A}x^m$ représente le premier terme de F(x), il est facile de voir que le premier terme de Δy_0 sera le premier terme de F$'(x_0)h$, c'est-à-dire, $m\text{A}x^{m-1}h$; et que, par suite, Δy_0, Δy_1, Δy_2..., s'obtiendront en substituant à x les valeurs x_0, (x_0+h), (x_0+2h)... dans un polynome dont le premier terme est $mh\text{A}x^{m-1}$. En appliquant à ce polynome le résultat trouvé pour F(x), on verra que les différences premières de ce polynome, c'est-à-dire les différences secondes de F(x), peuvent s'obtenir en substituant à x les valeurs x_0, (x_0+h)..., dans un polynome dont le premier terme est $m(m-1)\text{A}h^2x^{m-2}$. On verra de même, que le premier terme du polynome, qui donnerait les différences troisièmes, est $m(m-1)(m-2)\mathrm{A}h^2x^{m-3}$. Enfin la différence m^{me}, qui se réduit à un seul terme, puisqu'elle est indépendante de x_0, est :

$$m(m-1)(m-2)(m-3)\ldots 2\mathrm{A}h^m.$$

Les polynomes en x, dont il est question ici, se nomment les différences première, deuxième, troisième,... m^{me}, du polynome $y=\mathrm{F}(x)$, et se désignent par les notations Δy, $\Delta^2 y$, $\Delta^3 y$,... $\Delta^m y$.

229. Application au polynome du troisième degré. Si nous considérons le polynome du troisième degré :

[1] $$y=x^3+px^2+qx+r,$$

nous trouverons sans peine, en y remplaçant x par $(x+h)$, et en retranchant [1] du résultat :

[2] $$\Delta y=3x^2h+(3h^2+2ph)x+h^3+ph^2+qh;$$

de même, en remplaçant x par $(x+h)$ dans [2], et en retranchant ensuite [2] du résultat, on a :

[3] $$\Delta^2 y=6xh^2+6h^3+2ph^2;$$

et, en opérant sur [3] de la même manière, on a :

[4] $$\Delta^3 y=6h^3.$$

Pour obtenir les valeurs de Δy_0, Δy_1, Δy_2...; $\Delta^2 y_0$, $\Delta^2 y_1$..., il suffira de remplacer, dans le second membre des formules [2] et [3], x par x_0, (x_0+h), etc.

Si l'on voulait former les valeurs numériques de la fonction y et de ses différences, il faudrait procéder comme on l'a indiqué pour former le tableau des cubes.

250. Exemple. Soit, par exemple, le polynome

$$y=x^3-5x^2+6x-1;$$

formons les valeurs que prend ce polynome pour des valeurs entières de la variable. Si l'on fait successivement $x=-1$, $x=0$, $x=1$, on trouve pour valeurs correspondantes de y, $y=-13$, $y=-1$, $y=1$, dont les différences premières sont 12 et 2, et la différence seconde est -10. Quant à la différence troisième de y, on sait qu'elle est égale à 6. On disposera ces résultats de la manière suivante :

x	y	Δy	$\Delta^2 y$	$\Delta^3 y$
				6
				6
				6
$-\,1$	-13	12	-10	6
0	$-\,1$	2		6
$+\,1$	$+\,1$			6

et l'on remplira ensuite les différentes colonnes, en remarquant que chaque terme de l'une d'elles (la première colonne exceptée) est égal à celui qui est au-dessus, augmenté du terme correspondant à ce dernier dans la colonne placée à sa droite. Cette remarque permet évidemment de prolonger les colonnes dans les deux sens ; on trouve :

x	y	Δy	$\Delta^2 y$	$\Delta^3 y$
$-\,5$	$-\,281$	112	$-\,34$	6
$-\,4$	$-\,169$	78	$-\,28$	6
$-\,3$	$-\,91$	50	$-\,22$	6
$-\,2$	$-\,41$	28	$-\,16$	6
$-\,1$	$-\,13$	12	$-\,10$	6
0	$-\,1$	2	$-\,4$	6
1	$+\,1$	$-\,2$	$+\,2$	6
2	$-\,1$	0	$+\,8$	6
3	$-\,1$	8	$+\,14$	
4	$+\,7$	22		
5	$+\,29$			

Pour prolonger d'abord la colonne des différences secondes vers le bas, on dit : $-10 + 6 \ldots -4$; $-4 + 6 \ldots 2$; $+2 + 6 \ldots 8$, etc. On prolonge de même la colonne des différences premières, à l'aide de la précédente, en disant : $-4 + 2 \ldots -2$; $+2 - 2 \ldots 0$; $8 + 0 \ldots 8$, etc. On prolonge de même la série des valeurs de y (qui correspondent à $x = 2, 3, 4, \ldots$) en disant : $-2 + 1 \ldots -1$; $0 = 1 \ldots -1$; $8 - 1 \ldots 7$, et ainsi de suite.

Pour prolonger les colonnes vers le haut, on remarque qu'un

terme d'une colonne est la différence entre le terme placé au-dessous de lui dans la même colonne, et le terme placé à droite et au-dessus dans la colonne suivante. On prolonge donc d'abord la colonne intitulée $\Delta^2 y$, en disant : $- 10 - 6 \ldots - 16$; $- 16$ $- 6 \ldots - 22$; $- 22 - 6 \ldots - 28$, etc. On prolonge ensuite, à l'aide de celle-ci, la colonne des Δy, en disant : $12 - (- 16) \ldots 28$; $28 - (- 22) \ldots 50$, etc. On prolonge enfin la série des valeurs de y, en disant : $- 13 - 28 \ldots - 41$; $- 41 - 50 \ldots - 91$, et ainsi de suite.

251. REMARQUE. On voit, par l'exemple précédent, que, pour calculer les valeurs d'un polynome du troisième degré, qui correspondent à des valeurs entières de la variable, il suffit de connaître celles qui correspondent à trois nombres entiers consécutifs $- 1, 0, + 1$; en se fondant sur ce que la différence troisième est constante, il est très-facile d'obtenir, par de simples additions, les valeurs suivantes.

Si le polynome proposé était du quatrième degré, la différence quatrième serait constante ; et, pour former la série de ses valeurs, il suffirait de connaître quatre valeurs consécutives. Il en faudrait cinq pour un polynome du cinquième degré ; et ainsi de suite. Il faudrait en connaître m pour un polynome du m^{me} degré.

§ IV. Différences des fonctions.

252. DÉFINITION. Soit une fonction quelconque $y = \mathrm{F}(x)$. Si l'on désigne par x une quelconque des valeurs attribuées à x, et par $(x + h)$ la valeur suivante, l'expression

$$\Delta y = \Delta(\mathrm{F} x) = \mathrm{F}(x + h) - \mathrm{F}(x)$$

se nomme la *différence première* de $\mathrm{F}(x)$. De même, si l'on change x en $(x + h)$ dans $\Delta \mathrm{F}(x)$, la différence

$$\Delta^2 y = \Delta^2 \mathrm{F}(x) = \Delta \mathrm{F}(x + h) - \Delta \mathrm{F}(x)$$

se nomme la *différence seconde* de $\mathrm{F}(x)$. Et ainsi de suite.

EXEMPLE. Soit : $\qquad y = a^x$.

On a : $\qquad \Delta y = a^{x+h} - a^x = a^x(a^h - 1),$

c'est-à-dire que la différence première s'obtient en multipliant la fonction par la constante a^x. On a, par suite :

$$\Delta^2 y = a^x(a^h - 1)^2, \; \Delta^3 y = a^x(a^h - 1)^3, \ldots \Lambda^n y = a^x(a^h - 1)^n.$$

§ V. Usage des différences pour la construction des tables numériques.

253. TABLES NUMÉRIQUES. La considération des différences est fort utile dans la construction des tables de toute espèce. Il arrive, en effet, presque toujours que, dans une série de nombres résultant d'une loi régulière, et suffisamment rapprochés les uns des autres, les différences tendent de plus en plus vers l'égalité, à mesure que leur ordre s'élève. En négligeant des quantités fort petites, on pourra, à partir d'un certain ordre, leur supposer, dans un certain intervalle, une valeur invariable, et construire la table comme s'il s'agissait des valeurs d'un polynome.

Ne pouvant donner ici la raison de ce fait général, nous nous bornerons à le développer sur deux exemples.

254. EXEMPLE I. Si l'on pose :

$$y = \log x,$$

on aura :

$$\Delta y = \log (x + h) - \log (x) = \log \left(1 + \frac{h}{x} \right),$$

ou $\qquad \Delta y = \log e \left(\frac{h}{x} - \frac{h^2}{2x^2} + \frac{h^3}{3x^3} \cdots \right)$

Puis : $\qquad \Delta^2 y = \log (x + 2h) - 2\log (x + h) + \log x$

$$= \log (x + 2h) - \log x - 2 \{ \log (x + h) - \log x \}$$

$$= \log \left(1 + \frac{2h}{x} \right) - 2\log \left(1 + \frac{h}{x} \right),$$

ou $\qquad \Delta^2 y = -\log e \left(\frac{h^2}{x^2} - \frac{2h^3}{x^3} + \cdots \right).$

Puis :

$$\Delta^3 y = \log\left(x + 3h\right) - 3\log\left(x + 2h\right) + 3\log\left(x + h\right) - \log x$$

$$= \log\left(1 + \frac{3h}{x}\right) - 3\log\left(1 + \frac{2h}{x}\right) + 3\log\left(1 + \frac{h}{x}\right)$$

ou $\quad \Delta^3 y = \log e\left(\dfrac{2h^3}{x^3} - \text{etc.}\right).$

Si l'on suppose, par exemple, $x = 10000$ et $h = 1$, il viendra :

$$\Delta y = 0,000043427276863,$$

$$\Delta^2 y = 0,000000004342076,$$

$$\Delta^3 y = 0,000000000000868 ;$$

et, si l'on ne voulait avoir les résultats qu'avec dix chiffres décimaux, on pourrait négliger longtemps les différences du quatrième ordre, et procéder comme si la différence troisième était constante. On formera donc successivement les colonnes des différences troisièmes, secondes, premières, comme au n° **250**; d'où l'on déduira les logarithmes des nombres 10001, 10002, 10003, en partant de celui de 100000, qui est 4,000000000000000. Il faudra vérifier les résultats, au moyen de logarithmes obtenus directement à des intervalles éloignés. La méthode des différences devra les donner exacts, avec le nombre des chiffres que l'on veut conserver. Lorsque le dernier de ces chiffres cessera d'être exact, on calculera de nouveau, *à priori*, au moyen des formules (**234**), les différences Δy, $\Delta^2 y$, $\Delta^3 y$; et l'on se servira de ces nouvelles valeurs comme des précédentes.

255. Exemple II. Soit proposé de calculer, à 7 décimales exactes, une table de logarithmes des sinus de 10 en 10 secondes, depuis $72°$ jusqu'à $72° 1' 30''$:
Nous savons que

$$\sin 72° = \tfrac{1}{4}\sqrt{10 + 2\sqrt{5}} = 0,9510565,$$

$$\cos 72° = \tfrac{1}{4}\left(\sqrt{5} - 1\right) = 0,3090170 ;$$

donc, en prenant les logarithmes de ces deux valeurs, et ajoutant, comme on le fait toujours, dix unités à chacun d'eux :

$$\log \sin 72^0 = 9,9782063255,$$

$$\log \cos 72^0 = 9,4899824.$$

Reprenons les formules précédentes :

$$y = \log x,$$

$$\Delta y = \log e \left(\frac{h}{x} - \frac{h^2}{x^2} + \cdots \right),$$

$$\Delta^2 y = \log e \left(\frac{h^2}{x^2} - \cdots \right).$$

Nous cherchons ici $\log \sin \varphi$, φ étant égal à 72^0, donc :

$$x = \sin \varphi.$$

Déterminons maintenant l'accroissement h du sinus, correspondant à un accroissement de l'angle de $10''$.

On a : $h = \sin (\varphi + 10'') - \sin \varphi$;

$$\sin (\varphi + 10'') = \sin \varphi . \cos 10'' + \cos \varphi . \sin 10''.$$

Mais l'arc $10'' = \dfrac{\pi \times 10}{180 \times 60 \times 60} = 0,00004\ 84813681\ldots < \dfrac{5}{10^5}.$

Or, comme $\sin x > x - \dfrac{x^3}{6},$

le sinus de $10''$ ne diffère de son arc, que d'une quantité moindre
que $\frac{1}{6} \left(\dfrac{5}{10^5} \right)^3$, ou de moins de $\dfrac{1}{10^{13}}$. De plus, $\cos x > 1 - \dfrac{x^2}{2}$;
donc le cosinus de $10''$ ne diffère de l'unité, que de moins
que $\frac{1}{2} \left(\dfrac{5}{10^5} \right)^2$, ou que d'une unité du neuvième ordre. On peut
donc, dans la valeur de $\sin (\varphi + 10'')$, remplacer $\cos 10''$ par 1,
et $\sin 10''$ par arc $10''$, et écrire :

$$\sin (\varphi + 10'') = \sin \varphi + \cos \varphi \times \text{arc } 10'';$$

donc, avec une approximation de $\dfrac{1}{10^9}$:

$$h = \cos \varphi \times \text{arc } 10''.$$

L'angle φ est égal à 72°; donc, en négligeant h^2, on a :

$$\Delta y = \log e \frac{\cos 72^0 \times \text{arc } 10''}{\sin 72^0}.$$

Or :
$$\log (\log e) = \overline{1},637\ 7843$$
$$\log \cos 72^0 = \overline{1},489\ 9824$$
$$\log 10'' = \overline{5},685\ 5749$$
$$\text{C}^\text{t} \log \sin 72^0 = 0,021\ 7937$$

donc
$$\log \Delta y = \overline{6},835\ 1353$$

et
$$\Delta y = 0,000\ 0068412.$$

Comme nous calculons les valeurs de log sin φ, à 7 décimales exactes, les valeurs de $\frac{h^2}{x^2}$, $\frac{h^3}{x^3}$ et, par suite, de $\Delta^2 y$, n'influent plus sur le résultat que nous cherchons; et la fonction transcendante log sin φ, dans les limites indiquées, peut être considérée comme une fonction algébrique du premier degré, fonction qui augmente de $\frac{68}{10^7}$ environ pour chaque 10'' d'augmentation de l'angle φ.

Pour être assuré de l'exactitude du dernier résultat, il faudra calculer à 8 décimales et former une progression arithmétique, dont le premier terme est :

$$\log \sin 72^0 = \overline{1},978\ 20632....$$

et dont la différence est 684. Et nous bornant aux quatre derniers chiffres des logarithmes, la progression sera :

0632, 1316, 2000, 2684, 3368, 4052, 4736, 5420, 6104, 6788.

Supprimant le dernier chiffre, et ajoutant une unité du septième ordre, lorsqu'il est plus grand que 5, nous aurons :

$$\log \sin 72^0 0'\ 0'' = \overline{1},978\ 2063$$

$$\log \sin 72^0 0'10'' = \overline{1},978\ 2132$$

$$\log \sin 72^0 0'20'' = \overline{1},978\ 2200$$

$$\log \sin 72^{\circ}0'30'' = \overline{1},978\ 2268$$

$$\log \sin 72^{\circ}0'40'' = \overline{1},978\ 2337$$

$$\log \sin 72^{\circ}0'50'' = \overline{1},978\ 2405$$

$$\log \sin 72^{\circ}1'\ 0'' = \overline{1},978\ 2474$$

$$\log \sin 72^{\circ}1'10'' = \overline{1},978\ 2542$$

$$\log \sin 72^{\circ}1'20'' = \overline{1},978\ 2610$$

$$\log \sin 72^{\circ}1'30'' = \overline{1},978\ 2679$$

Ce qui s'accorde parfaitement avec les valeurs fournies par les tables de Callet.

RÉSUMÉ.

220. Définition des différences. — 221. Définition des différences secondes. — 222. Définition des différences d'un ordre quelconque. — 223. Usage des différences pour la formation des carrés. — 224. Usage des différences pour la formation des cubes. — 225. Formule qui exprime la différence d'un ordre quelconque. — 226. Formule inverse, qui exprime un terme quelconque d'une suite, au moyen du premier et de ses différences successives. —227. La différence m^{me} d'un polynome de degré m, est constante. — 228. Les différences premières contiennent, en facteur, l'accroissement h de la variable, les différences secondes contiennent h^3; les différences troisièmes h^3, etc. Expression de la différence m^{me}. — 229. Application au polynome du troisième degré.— 230. Exemple.—231. Pour calculer les valeurs d'un polynome du m^{me} degré, qui correspondent à des valeurs entières de la variable, il suffit de connaître celles qui correspondent à m nombres entiers consécutifs. — 232. Différence des fonctions. — 233. Des tables numériques. — 234, 235. Applications à la construction des tables.

EXERCICES.

I. Trouver, à l'aide des différences, la somme des carrés, la somme des cubes, etc., des p premiers nombres entiers.

On applique la formule du n° 226, en posant $u_p = 1'' + 2'' + 3'' + \dots + p''$

II. Calculer les valeurs que prend, pour des valeurs entières de la variable, le polynome

$$x^4 - 5x^3 + 4x^2 - 3x - 8.$$

III. Prouver que, si $\varphi(x)$ désigne une fonction quelconque d'une variable x, et que l'on considère la suite

$$\varphi(x), \quad \varphi(x+h), \quad \varphi(x+2h), \ldots \varphi(x+nh),$$

les fractions
$$\frac{\Delta \varphi(x)}{h}, \quad \frac{\Delta^2 \varphi(x)}{h^2}, \quad \frac{\Delta^3 \varphi(x)}{h^3} \ldots,$$

ont respectivement pour limites les dérivées du premier, second, troisième ordre de $\varphi(x)$. En conclure que, si h est petit, les différences sont, en général, d'autant plus petites que leur ordre est plus élevé.

CHAPITRE II.

DE L'INTERPOLATION.

§ I. Énoncé de la question.

256. Définition. L'interpolation consiste à insérer, entre les termes d'une suite, de nouveaux termes assujettis à la même loi. Ce problème est quelquefois très-facile, lorsque la loi des termes de la suite est connue. C'est ainsi que, entre deux termes d'une progression, on peut insérer par un procédé fort simple, un nombre donné de moyens. Si l'on considère, au contraire, des nombres quelconques dont la loi soit inconnue, le problème de l'interpolation devient complétement indéterminé ; et pour le résoudre, il faut imposer aux termes inconnus une condition qui fasse disparaître l'indétermination. Cette condition est, le plus souvent, que les *différences d'un certain ordre seront égales à zéro*, On en a vu un exemple dans la détermination des logarithmes des nombres non compris dans la table ; admettre, en effet, comme on le fait, que l'accroissement des logarithmes est proportionnel à celui des nombres, c'est admettre que, pour des accroissements égaux des nombres, les accroissements des logarithmes sont aussi égaux ; ou, en d'autres termes, que la différence première des logarithmes est constante, et que, par suite, la différence seconde est nulle. Dans le cas des logarithmes, les tables permettent, d'ailleurs, de vérifier qu'il en est à peu près ainsi pour des accroissements du nombre égaux à l'unité ; et l'on conçoit qu'il doit, *à fortiori*, en être de même pour des accroissements plus petits : nous avons d'ailleurs montré (254), que les différences secondes des logarithmes diminuent rapidement. Cette loi s'applique, du reste, à toutes les fonctions ; lorsque la variable croît par degrés égaux de plus en plus petits, les différences de la fonction diminuent d'autant plus rapidement que leur ordre est plus élevé. Lors donc que, dans la construction d'une table, on apercevra que les différences d'un certain ordre deviennent sensiblement nulles, on pourra admettre qu'il en serait à fortiori de même pour des accroissements plus petits :

Et alors le problème de l'interpolation peut s'énoncer ainsi :

Connaissant les valeurs u_0, u_1, u_2,.... u_n *d'une fonction, qui correspondent à des valeurs* x_0, $x_0 + h$, $x_0 + 2h$... $x_0 + nh$, *de la variable; en admettant que, pour des accroissements égaux quelconques de* x, *les différences* $(n + 1)^{\text{mes}}$ *de la fonction soient égales à zéro, trouver les valeurs de cette fonction qui correspondent à une valeur donnée de* x *comprise entre* x_0 *et* $x_0 + nh$.

§ II. Formules d'interpolation.

257. FORMULE DE NEWTON. Reprenons la formule

$$[1] \quad u_n = u_0 + n\Delta u_0 + \frac{n(n-1)}{1.2}\Delta^2 u_0 + \frac{n(n-1)(n-2)}{1.2.3}\Delta^3 u_0$$

$$+ \ldots + \frac{n(n-1)\ldots(n-n+1)}{1.2\ldots n}\Delta^n u_0$$

qui a été démontré (**226**).

Supposons que la dernière valeur de x, pour laquelle u est connu, soit représentée par x_1, de telle sorte que l'on ait :

$$x_1 = x_0 + nh,$$

et, par suite, $\qquad n = \dfrac{x_1 - x_0}{h} \, ;$

la formule [1] devient :

$$[2] \quad u_n = u_0 + \frac{x_1 - x_0}{h}\Delta u_0 + \frac{\left(\dfrac{x_1 - x_0}{h}\right)\left(\dfrac{x_1 - x_0}{h} - 1\right)}{1.2}\Delta^2 x_0$$

$$+ \ldots + \frac{\left(\dfrac{x_1 - x_0}{h}\right)\left(\dfrac{x_1 - x_0}{h} - 1\right)\ldots\left(\dfrac{x_1 - x_0}{h} - n + 1\right)}{1.2.3\ldots n}\Delta^n u_0.$$

Si, dans le second membre de cette formule, on remplace x_1 par la lettre indéterminée x, on formera une fonction $\varphi(x)$,

$$[3] \quad \varphi(x) = u_0 + \frac{x - x_0}{h}\Delta u_0 + \frac{\left(\dfrac{x - x_0}{h}\right)\left(\dfrac{x - x_0}{h} - 1\right)}{1.2}\Delta^2 u_0,$$

$$+ \ldots + \frac{\left(\dfrac{x - x_0}{h}\right)\left(\dfrac{x - x_0}{h} - 1\right)\ldots\left(\dfrac{x - x_0}{h} - n + 1\right)}{1.2\ldots n}\Delta^n u_0,$$

qui, évidemment prend la valeur u_n pour $x = x_1$, c'est-à-dire pour $x = x_0 + nh$.

Je dis, de plus, que si l'on y donne à x les valeurs, $x_0, x_0 + h$, $x_0 + 2h, \ldots x_0 + (n-1)h$, $\varphi(x)$ deviendra successivement u_0, u_1, $u_2, \ldots u_{n-1}$; et, comme d'ailleurs cette fonction est un polynome du degré n, dont la différence n^{me} est constante (**226**), elle remplit toutes les conditions imposées par l'énoncé, et elle est, par suite, la solution du problème proposé.

Faisons, en effet, dans la fonction $\varphi(x)$,

$$x = x_0 + ph,$$

cette valeur pouvant représenter toutes les autres, si le nombre arbitraire p devient successivement $0, 1, \ldots n$.

On aura :

$$[4] \qquad \varphi(x + ph) = u_0 + p\Delta u_0 + \frac{p(p-1)}{1.2} \Delta^2 u_0 + \ldots$$

$$+ \frac{p(p-1)\ldots(p-p+1)}{1.2\ldots p} \Delta^p u_0 ;$$

et les termes suivant disparaissent ; car $\dfrac{x - x_0}{h}$ devient égal à p, et par suite, chacun des termes, à partir du $(p+1)^{me}$, contient $(p - p)$ parmi les facteurs de son numérateur. Or, le second membre de la formule [4] est (**226**) l'expression de u_p ; et, par suite, la fonction $\varphi(x)$ devient, comme nous l'avions annoncé, égale à u_p, quand on fait $x = x_0 + ph$, et elle remplit les conditions de l'énoncé.

258. REMARQUE I. En écrivant, comme nous l'avons fait, la formule :

$$u_n = u + n\Delta u_0 + \frac{n(n-1)}{1.2} \Delta^2 u_0 + \ldots \frac{n(n-1)\ldots(n-n+1)}{1.2\ldots n} \Delta^n u_0,$$

il faut avoir bien soin de ne pas supprimer les facteurs communs aux deux termes des derniers coefficients. Ainsi, par exemple, le coefficient de $\Delta^n u_0$ est l'unité ; mais on doit l'écrire :

$$\frac{n(n-1)\ldots(n-n+1)}{1.2\ldots n} ;$$

ce qui fournit, par la substitution de $\dfrac{x - x_0}{h}$ à n, dans le numérateur, un polynome bien différent de l'unité.

259. REMARQUE II. La fonction $\varphi(x)$, que nous avons trouvée (**257**), est le seul polynome en x, qui puisse résoudre le problème tel qu'il a été posé. En effet, la différence $(n+1)^{\text{me}}$ devant être nulle d'après l'une des conditions, le polynome ne peut avoir de termes de degré plus élevé que le n^{me}. Or, un tel polynome étant désigné par $\psi(x)$, et devant prendre les mêmes valeurs que $\varphi(x)$, savoir u_0, u_1, u_2,...u_n, pour $x = x_0$, x_1, x_2,... x_n, il faut que la différence $\varphi(x) - \psi(x)$ s'annule $(n+1)$ fois, ou en d'autres termes, que l'équation

$$\varphi(x) - \psi(x) = 0,$$

admette au moins $(n+1)$ racines, x_0, x_1, x_2 ... x_n; ce qui exige, puisqu'elle est du degré n, que son premier membre soit identiquement nul, et que, par suite, les fonctions φ et ψ soient identiques.

240. EXEMPLE. Nous donnerons une application de la méthode précédente. Supposons que l'on veuille obtenir le logarithme de 3,1415926536, par le moyen d'une table de logarithmes à dix décimales. On regardera les logarithmes contenus dans cette table, comme les valeurs données de la fonction u, les nombres comme celles de x, et l'on formera le tableau suivant :

x	u	Δu	$\Delta^2 u$	$\Delta^3 u$	$\Delta^4 u$
3,14	0,4969296481	0,0013809057	—0,0000043769	0,000000077	—0,0000000003
3,15	0,4983105538	0,0013765288	—0,0000043492	0,000000074	
3,16	0,4996870826	0,0013721796	—0,0000043218		
3,17	0,5010592622	0,0013678578			
3,18	0,5024277200				

La différence quatrième étant extrêmement petite, on peut considérer la différence cinquième comme nulle.

Pour appliquer la formule

$$[3] \; u_x = u_0 + \frac{x - x_0}{h} \Delta u^0 + \frac{\left(\dfrac{x - x_0}{h}\right)\left(\dfrac{x - x_0}{h} - 1\right)}{1.2} \Delta^2 u^0$$

$$+ \frac{\left(\dfrac{x - x_0}{h}\right)\left(\dfrac{x - x_0}{h} - 1\right)\left(\dfrac{x - x_0}{h} - 2\right)}{1.2 \; 3} \Delta^3 u_0$$

$$+ \frac{\left(\dfrac{x - x_0}{h}\right)\left(\dfrac{x - x_0}{h} - 1\right)\left(\dfrac{x - x_0}{h} - 2\right)\left(\dfrac{x - x_0}{h} - 3\right)}{1.2.3.4} \Delta^4 u_0,$$

nous devons faire :

$$u_0 = \quad 0,4969296481,$$

$$\Delta u_0 = \quad 0,0013809057,$$

$$\Delta^2 u_0 = - \, 0,0000043769,$$

$$\Delta^3 u_0 = \quad 0,0000000277,$$

$$\Delta^4 u_0 = - \, 0,0000000003;$$

et comme $\qquad h = 0,01,$

$$x_0 = 3,14, \; x - x_0 = 0,0015926536,$$

on obtiendra :

$$\frac{x - x_0}{h} = 0,15926536, \qquad \frac{\dfrac{x - x_0}{h} - 1}{2} = - \, 0,42036732,$$

$$\frac{\dfrac{(x - x_0)}{h} - 2}{3} = - \, 0,61357821, \qquad \frac{\dfrac{x - x_0}{h} - 3}{4} = - \, 0,71018366.$$

Avec ces valeurs, il sera facile de mettre en nombres la formule [3], qui donnera :

$$u_x = \log 3,1415926536 = 0,4971498727.$$

241. Formule de Lagrange. Il existe une autre formule, qui fait connaître approximativement les valeurs d'une fonction u, lorsqu'on connaît les valeurs $u_0, u_1, u_2 \ldots u_n$, qu'elle prend pour des valeurs $x_0, x_1, x_2, \ldots x_n$, de la variable. Nous supposons comme précédemment, que u soit une fonction rationnelle de x, du degré n. Soit donc :

$$u_x = \alpha + \beta x + \gamma x^2 + \ldots + \mu x^n;$$

on aura :
$$u_0 = \alpha + \beta x_0 + \gamma x_0^2 + \ldots + \mu x_0^n,$$

$$u_1 = \alpha + \beta x_1 + \gamma x_1^2 + \ldots + \mu x_1^n,$$

$$u_2 = \alpha + \beta x_2 + \gamma x_2^2 + \ldots + \mu x_2^n,$$

$$\ldots \ldots \ldots$$

$$u_n = \alpha + \beta x_n + \gamma x_n^2 + \ldots + \mu x_n^n;$$

et l'on pourrait déterminer α, β, γ, $\ldots$ μ, en résolvant ces équations, qui sont du premier degré; mais on se dispense de cette résolution, en posant :

$$u_x = X_0 u_0 + X_1 u_1 + X_2 u_2 + \ldots + X_n u_n.$$

X_0, X_1, X_2, $\ldots$ X_n, sont des fonctions de x, assujetties aux conditions suivantes :

Pour $x = x_0$: X_1, X_2, $\ldots$ X_n, doivent s'annuler et X_0 devenir égal à l'unité;

Pour $x = x_1$: X_0, X_2, $\ldots$ X_n, doivent s'annuler, et X_1 devenir égal à l'unité;

Pour $x = x_2$: X_0, X_1, X_3, $\ldots$ X_n, doivent s'annuler, et X_2 devenir égal à l'unité.

$\vdots$

Pour $x = x_n$: X_0, X_1, $\ldots$ X_{n-1}, doivent s'annuler et X_n devenir égal à l'unité.

Il est évident, en effet, que, d'après ces conditions, u_x deviendra égal à u_0, u_1, $\ldots$ u_n pour les valeurs x_0, x_1 $\ldots$ x_n de x.

Or, X_0 s'annulant pour les valeurs x_1, x_2, $\ldots$ de x, on peut poser :
$$X_0 = A_0 (x - x_1)(x - x_2) \ldots (x - x_n);$$

et comme, pour $x = x_0$, on doit avoir $X_0 = 1$, on posera :

$$A_0 = \frac{1}{(x_0 - x_1)(x_0 - x_2)\ldots(x_0 - x_n)};$$

en sorte que

$$X_0 = \frac{(x - x_1)(x - x_2)\ldots(x - x_n)}{(x_0 - x_1)(x_0 - x_2)\ldots(x_0 - x_n)},$$

On trouvera de même :

$$X_1 = \frac{(x - x_0)(x - x_2)\ldots(x - x_n)}{(x_1 - x_0)(x_1 - x_2)\ldots(x_1 - x_n)},$$

$$X_2 = \frac{(x - x_0)(x - x_1)(x - x_3)\ldots(x - x_n)}{(x_2 - x_0)(x_2 - x_1)\ldots(x_2 - x_n)},$$

et ainsi de suite : la formule cherchée est donc :

$$u_x = u_0 \frac{(x-x_1)(x-x_2)\ldots(x-x_n)}{(x_0-x_1)(x_0-x_2)\ldots(x_0-x_n)} + u_1 \frac{(x-x_0)(x-x_2)\ldots(x-x_n)}{(x_1-x_0)(x_1-x_2)\ldots(x_1-x_n)}$$

$$+ \ldots + u_n \frac{(x-x_0)(x-x_1)\ldots(x-x_{n-1})}{(x_n-x_0)(x_n-x_1)\ldots(x_n-x_{n-1})}.$$

§ III. Application de la méthode d'interpolation à la représentation exacte d'une fonction entière $f(x)$, du degré m, dont on connaît les valeurs u_0, u_1, u_2,... u_m, correspondantes aux valeurs de x_0, $x_0 + h$,...$x_0 + mh$ de la variable.

242. REPRÉSENTATION D'UNE FONCTION ENTIÈRE. La formule d'interpolation [3], démontrée (257), a pour but de former une fonction entière, de degré m, qui, pour les valeurs $x_0, x_0 + h$, ... $x_0 + mh$ de x, prenne les valeurs $u_1, u_1, \ldots u_m$. Or, deux fonctions entières, de degré m, ne peuvent être égales pour $(m+1)$ valeurs de la variable, sans être complétement identiques ; car, sans cela, en les égalant, on formerait une équation, de degré m, admettant $(m + 1)$ racines. La fonction $f(x)$, indiquée dans l'énoncé, est donc identique à la formule fournie par la méthode d'interpolation ; et l'on a :

$$[A] \quad f(x) = u_0 + \frac{(x-x_0)}{h} \Delta u_0 + \frac{\frac{(x-x_0)}{h}\left(\frac{x-x_0}{h}-1\right)}{1.2} \Delta^2 u_0 + \dots$$

$$+ \frac{\frac{(x-x_0)}{h}\left(\frac{x-x_0}{h}-1\right)\dots\left(\frac{x-x_0}{h}-m+1\right)}{1.2\dots m} \Delta^m u_0.$$

243. LIMITES DES RACINES D'UNE ÉQUATION $f(x) = 0$. On conclut de cette formule que, si les quantités u_0, $\Delta u_0 \dots \Delta^m u_0$, sont positives, en donnant à x une valeur telle que $\frac{x-x_0}{h}$, $\left(\frac{x-x_0}{h}-1\right), \dots \left(\frac{x-x_0}{h}-m+1\right)$ soient des quantités positives, c'est-à-dire en faisant x plus grand que $x_0 + (m-1)h$, $f(x)$ sera positif. On peut même ajouter qu'à partir de la valeur $x = x_0 + (m-1)h$, tous les termes qui composent le second membre de la formule [A] augmentent avec x, et que, par suite, il en est de même de $f(x)$. Il résulte évidemment de là que $x_0 + (m-1)h$ est une limite supérieure des racines positives de l'équation $f(x) = 0$; et les solutions de l'équation doivent être cherchées parmi les nombres inférieurs à cette limite.

De même, si l'on donne à x une valeur x_0 telle que les quantités u_0, Δu_0, $\Delta^2 u_0$, $\dots \Delta^n u_0$ soient alternativement positives et négatives, x_0 est une limite inférieure des racines : car, pour toute valeur de x inférieure à x_0, chacun des termes de $f(x)$ devenant positif, $f(x)$ ne peut plus devenir nulle.

RÉSUMÉ.

236. But de l'interpolation : Condition arbitraire que l'on s'impose. — **237.** Formule d'interpolation de Newton, applicable à une fonction dont on connaît les valeurs pour des valeurs équidistantes de la variable. — **238.** Remarque. — **239.** La fonction trouvée est le seul polynome, entier en x, qui puisse satisfaire aux conditions demandées. — **240.** Application à un exemple. — **241.** Formule d'interpolation de Lagrange. — **242.** Application de la méthode d'interpolation à la représentation exacte d'une fonction entière, de degré m, dont on connaît les valeurs correspondant à $(m+1)$ valeurs équidistantes de la variable. — **245.** Limites des racines d'une équation $f(x) = 0$.

EXERCICES.

I. On a observé une planète, et les ascensions droites ont été trouvées :

Le 12 janvier	$12^h\ 30'$	$0°\ 3'\ 25''.21,$
19 janvier	$9^h\ 0'$	$0°\ 1'\ 28'',04,$
20 janvier	$9^h\ 17'$	$0°\ 2'\ 26'',67,$
24 janvier	$8^h\ 1'$	$-0°\ 0'\ 58'',3.$

Trouver, par interpolation, l'ascension droite du 22 janvier à midi.

II. Les données restant les mêmes, trouver le jour et l'heure pour lesquels l'ascension droite a été nulle.

CHAPITRE III.

RÉSOLUTION DES ÉQUATIONS NUMÉRIQUES.

§ I. Séparation des racines.

244. OPÉRATIONS PRÉLIMINAIRES. Pour résoudre une équation numérique, il convient d'appliquer d'abord la méthode des racines commensurables, et de supprimer les facteurs qui correspondent à ces racines. On doit ensuite appliquer à l'équation la méthode exposée au livre III, chapitre III, pour la décomposer, s'il y a lieu, en plusieurs autres qui n'aient plus que des racines simples. La première de ces opérations n'a d'autre but que de rendre les calculs plus simples. La seconde est indispensable; elle nous permettra d'affirmer, dans ce qui va suivre, que, s'il existe une racine a, deux nombres $(a-h)$, $(a+h')$, qui la comprennent, étant substitués dans l'équation, doivent donner des résultats de signes contraires, quand h et h' sont suffisamment petits. Il suffit évidemment pour cela qu'il n'y ait aucune racine, autre que a, comprise entre $(a-h)$ et $(a+h')$.

Enfin, avant de commencer l'application de la méthode de recherche que nous allons exposer, il sera bon de fixer, par l'application des règles démontrées (**208** et suiv.), une limite supérieure des racines positives et une limite inférieure des racines négatives que peut avoir l'équation proposée.

245. SUBSTITUTION DE NOMBRES ENTIERS CONSÉCUTIFS. Après avoir exécuté les opérations préliminaires dont nous venons de parler, et dont, je le répète, celle qui est relative aux racines égales est seule indispensable, on substituera, dans le premier membre de l'équation proposée, les nombres entiers consécutifs : $-\ldots, -4, -3, -2, -1, 0, +1, +2, +3, +4 \ldots$, compris entre les limites des racines. Cette substitution se fera, comme il a été expliqué (**230**), par la méthode des différences : c'est-à-dire que l'on calculera directement un nombre de valeurs consécutives égales au degré m de l'équation, et l'on en déduira leurs différences jusqu'à celle de l'ordre $(m-1)$. Puis, en se fondant sur ce que la différence de l'ordre m est constante on pourra calculer, par de simples additions ou soustractions, les valeurs des différences successives, et par suite celles du premier membre, correspondantes aux autres valeurs de la variable. Il résulte de la loi même qui préside à la formation de ce tableau, qu'en faisant croître x, on arrivera à rendre la fonction et ses différences toutes positives; et qu'en donnant à x des valeurs décroissantes, on finira par rendre la fonction et toutes ses différences alternativement positives et négatives. On s'arrêtera, dans les deux sens, lorsque ces conditions se trouveront réalisées; car aucune substitution ultérieure de nombres entiers ne pourra, évidemment, modifier les signes.

Si les résultats de la substitution des nombres entiers dans le premier membre ne sont pas tous de même signe, il arrivera, une ou plusieurs fois, que deux résultats consécutifs soient de signes contraires; et nous pourrons affirmer, qu'entre les nombres entiers correspondants il existe une racine ou un nombre impair de racines.

Si le nombre des intervalles, dans lesquels l'existence des racines réelles devient ainsi manifeste, est précisément égal au nombre des racines que le théorème de Descartes permet de supposer, les racines *sont séparées;* c'est-à-dire que l'on est assuré d'avoir, pour chacune d'elles, deux nombres qui la comprennent et qui n'en comprennent pas d'autres.

Mais il s'arrive, au contraire, que le nombre de ces intervalles soit moindre que le nombre des racines possibles; et, en particulier, si les nombres entiers, substitués dans le premier membre, donnent tous des résultats de mêmes signes, on doit rester dans le doute, et recourir à de nouvelles substitutions. Mais ces substitutions ne doivent être faites que dans des intervalles choisis, où elles présentent quelque chance de succès. Voici comment on déterminera ces intervalles.

246. CHOIX DES INTERVALLES DANS LESQUELS ON DOIT FAIRE DE NOUVELLES SUBSTITUTIONS. Après avoir obtenu les résultats de la substitution des nombres entiers dans le premier membre de l'équation proposée, on portera sur une ligne droite, à partir d'une origine 0, des longueurs proportionnelles aux valeurs 1, 2, 3,..., attribuées à l'inconnue x, et, en sens opposé, des longueurs destinées à représenter les valeurs négatives — 1, — 2,

— 3,...; puis, par l'extrémité de chacune de ces longueurs, on élèvera (sans y apporter *aucune* précision) une perpendiculaire représentant la valeur correspondante du premier membre de l'équation proposée, cette perpendiculaire étant portée dans un sens ou dans l'autre, suivant que la valeur est positive ou négative. Il est évident que, si l'on procédait de la même manière, non plus seulement pour les valeurs entières, mais pour toutes les valeurs possibles de x, le lieu des extrémités des perpendiculaires serait une courbe; et les intersections de cette courbe avec la droite, sur laquelle on porte les x, ferait connaître les racines; car elles correspondraient à la valeur de x pour laquelle, le premier membre de l'équation s'annulant, il faut porter une perpendiculaire nulle au-dessus de l'axe. Les valeurs particulières du premier membre, que nous avons obtenues, font connaître des points de cette courbe, et permettent de se faire *à peu près* une idée de sa forme, et d'en conclure, par conséquent, les intervalles dans lesquels l'existence des racines est probable, et où il convient de les chercher par des substitutions nouvelles.

Si, par exemple, en substituant à x les valeurs 0, 1, 2, 3, 4, 5, 6, on trouve pour le premier membre d'une équation, les valeurs

$$1,50, \mid 0,86, \mid 0,08, \mid 0,15, \mid 1,25, \mid 3, \mid 4,$$

les points correspondants, qu'il faudra construire, sont placés à peu près comme il suit :

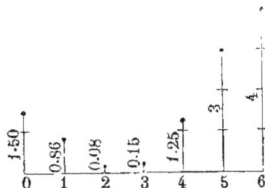

Et l'on conçoit que, si la courbe qui les réunit coupe l'axe des x, ce doit être entre les points 2 et 3. Cependant *nous ne sommes nullement en droit d'affirmer* que, dans les autres intervalles, il n'y ait pas de racines; il pourrait même, à la rigueur, en exister entre 5 et 6 (intervalle où l'inspection des résultats précédents n'en ferait certainement pas présumer). Il suffirait que la courbe inconnue, qui réunit nos différents points, fût suffisamment contournée.

247. THÉORÈME. Il existe cependant un théorème, qui assigne une limite aux irrégularités que peuvent présenter les courbes analogues à celles dont il vient d'être question.

Si l'équation proposée est de degré m, *une parallèle à la ligne, sur laquelle on porte les valeurs de* x, *ne peut, dans aucun cas, rencontrer la courbe en plus de* m *points.*

Soit, en effet, d la distance de cette parallèle à la ligne des x; elle rencontrera la courbe précisément aux points qui correspondent aux valeurs de x, pour lesquelles le premier membre est égal à d. Or, en égalant le premier membre à un nombre donné, on obtient une équation de degré m, qui ne peut avoir plus de m racines. J'ajoute que souvent l'application du théorème de Descartes à cette équation donnera une limite plus petite encore.

Si l'on revient à l'exemple proposé dans le chapitre précédent, on voit que l'existence d'une racine, comprise entre 5 et 6, exigerait que la courbe pût être coupée entre quatre points au moins par une parallèle à la ligne des x, et que, par suite, l'équation, obtenue en égalant le premier membre à un nombre d, pût avoir quatre racines positives.

248. SUBSTITUTION DE NOMBRES ÉQUIDISTANTS D'UN DIXIÈME. Lorsque l'inspection des résultats obtenus aura indiqué les intervalles, dans lesquels on présume l'existence des racines, on devra substituer, dans ces intervalles, des nombres équidistants d'un dixième; et il arrivera, le plus souvent, que ces substitutions montreront assez nettement la forme de la courbe, pour qu'on aperçoive avec certitude les limites qui comprennent les racines, ou que l'on acquière la conviction qu'il n'en existe pas. Nous n'avons rien à ajouter sur la manière de tirer parti de ces résultats nouveaux : il faudrait répéter, mot pour mot, ce que nous avons dit au sujet de la substitution des nombres entiers.

Pour calculer les résultats de la substitution des nombres, de dixièmes en dixièmes, il faudra procéder comme pour celle des nombres entiers : calculer d'abord un nombre de résultats consécutifs égal au degré de l'équation, former les différences qui en résultent, et chercher ensuite les valeurs suivantes par de simples additions.

§ II. Étude spéciale du cas où l'équation est du troisième degré.

249. Simplification relative a cette équation. Soit un polynôme du troisième degré

$$\varphi(x) = x^3 + px^2 + qx + r.$$

Supposons que l'on ait substitué des nombres équidistants dont la différence soit h ; on connaît la valeur de la fonction $\varphi(x)$ pour une certaine valeur $x = x_0$ de la variable, et l'on a formé, de plus, $\Delta \varphi(x_0)$, $\Delta^2 \varphi(x_0)$, $\Delta^3 \varphi(x_0)$. Nous allons donner un moyen simple de calculer les différences qui correspondraient à un accroissement dix fois moindre, et que nous représenterons par $\delta \varphi(x_0)$, $\delta^2 \varphi(x_0)$, $\delta^3 \varphi(x_0)$. On a :

$$[1]\ \Delta \varphi(x_0) = \varphi(x_0 + h) - \varphi(x_0) = h \varphi'_0(x_0) + \frac{h^2}{1.2} \varphi''(x_0) + \frac{h^3}{1.2.3} \varphi'''(x_0).$$

Pour former $\Delta^2 \varphi(x_0)$, il faut prendre *la différence* du second membre, c'est-à-dire son accroissement quand on y change x_0 en $(x_0 + h)$; on aura

$$\Delta^2 \varphi(x_0) = h[\varphi'(x_0 + h) - \varphi'(x_0)] + \frac{h^2}{1.2}[\varphi''(x_0 + h) - \varphi''(x_0)]$$

$$+ \frac{h^3}{1.2.3}[\varphi'''(x_0 + h) - \varphi'''(x_0)];$$

or, $\varphi'(x_0)$ est du second degré, $\varphi''(x_0)$ du premier et $\varphi'''(x_0)$ est constant ; on a donc :

$$\varphi'(x_0 + h) - \varphi'(x_0) = h \varphi''(x_0) + \frac{h^2}{1.2} \varphi'''(x_0),$$

$$\varphi''(x_0 + h) - \varphi''(x_0) = h \varphi'''(x_0),$$

$$\varphi'''(x_0 + h) - \varphi'''(x_0) = 0 ;$$

donc, en substituant, il vient :

$$[2] \qquad \Delta^2 \varphi(x_0) = h^2 \varphi''(x_0) + h^3 \varphi'''(x_0).$$

On trouvera de même :

$$\Delta^3\varphi(x_0) = h^2[\varphi''(x_0+h) - \varphi''(x_0)] + h^3[\varphi'''(x_0+h) - \varphi'''(x_0)];$$

ou, d'après ce qui précède,

[3] $\Delta^3\varphi(x_0) = h^3\varphi'''(x_0).$

Ainsi donc :

[1] $\Delta\varphi(x_0) = h\varphi'(x_0) + \dfrac{h^2}{2}\varphi''(x_0) + \dfrac{h^3}{6}\varphi'''(x_0),$

[2] $\Delta^2\varphi(x_0) = h^2\varphi''(x_0) + h^3\varphi'''(x_0),$

[3] $\Delta^3\varphi(x_0) = h^3\varphi'''(x_0).$

Si, dans ces formules, on remplace h par $\dfrac{h}{10}$, on aura :

[4] $\delta\varphi(x_0) = \dfrac{h}{10}\varphi'(x_0) + \dfrac{h^2}{200}\varphi''(x_0) + \dfrac{h^3}{6000}\varphi'''(x_0),$

[5] $\delta^2\varphi(x_0) = \dfrac{h^2}{100}\varphi''(x_0) + \dfrac{h^3}{1000}\varphi'''(x_0),$

[6] $\delta^3\varphi(x_0) = \dfrac{h^3}{1000}\varphi'''(x_0).$

A l'inspection de ces formules, on voit que, connaissant les va-leurs des différences Δ, on formera immédiatement $\delta^3\varphi(x_0)$, qui est la millième partie de $\Delta^3\varphi(x_0)$. $\delta^2\varphi(x_0)$ se compose de deux termes dont le second est précisément $\delta^3\varphi(x_0)$ que l'on vient de former, et le premier est la centième partie de la différence $\Delta^2\varphi(x_0) - \Delta^3\varphi(x_0)$, c'est-à-dire de la différence qui précède $\Delta^2\varphi(x_0)$ dans la série des Δ^2. Enfin $\delta\varphi(x_0)$ se compose de trois termes ; les deux derniers sont connus. L'un est la sixième partie de $\delta^3\varphi(x_0)$; l'autre est la moitié de $\dfrac{h^2}{100}\varphi''(x_0)$, c'est-à-dire d'un terme déjà calculé pour former δ^2. Quant au troisième terme $\dfrac{h}{10}\varphi'(x_0)$, on remarquera qu'il est la dixième partie de $h\varphi'(x_0)$, et que l'on a :

$$h\varphi'(x_0) = \Delta\varphi(x_0) - \dfrac{h^2}{2}\varphi''(x_0) - \dfrac{h^3}{6}\varphi'''(x_0).$$

Le second membre se compose de trois termes connus, et on le calculera facilement.

En résumé :

$\delta^3\varphi(x_0)$ est la millième partie de $\Delta^3\varphi(x_0)$;

$\Delta^2\varphi(x_0)$ est la somme de $\delta^3\varphi(x_0)$ et de la centième partie du terme qui précède $\Delta^2\varphi(x_0)$ dans la série des Δ^2 ;

$\delta\varphi(x_0)$ se compose de la sixième partie de $\delta^2\varphi(x_0)$, de la moitié du terme calculé pour obtenir $\delta^2\varphi(x_0)$ et de la dixième partie de l'expression

$$\Delta\varphi(x_0) - \frac{h^2}{2}\varphi''(x_0) - \frac{h^3}{6}\varphi'''(x_0),$$

dont les trois termes sont connus.

250. APPLICATION DE LA MÉTHODE PRÉCÉDENTE. Considérons l'équation

$$x^3 - 7x + 7 = 0.$$

Si nous substituons à x les valeurs -1, 0, $+1$, nous trouvons, pour le premier membre, les valeurs correspondantes 13, 7, 1, dont les différences premières sont -6, -6, et la différence seconde 0. Quant à la différence troisième, on sait (**227**) qu'elle est égale à 6. Nous formerons donc le tableau suivant :

x	y	Δy	$\Delta^2 y$	$\Delta^3 y$
				6
				6
-1	13	-6	0	6
0	7	-6		6
1	1			6
				6

et nous en déduirons, par des additions successives, la table des valeurs de $\Delta^2 y$, Δy, y, que j'inscris dans un nouveau tableau, afin que l'on aperçoive mieux, dans le précédent, les résultats qui servent de base à tous les autres.

x	y	Δy	$\Delta^2 y$	$\Delta^3 y$
— 4	—29	30	—18	6
— 3	1	12	— 12	6
— 2	13	0	— 6	6
— 1	13	—6	0	6
0	7	—6	6	6
1	1	0	12	6
2	1	12	18	
3	13	30		
4	43			
5				

A l'inspection des valeurs de y, on voit qu'il existe une racine négative comprise entre —3 et —4; et, comme la règle de Descartes apprend qu'il n'en existe qu'une, il n'y a pas lieu d'en chercher d'autres.

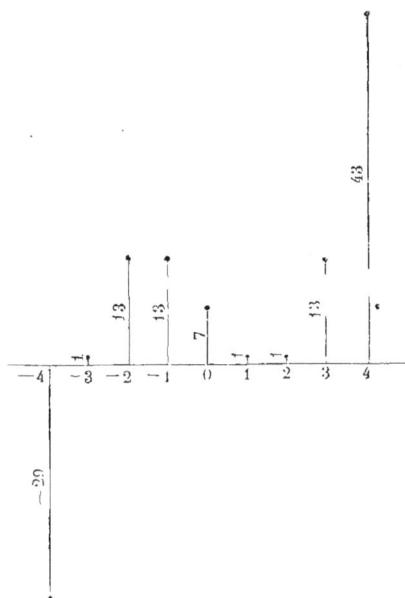

Quant aux racines positives, il peut en exister deux; mais pour les découvrir, nous devons recourir à de nouvelles substitutions. Si nous représentons graphiquement les résultats obtenus, nous obtenons la figure ci-contre.

La courbe, qui réunit ces points, ne devant être coupée qu'en trois points par une parallèle à la ligne des x, ne peut évidemment couper cette ligne qu'entre les points 1 et 2; c'est donc entre $x = 1$ et $x = 2$, que nous devons substituer des valeurs distantes de 0,1.

Nous savons que, pour $x = 1$, le premier nombre, que nous désignons par y, est lui-même égal à 1; on a, de plus, pour des accroissements de x égaux à l'unité, $\Delta y = 0$, $\Delta^2 y = 12$, $\Delta^3 y = 6$.

L'accroissement devenant égal à $\frac{1}{10}$, nous trouverons (**249**) :

$$\delta^3 y = 0{,}006, \quad \delta^2 y = 0{,}066, \quad \delta y = -0{,}369 ;$$

et nous pourrons, d'après ces valeurs, former le tableau suivant :

x	y	δy	$\delta^2 y$	$\delta^3 y$
1	1	—0,369	0,066	0,006
1,1	0,631	—0,303	0,072	0,006
1,2	0,328	—0,231	0,078	0,006
1,3	0,097	—0,153	0,084	0,006
1,4	—0,056	—0,069	0,090	0,006
1,5	—0,125	0,021	0,096	0,006
1,6	—0,104	0,117	0,102	0,006
1,7	+0,013	0,219	0,108	0,006
1,8	0,232	0,327	0,114	
1,9	0,559	0,441		
2	1			

On voit, à l'inspection de ce tableau, que y change de signe, quand x passe de la valeur 1,3 à la valeur 1,4 et de la valeur 1,6 à 1,7. Il y a donc deux racines positives, dont les valeurs, à un dixième près, sont 1,3 et 1,6.

251. CALCUL DES RACINES A MOINS DE 0,01. Pour obtenir une plus grande approximation, il faudra substituer à x des valeurs distantes de 0,01, entre 1,3 et 1,4, et entre 1,6 et 1,7. Ces substitutions se feront, comme les précédentes, au moyen des différences. On commencera par remarquer que, pour $x = 1{,}3$, on a $y = 0{,}097$; à partir de cette valeur, les différences relatives à un accroissement de x égal à 0,1, sont, comme on le voit par le tableau précédent :

$$y = 0{,}097, \quad \Delta y = -0{,}153, \quad \Delta^2 y = 0{,}084, \quad \Delta^3 y = 0{,}006.$$

Pour en déduire les valeurs des différences relatives à un accroissement de x égal à 0,01, nous appliquerons les formules données plus haut; et nous trouverons :

$$\delta^3\varphi(x_0) = \tfrac{1}{1000} \times \Delta^3\varphi(x_0) = 0,000006,$$
$$\delta^2\varphi(x_0) = 0,000006 + \tfrac{1}{100} \times 0,078 = 0,000786,$$
$$\delta\varphi\,(x_0) = 0,000001 + 0,00039 + \tfrac{1}{10}(-0,153 - 0,039 - 0,001)$$
$$= 0,018909;$$

et, comme on a, d'ailleurs, pour $x = 1,3$, $y = 0,097$, on peut former le tableau suivant :

x	y	Δy	$\Delta^2 y$	$\Delta^3 y$
1,3	0,097000	—0,018909	0,000786	0,000006
1,31	0,078091	—0,018123	0,000792	id.
1,32	0,059968	—0,017331	0,000798	id.
1,33	0,042637	—0,016533	0,000804	id.
1,34	0,026104	—0,015729	0,000810	id.
1,35	0,010375	—0,014919	0,000816	id.
1,36	—0,004544	—0,014103	0,000822	id.
1,37	—0,018647	—0,013281	0,000828	id..
1,38	—0,031928	—0,012453	0,000834	
1,39	—0,044381	—0,011619		
1,4	—0,056000			

On calculera, au moyen des mêmes formules, les valeurs de Δy, $\Delta^2 y$, $\Delta^3 y$, qui correspondent à des accroissements de x égaux à 0,01, à partir de la valeur $x = 1,6$; et l'on formera le tableau suivant :

x	y	Δy	$\Delta^2 y$	$\Delta^3 y$
1,6	—0,104000	0,007281	0,000966	0,000006
1,61	—0,096719	0,008247	0,000972	id.
1,62	—0,088472	0,009219	0,000978	id.
1,63	—0,079253	0,010197	0,000984	id.
1,64	—0,069056	0,011181	0,000990	id.
1,65	—0,057875	0,012171	0,000996	id.
1,66	—0,045704	0,013167	0,001002	id.
1,67	—0,032537	0,014169	0,001008	id.
1,68	—0,018368	0,015177	0,001014	
1,69	—0,003191	0,016191		
1,7	+0,013000			

On voit, d'après ces tableaux, que les deux racines sont comprises, l'une entre 1,35 et 1,36, l'autre entre 1,69 et 1,70. Pour calculer la plus grande, à un millième près, il faut substituer, entre 1,69 et 1,70, des valeurs distantes d'un millième. Ces valeurs, calculées par le même procédé que les précédentes, résultent du tableau suivant :

x	y	Δy	$\Delta^2 y$	$\Delta^3 y$
1,69	—0,003191000	0,001573371	0.000010146	0,000000006
1,691	—0,001617629	0,001583517	0,000010152	id.
1,692	—0,000034112	0,001593669	0,000010158	id.
1,693	+0,001559557	0,001603827	0,000010164	id.
1,694	0,003163384	0,001613991	0,000010170	id.
1,695	0,004777375	0,001624161	0,000010176	id.
1,696	0,006401536	0,001634337	0,000010182	id.
1,697	0,008035873	0,001644519	0,000010188	id.
1,698	0,009680392	0,001654707	0,000010194	
1,699	0,011335099	0,001664901		
1,70	0,013000000			

On voit que y change de signe, lorsque x passe de la valeur 1,692 à 1,693. La racine est donc, à un millième près, égale à 1,692.

252. Emploi d'une proportion pour obtenir la racine. Les tableaux précédents permettent de pousser l'approximation plus loin encore. Remarquons en effet, que, dans le dernier de ces tableaux, la différence seconde est extrêmement petite. On peut donc, *sans erreur sensible*, la considérer comme nulle, et admettre, par suite, que les accroissements de y soient proportionnels à ceux de x. Nous pourrons alors obtenir la valeur de x, pour laquelle y est nul, en procédant comme on le fait dans l'emploi des tables de logarithmes. Nous dirons :

Lorsque x augmente de 0,001, et passe de la valeur 1,692 à la valeur 1,693, la variation de y est 0,001593669. Pour que la variation de y soit 0,000034112, c'est-à-dire pour que y devienne zéro, il faut donc que la variation δ de x satisfasse la proportion

$$\frac{\delta}{0,001} = \frac{0,000034112}{0,001593669};$$

d'où l'on déduit :

$$\delta = \frac{0,000000034112}{0,001593669} = 0,0000214,$$

en sorte que la racine est égale, approximativement, à 1,6920214.

On doit observer que la différence seconde, que nous avons considérée comme nulle, étant, en réalité, un peu plus grande que 0,00001, peut influer sur le septième des chiffres décimaux; et il n'y a, par conséquent, aucune raison pour le considérer comme exact.

On doit donc considérer la racine comme égale à 1,692021.

253. AUTRE APPLICATION. Dans l'exemple précédent, la détermination des intervalles, dans lesquels il convenait d'effectuer de nouvelles substitutions, n'a présenté aucune difficulté. Malheureusement il n'en est pas toujours ainsi. Nous en citerons un exemple.

$$y = 9x^3 - 24x^2 + 16x - 0,001 = 0.$$

Si nous substituons à x les valeurs — 1, 0, 1, nous trouvons pour valeurs correspondantes de y, —49,001, — 0,001, 0,999, dont les différences sont 49, 1, et la différence seconde — 48. Quant à la différence troisième, elle est (**227**) égale à 54.

Nous pouvons, d'après cela, former le tableau suivant :

x	y	Δy	$\Delta^2 y$	$\Delta^3 y$
—1	—49,001	49	—48	54
0	— 0,001	1	6	54
1	+ 0,999	7	60	54.
2	7,999	67	114	
3	74,999	181		
4	255,999			

et, si l'on représente ces valeurs graphiquement, ainsi qu'on l'a indiqué (**246**), on voit clairement qu'il existe une racine entre $x = 0$ et $x = 1$; mais rien ne fait pressentir qu'il y en ait d'autres, et ne porte à essayer de nouvelles substitutions. Si, cependant, on substitue les valeurs distantes de 0,1 entre $x = 1$ et $x = 2$, on trouve que les valeurs des différences, relatives à $x = 1$ et à un accroissement de x égal à 0,1, sont $\Delta y = -0,461$, $\Delta^2 y = 0,114$, $\Delta^3 y = 0,054$; ce qui permet de former le tableau suivant:

x	y	Δy	$\Delta^2 y$	$\Delta^3 y$
1	0,999	--0,461	0,114	0,054
1,1	0,538	—0,347	0,168	id.
1,2	0,191	—0,179	0,222	id.
1,3	0,012	+0,043	0,276	id.
1,4	0,055	0,319	0,330	id.
1,5	0,374	0,649	0,384	id.
1,6	1,023	1,033	0,438	id.
1,7	2,056	1,471	0,492	id.
1,8	3,527	1,963	0,546	
1,9	5,490	2,509		
2	7,999			

En représentant graphiquement les résultats qui y sont contenus, l'on voit clairement que la courbe, qui passe par les points obtenus, ne peut couper la ligne des x qu'entre le point 1,3 et le point 1,4. Substituons donc, entre ces deux valeurs, des valeurs de x distantes de 0,01 : ces valeurs se calculeront, comme les précédentes, en formant d'abord, par les formules (**249**), les valeurs de Δy, $\Delta^2 y$, et $\Delta^3 y$ qui correspondent à $x = 1,3$, et à des accroissements de la variable égaux à 0,01 : nous formerons ainsi le tableau suivant :

x	y	Δy	$\Delta^2 y$	$\Delta^3 y$
1,3	+0,012000	—0,006501	0,002274	0,000054
1,31	+0,005419	—0,004307	0,002328	id.
1,32	+0,001112	—0,001979	0,002382	id.
1,33	—0,000867	+0,000403	0,002436	id.
1,34	—0,000464	0,002839	0,002490	id.
1,35	+0,002375	0,005329	0,002544	id.
1,36	+0,007704	0,007873	0,002598	id.
1,37	+0,015577	0,010471	0,002652	id.
1,38	+0,026048	0,013123	0,002706	
1,39	+0,039171	0,015829		
1,4	+0,055000			

Ce tableau prouve que l'une des racines est comprise entre 1,32 et 1,33, l'autre entre 1,34 et 1,35.

§ III. Méthode de Newton.

234. EXPOSÉ DE LA MÉTHODE. Lorsque l'on considère une fonction dans un intervalle très-peu considérable, on peut presque toujours, sans erreur sensible, regarder ses accroissements comme proportionnels à ceux de la variable, et les représenter par le produit de la dérivée de la fonction par l'accroissement même de la variable. L'erreur, commise dans cette substitution, sera d'autant moindre, que l'on prendra des accroissements plus petits. Cette remarque s'applique à toutes les fonctions, mais nous la développerons seulement ici sur les fonctions algébriques entières, pour l'appliquer à la résolution des équations considérées dans ce chapitre.

Soient

$$[1] \qquad F(x) = 0,$$

une équation algébrique, et a une valeur approchée d'une racine, dont nous désignerons par $(a + h)$ la valeur exacte; on aura évidemment :

$$[2] \qquad F(a + h) = 0,$$

ou

$$[3] \quad F(a) + F'(a)h + F''(a)\frac{h^2}{1 \cdot 2} + \ldots + F^m(a)\frac{h^m}{1 \cdot 2 \ldots m} = 0$$

or, en négligeant les termes qui contiennent h à une puissance plus élevée que la première, on a, avec une approximation d'autant plus grande que h est plus petit :

$$F(a + h) = F(a) + F'(a)h;$$

l'équation [3] devient donc :

$$F(a) + F'(a)h = 0;$$

et l'on en déduit :
$$h = -\frac{F(a)}{F'(a)};$$

la valeur approchée de la racine est, par conséquent :

$$a - \frac{F(a)}{F'(a)}.$$

En désignant cette valeur par b, et appliquant de nouveau le même procédé, on trouvera une valeur plus approchée encore

$$b - \frac{F(b)}{F'(b)};$$

et, en répétant cette opération plusieurs fois de suite, on obtiendra rapidement une très-grande approximation.

Il est impossible d'indiquer, d'une manière générale, et indépendamment de tout exemple particulier, la rapidité avec laquelle croissent les approximations; mais, dans chaque cas, on s'en forme facilement une idée en procédant comme nous allons le faire dans l'exemple suivant.

255. APPLICATION. EXEMPLE I. Reprenons l'équation (**250**) :

$$F(x) = x^3 - 7x + 7 = 0;$$

nous avons trouvé que l'une de ses racines est, à 0,001 près, égale à 1,692; si nous la désignons par $1,692 + h$, ou, pour abréger par $(a + h)$, h sera plus petit que 0,001 ; et nous aurons :

$$F(a + h) = F(a) + hF'(a) + \frac{h^2}{1.2} F''(a) + \frac{h^3}{1.2.3} F'''(a) = 0;$$

par suite :

$$h = -\frac{F(a)}{F'(a)} - \frac{h^2}{1.2} \frac{F''(a)}{F'(a)} - \frac{h^3}{1.2.3} \frac{F'''(a)}{F'(a)}.$$

Or, pour $a = 1,692$, les coefficients de h^2 et de h^3 sont, l'un plus petit que 3,2, l'autre moindre que l'unité ; en sorte que le second et le troisième terme du second membre sont moindres, l'un que 0,0000032, l'autre que 0,000000001 : nous avons donc, à 4 *millionièmes près*,

$$h = -\frac{F(a)}{F'(a)}.$$

Or on a, d'après le tableau (**251**), pour $x = 1,692 = a$:

$$F(a) = -0,000034112 ;$$

d'ailleurs $\qquad F'(a) = 3a^2 - 7 = +1,588592;$

donc $\qquad h = \frac{0,000034112}{0,588592} = 0,000021473.$

Mais, d'après le résultat que nous venons d'obtenir, la valeur $x = 1,692$ était exacte, non-seulement jusqu'à 0,001, mais encore à 0,0001 près, puisque la quatrième décimale est un zéro; de plus, d'après le même résultat, pour $x = 1,6920$, l'erreur h est moindre que 0,000025, ou $\frac{1}{40000}$; donc, le nombre obtenu est approché à moins de $\frac{1}{10^5}$; et la valeur de x est, avec 8 décimales,

$$x = 1,6920\ 2147.$$

Nous avons donc une nouvelle valeur approchée de la racine

$$1,6920\ 2147 = b;$$

représentons sa valeur exacte par

$$1,6920\ 2147 + h' = b + h';$$

nous aurons :

$$0 = F(b + h') = F(b) + h'F'(b) + \frac{h'^2}{2} . F''(b) + \frac{h'^3}{2.3} F'''(b);$$

d'où

$$h' = -\frac{F(b)}{F'(b)} - \frac{h'^2}{2} . \frac{F''(b)}{F'(b)} - \frac{h'^3}{2.3} \frac{F'''(b)}{F'(b)}.$$

Or h' est plus petit que $\frac{1}{10^5}$; par suite, h'^2 est moindre que $\frac{1}{10^{10}}$; son coefficient, d'ailleurs, est moindre que 3,2. D'un autre côté, h'^3 est plus petit que $\frac{1}{10^{24}}$, et son coefficient est moindre que l'unité. Donc si l'on prend

$$h' = -\frac{F(b)}{F'(b)},$$

l'erreur commise sera de l'ordre $\frac{1}{10^{10}}$. Cet exemple suffit pour donner une idée de la rapidité des approximations, et pour montrer comment on doit l'apprécier dans chaque cas.

256. Exemple II. Soit donnée l'équation :

$$F(x) = x^3 - 2x - 5 = 0.$$

La première dérivée sera

$$F'(x) = 3x^2 - 2;$$

et, par suite, le terme de correction :

$$h = -\frac{F(x)}{F'(x)} = -\frac{x^3 - 2x - 5}{3x^2 - 2}.$$

Première approximation. On trouve immédiatement, que la racine réelle de l'équation est comprise entre 2,0 et 2,1.

Posons donc $a = 2,1$; et partons de cette valeur pour trouver la racine x avec plus d'exactitude. En remplaçant x par 2,1, dans les fonctions $F(x)$ et $F'(x)$, nous aurons :

$$F(a) = 0,061$$

et

$$F'(a) = 11,23;$$

donc

$$h = -\frac{0,061}{11,23} = -0,0543,$$

et, par suite,

$$b = 2,095.$$

Deuxième approximation. Partant de cette nouvelle valeur approchée de la racine, nous aurons d'abord :

$$b = 2,095,$$

$$b^2 = 4,389,$$

$$b^3 = 9,195;$$

donc

$$F(b) = 0,005 \quad \text{et} \quad F'(b) = 11,167;$$

$$h_1 = -\frac{0,005}{11,167} = -0,000\,448$$

et

$$c = b + h_1 = 2,094\,552.$$

L'erreur h_1 étant moindre que $\frac{1}{10^3}$, et les coefficients de h_1^2

et h_1^3 étant, le premier environ $\frac{1}{2}$, le second $\frac{1}{11}$, il s'ensuit que l'erreur de la nouvelle valeur de x sera plus petite que $\frac{1}{10^6}$.

TROISIÈME APPROXIMATION. Posons maintenant $x = 2,094\,552$; comme l'erreur de c est moindre que $\frac{1}{10^6}$, et que, de plus, les coefficients de h_1^2 et de h_1^3 restent à très-peu près les mêmes, nous pourrons compter sur une approximation de $\frac{1}{10^{12}}$.

On a d'abord :

$$c^2 = 4,387148\ 080704,$$

$$c^3 = 9,189109\ 786734;$$

donc $\qquad F(c) = 0,000005\ 786734,$

et $\qquad F'(c) = 11,161444\ 242112,$

ce qui donne :

$$h_2 = -\frac{F(c)}{F'(c)} = -\frac{0,000005\ 786734}{11,161444\ldots} = -0,000000\ 518458,$$

et $\qquad d = c + h_2 = 2,094551\ 481542,$

exacte à moins de $\frac{1}{10^{12}}$.

QUATRIÈME APPROXIMATION. Pour pousser encore plus loin l'approximation de la racine, posons :

$$x = 2,094551\ 481542;$$

nous aurons, pour les puissances de x ou de d :

$$d^2 = 4,387145\ 908829\ 787166\ 697764,$$

et $\qquad d^3 = 9,189102\ 963080\ 354769\ 507339;$

et, par conséquent,

$$F(d) = -0,000000\ 000003\ 645230\ 492661,$$

$$F'(d) = 11,161437\ 726489\ 3615\ldots$$

. Donc, la valeur de h_3 sera :

$$h_3 = -\frac{F(d)}{F'(d)} = +\frac{0,0\dots3\ 645230\ 492661}{11,161437\ 726489\ 36\dots}.$$

ou $\qquad h_3 = +0,000000\ 000000\ 326591\ 482386:$

on a donc pour la nouvelle valeur :

$$x = 2,094551\ 481542\ 326591\ 482386,$$

valeur exacte à moins de $\frac{1}{10^{24}}$. Un nouveau calcul donnerait la

racine, à moins de $\frac{1}{10^{48}}$.

257. REPRÉSENTATION GRAPHIQUE DE LA MÉTHODE DE NEWTON.
La méthode d'approximation, que nous venons d'exposer, peut
se représenter graphiquement d'une manière très-simple, que
nous croyons devoir indiquer ici, quoiqu'elle exige des notions
de géométrie analytique.

La recherche des racines réelles de l'équation $f(x) = 0$ revient
à celle des points où la courbe, qui a pour équation $y = f(x)$,
coupe l'axe des x. En désignant par a une valeur approchée de
la racine, et par $f(a)$ la valeur correspondante de y, l'équation
de la tangente à la courbe $y = f(x)$, au point dont les coordonnées sont a et $f(a)$, est :

$$y - f(a) = f'(a)(x - a).$$

Cette tangente coupe l'axe des x en un point dont l'abscisse x
est évidemment

$$x = a - \frac{f(a)}{f'(a)},$$

c'est-à-dire précisément égale à la valeur fournie par la méthode de Newton.

D'après cela, la méthode de Newton
équivaut à la construction suivante :

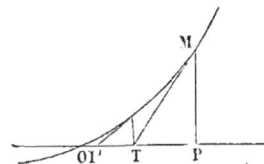

Ayant la position approchée, P, du
point O où une courbe coupe l'axe des
x, pour en obtenir une autre plus ap-
prochée encore, on mène, au point M de la courbe qui se pro-
jette en P, une tangente MT ; et le point T est, *en général*, beau-

coup plus près que P de l'intersection cherchée. En répétant la même construction, on obtiendra un nouveau point T' encore plus rapproché que le précédent; et ainsi de suite.

Il peut arriver, cependant, qu'en appliquant la méthode de Newton, on obtienne une valeur de la racine moins approchée que celle que l'on a déjà : et il importe, pour opérer avec certitude, d'entourer la méthode de quelques précautions indispensables.

258. CAS QUI PEUVENT SE PRÉSENTER DANS L'APPLICATION DE LA MÉTHODE. Supposons que l'on ait trouvé deux nombres, a, b, $(a < b)$, qui comprennent une racine, et une seule, de l'équation $f(x) = 0$; de telle sorte que $f(a)$ et $f(b)$ soient de signes contraires. Supposons, en outre, que ces deux nombres a, b, soient assez rapprochés, pour que, x variant depuis a jusqu'à b, $f'(x)$ et $f''(x)$ ne changent pas de signe. Puisque $f'(x)$ conserve son signe, $f(x)$ est constamment croissant ou constamment décroissant; et, puisque $f''(x)$ conserve le sien, $f'(x)$ est également toujours croissant ou toujours décroissant. En d'autres termes, l'ordonnée de la courbe $y = f(x)$ va toujours en augmentant ou toujours en diminuant; et l'angle, que la tangente à la courbe fait avec l'axe des x, varie aussi toujours dans le même sens.

D'après cela, quatre cas peuvent se présenter. Si $f(a) > 0$, on

Fig. 1.   Fig. 2.

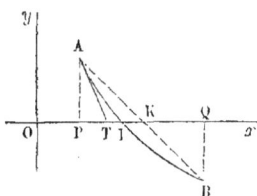   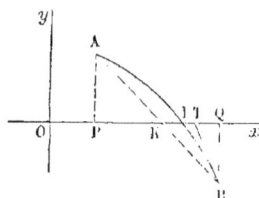

Fig. 3.   Fig. 4.

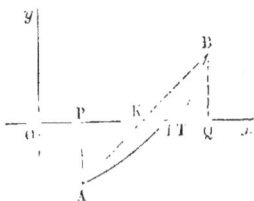   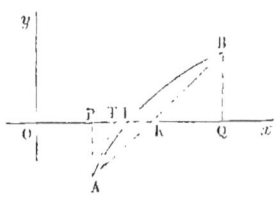

a $f(b) < 0$; par suite, $f(x)$ diminue, et $f'(x)$ est constamment négatif. La courbe affecte alors l'une des deux premières formes : savoir, la première, si $f''(x)$ est constamment positif, et la deuxième, si $f''(x)$ est constamment négatif.

Si, au contraire, $f(a)$ est négatif, on a $f(b) > 0$; par suite, $f'(x)$ est constamment positif : et la courbe affecte alors l'une des deux dernières formes : la troisième, si $f''(x)$ est positif, et la quatrième, si $f''(x)$ est négatif.

259. MOYEN D'OPÉRER AVEC CERTITUDE. Cela posé, il est évident que, pour avoir avec certitude une valeur de x plus approchée que l'une des limites a, b, qui la comprennent, il faut, dans le premier cas (fig. 1), mener la tangente au point A, qui correspond à la limite inférieure a, c'est-à-dire, poser

$$[1] \qquad x = a - \frac{f(a)}{f'(a)};$$

il faut, dans le second cas, mener la tangente au point B, qui correspond à la limite supérieure b, et poser

$$[2] \qquad x = b - \frac{f(b)}{f'(b)}.$$

Il faut de même appliquer la formule [2] dans le troisième cas, et la formule [1] dans le quatrième.

On remarque d'ailleurs que, dans le premier et le quatrième cas, où l'on doit appliquer la formule [1], $f(a)$ et $f''(a)$ sont de même signe, tandis que $f(b)$ et $f''(b)$ sont de signes contraires; et que, dans le second et le troisième, où l'on doit appliquer la formule [2], $f(b)$ et $f''(b)$ sont aussi de même signe, tandis que $f(a)$ et $f''(a)$ sont de signes contraires. On conclut de là cette règle générale :

Lorsque l'on connaîtra deux limites, a, b, qui comprennent une seule racine de l'équation f(x) = 0, et qui en sont ainsi, chacune, une valeur approchée, si ces deux limites sont assez rapprochées pour que, x variant de a à b, f'(x) et f''(x) ne puissent changer de signe, on prendra la formule

$$x = z - \frac{f(z)}{f'(z)},$$

et l'on y remplacera z par celle des deux limites qui rendra f(z) et f″(z) de même signe.

Le résultat sera une valeur de x plus approchée que la limite dont on se sera servi. En substituant cette valeur dans la même formule, on obtiendra une nouvelle valeur encore plus approchée ; et ainsi de suite.

260. Emploi simultané de la méthode de Newton et de la méthode des parties proportionnelles. Il est facile de voir, que la méthode des parties proportionnelles (**232**) donnerait pour valeur approchée $x = OK$, K étant le point où la corde AB rencontre l'axe des x. Car on a, dans chacune des figures,

$$x = OP + PK, \quad \text{et } x = OQ - QK,$$

ou $$x = a + PK, \quad \text{et } x = b - QK,$$

et l'on voit que :

$$PK = PQ \times \frac{AP}{AP + BQ}, \text{ et } QK = PQ \times \frac{BQ}{AP + BQ} :$$

c'est-à-dire que les accroissements PK et QK sont proportionnels aux variations des ordonnées.

On remarque, d'ailleurs, que si la méthode de Newton donne une valeur trop petite pour x, la méthode des parties proportionnelles donne une valeur trop grande, et *vice versa.* Par conséquent, la valeur exacte de x est comprise entre les deux ; et l'erreur commise est moindre que leur différence.

RÉSUMÉ.

244. Opérations préliminaires à exécuter, quand on veut résoudre une équation numérique. — 245. Substitution de nombres entiers consécutifs. — 246. Choix des intervalles dans lesquels on doit faire de nouvelles substitutions. — 247. Théorème qui limite les irrégularités que peut présenter la courbe dont on fait usage. — 248. Substitution de nombres équidistants d'un dixième. — 249. Simplification des calculs dans le cas où l'équation est du troisième degré. — 250. Application à un exemple. Calcul des racines à 0.1 près. — 251. Calcul à 0,01 près. — 252. Emploi d'une proportion analogue à celle dont on fait usage dans la théorie des logarithmes. — 253. Exemple d'une équation à

laquelle les règles précédentes s'appliquent mal. — **234**. Méthode de Newton. — **235, 236**. Applications à deux exemples. — **257**. Représentation graphique de la méthode. — **258, 259**. Rectification de la méthode, qui permet d'opérer avec certitude. — **260**. Emploi simultané de la méthode de Newton et de la méthode des parties proportionnelles.

EXERCICES.

I. Déterminer la racine réelle de l'équation

$$x^3 - 2x - 5 = 0.$$

On trouve : $x = 2,09455.$

II. Déterminer la racine réelle de l'équation

$$x^3 - 5x - 3 = 0.$$

On trouve : $x = 2,4908.$

III. Déterminer les racines réelles de l'équation

$$x^5 - 2x^4 - 13x^3 + 39x^2 - 20x + 4 = 0.$$

On trouve $x = -4,00317.$

IV. Déterminer les racines réelles de l'équation

$$x^3 - 8x^2 - 6x + 9 = 0.$$

On trouve $x_1 = 8,577,$ $x_2 = 3,5577,$ $x_3 = -3,2438.$

V. Déterminer les racines réelles de l'équation

$$x^3 - 8x - 1 = 0.$$

On trouve : $x_1 = 2,88879,$ $x_3 = -2,7639,$ $x_3 = -0,12509.$

VI. Partager une demi-sphère, de rayon 1, en deux parties équivalentes, par un plan parallèle à la base.

En désignant par x la distance du plan parallèle au centre, on trouve :

$$x^3 - 3x + 1 = 0.$$

CHAPITRE IV.

RÉSOLUTION DES ÉQUATIONS TRANSCENDANTES.

261. BUT DE CE CHAPITRE. Nous nous bornerons à traiter, dans ce chapitre, quelques équations transcendantes, choisies parmi celles que l'on rencontre dans les applications des sciences mathématiques, et qui nous permettront d'exposer, d'une manière complète, les méthodes auxquelles les géomètres ont le plus souvent recours pour leur résolution.

§ I. Application de la théorie des différences à la résolution des équations transcendantes.

262. MÉTHODE DE RÉSOLUTION. La méthode, que nous appliquons aux deux exemples qui vont suivre, est très-fréquemment employée; elle consiste à substituer dans l'équation proposée des nombres équidistants, absolument comme dans le cas d'une équation algébrique. Lorsque l'on a trouvé deux substitutions qui donnent, dans le premier membre, des résultats de signes contraires, on conclut qu'il existe une racine entre les valeurs correspondantes de x; et dans l'intervalle on substitue des nombres plus rapprochés, qui permettent de resserrer la racine entre deux limites nouvelles et plus étroites. Cela fait, on considère le tableau qui comprend : 1° les valeurs attribuées à l'inconnue; 2° les valeurs correspondantes du premier membre de l'équation; 3° les différences des divers ordres qui s'en déduisent. S'il arrive que les différences d'un certain ordre, du troisième par exemple, soient négligeables, on en conclut que la fonction peut être remplacée, sans erreur sensible, dans l'intervalle considéré, par une fonction algébrique (du second degré, si la différence troisième est considérée comme nulle). La théorie de l'interpolation fera connaître cette fonction; et, en la substituant au premier membre de l'équation, on aura ramené le problème à la résolution d'une équation du second degré.

Si les différences du second ordre étaient négligeables, on ramènerait l'équation à une équation du premier degré; et la méthode reviendrait à l'emploi des parties proportionnelles, dont on fait usage, dans un cas analogue, en se servant des tables de logarithmes.

263. EXEMPLE I. Soit donnée l'équation

$$e^x - e^{-x} = 5,284x,$$

équation qui se présente, en mécanique, dans l'étude de la chaînette.

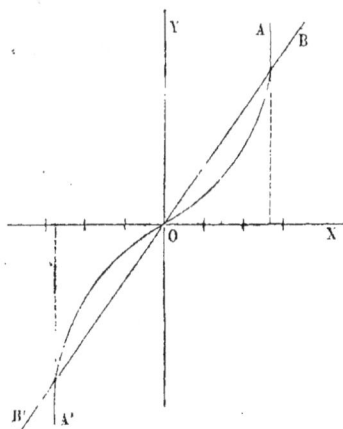

Nous voyons que cette équation ne change pas, lorsqu'on remplace x par $(-x)$; par conséquent, à chaque racine correspond une autre racine égale, mais de signe contraire.

Pour mieux étudier cette équation, posons :

$$y = e^x - e^{-x}, \quad \text{et} \quad y = 5,284x;$$

nous aurons alors les équations de deux lignes, dont les points d'intersection ont pour abscisses les racines de l'équation.

La première de ces deux lignes AA' est une courbe transcendante, n'ayant qu'une seule branche infinie dans les deux sens. Cette branche, qui a pour asymptotes les lignes logarithmiques dont les équations sont :

$$x = \log y \quad \text{et} \quad -x = \log y,$$

passe par l'origine des coordonnées, qui est, en même temps, son centre.

La seconde de ces deux lignes BB' est une droite qui passe également par l'origine.

Comme les deux lignes passent par l'origine, l'équation est vérifiée par $x = 0$. En outre, il est facile de voir qu'elles n'ont qu'une seule intersection du côté des x positifs ; par conséquent, l'équation a une racine positive que nous allons déterminer.

Mettons d'abord l'équation sous la forme,

$$u_x = e^x - e^{-x} - 5,2084x = 0 ;$$

et cherchons les valeurs que prend cette fonction pour des valeurs entières de la variable x. Nous aurons :

$x = 0,$ $e^x = 1,$ $e^{-x} = 1,$ $u_0 = 0$;

$x = 1,$ $e^x = 2,718,$ $e^{-x} = 0,368,$ $u_1 = -2,934$;

$x = 2,$ $e^x = 7,389,$ $e^{-x} = 0,135,$ $u_2 = -3,314$;

$x = 3,$ $e^x = 20,086,$ $e^{-x} = 0,050.$ $u_3 = +4,184.$

La racine est donc comprise entre 2 et 3.

Si maintenant nous cherchons les valeurs de u, correspondant à $x = 2,5$, $x = 2,6$, $x = 2,7\ldots$, nous aurons :

$x = 2,5,$ $u = -1,1096$;

$x = 2,6,$ $u = -0,3489$;

$x = 2,7,$ $u = +0,5447$;

et la racine est comprise entre 2,6 et 2,7.

En partageant cet intervalle en dix parties égales, et en calculant les valeurs intermédiaires de u avec leurs différences, nous aurons le tableau suivant :

x	u	Δu	$\Delta^2 u$
2,64	$-0,00792$	8871	140
2,65	$+0,08079$	9011	142
2,66	$+0,17090$	9153	145
2,67	$+0,26243$	9298	145
2,68	$+0,35541$	9443	
2,69	$+0,44984$		

Les différences du second ordre étant peu différentes, la fonction u_x, prise entre $x = 2,64$ et $x = 2,65$, peut être considérée comme une fonction algébrique du second degré. On appliquera donc la formule d'interpolation de Newton,

$$u_x = u_0 + \frac{x - x_0}{h} \Delta u_0 + \frac{1}{2} \frac{x - x_0}{h} \left(\frac{x - x_0}{h} - 1 \right) \Delta^2 u_0,$$

dans laquelle on devra poser : $x_0 = 2,64$ $h = 0,01,$

$u_0 = -0,00792,$ $\Delta u_0 = 0,08871,$ $\Delta^2 u_0 = 0,00140.$

Comme $x - x_0$ est la correction à faire à la valeur approchée x_0, $\dfrac{x - x_0}{h}$ sera le nombre de centièmes de cette correction. Donc, en nommant z le nombre de centièmes que l'on doit ajouter à 2,64 pour former la racine, on a :

$$u_x = u_0 + z\Delta u_0 + \frac{z(z-1)}{1.2}\Delta^2 u_0;$$

et u_x devant être nul, on en déduit :

$$[1] \qquad z = -\frac{u_0}{\Delta u_0} - \frac{z(z-1)}{1.2}\cdot\frac{\Delta^2 u_0}{\Delta u_0}.$$

Pour résoudre cette équation du second degré, on peut profiter de ce que z est très-petit, pour négliger d'abord le second terme du second membre, et prendre comme première approximation :

$$z = -\frac{u_0}{\Delta u_0} = 0,0892797.$$

Puis remplaçant z par cette valeur dans le second membre de l'équation [1], on trouve plus exactement :

$$z = 0,089921;$$

par suite, la valeur de x est :

$$x = \pm\, 2,64089921.$$

264. Exemple II. Résoudre l'équation

$$[1] \qquad a\sin^4 x = \sin(x - q),$$

équation importante qui se présente dans le calcul des orbites des planètes. Soient donnés :

$$\log a = 0,5997582,$$

et $\qquad q = 13°40'5'',01.$

Comme nos tables ordinaires ne donnent pas les valeurs des sinus naturels, mais celles de leurs logarithmes, nous prendrons les logarithmes vulgaires des deux membres de l'équation; ce qui du reste simplifiera beaucoup le calcul. L'équation se présentera alors sous la forme

$$\log a + 4 \log \sin x = \log \sin (x - q),$$

ou

[2] $u_x = \log a + 4 \log \sin x - \log \sin (x - q) = 0.$

Pour obtenir une première valeur approchée de x, posons d'abord :

$$x = q = 13^\circ40'5'',01 ;$$

nous aurons : $\log \sin x = \overline{1},3734$

4 log sin $x = \overline{3},4936$
log $a = 0,5998$

et $C^t \log \sin (x - q) - 10 = \infty$

donc $u_x = + \infty .$

De la même manière, nous trouverons pour $x = 14^\circ$:

$$\log \sin x = \overline{1},3837$$

4 log sin $x = \overline{3},5348$
log $a = 0,5998$

et $C^t \log \sin (x - q) - 10 = 2,2371$

donc $u_x = + 0,3717.$

De cette diminution rapide de la fonction u_x, nous pouvons conclure, avec quelque probabilité, que la valeur $x = 14^\circ$ est très-rapprochée de l'une des racines de l'équation.

En effet, on trouve par des substitutions directes :

$$x = 14^\circ20', \qquad u_x = + 0,1096,$$

$$x = 14^\circ30', \qquad u_x = + 0,0322,$$

$$x = 14^\circ40', \qquad u_x = - 0,0277.$$

La racine est donc comprise entre $14^\circ30'$ et $14^\circ40'$.

Partageant cet intervalle en deux parties égales, on aura :

pour $x = 14^\circ35', \qquad u_x = + 0,0005.$

Par conséquent la racine est comprise entre $14^\circ35'$ et $14^\circ40'$; et elle est très-près du premier de ces deux nombres.

Pour obtenir une valeur plus approchée de x, cherchons, à 7 décimales, les valeurs de la fonction u_x correspondant aux valeurs de x, de dix en dix secondes, depuis $x = 14^\circ 35'$; et formons le tableau suivant, après avoir pris les différences successives :

x	u	Δu	$\Delta^2 u$
14°35′	$+ 0,0004870$	$- 0,0009924$	$- 0,0000040$
14°35′10″	$- 0,0005054$	$- 0,0009884$	$- 0,0000040$
14°35′20″	$- 0,0014938$	$- 0,0009844$	$- 0,0000039$
14°35′30″	$- 0,0024782$	$- 0,0009805$	
14°35′40″	$- 0,0034587$		

On voit que, pour des valeurs de x équidistantes et assez voisines, les différences secondes de la fonction u_x sont à peu près égales; donc le premier membre de l'équation proposée, dans les limites restreintes que nous lui avons tracées, peut être considéré comme une fonction algébrique du second degré.

En procédant comme dans le cas précédent, on trouve :

$$0 = u_0 + z \cdot \Delta u_0 + \frac{z(z-1)}{2} \Delta^2 u_0;$$

et en substituant les valeurs de u_0, Δu_0 et $\Delta^2 u_0$ contenues dans le tableau, savoir :

$$u_0 = + 0,000\ 4870,$$

$$\Delta u_0 = - 0,000\ 9924,$$

$$\Delta^2 u_0 = + 0,000\ 0040,$$

nous aurons :

$$0 = + 4870 - 9924 z + 20 (z^2 - z).$$

ou

$$z^2 - 497,2 z + 243,5 = 0;$$

et, en prenant la plus petite racine de cette équation du second degré (la plus grande surpasserait 596), on a :

$$z = 0,4902267\ldots$$

Dans ce calcul, nous avons pris pour unité d'intervalle l'arc de dix secondes; la correction sera donc $= 4'',902$, et la racine, exacte aux millièmes de secondes, est :

$$x = 14^0 35' 4'',902.$$

Si nous voulons vérifier ce résultat, nous trouverons :

$$x - q = 54' 59'',892,$$
$$\log \sin x = \overline{1},401\ 07445$$

$$4 \log \sin x = \overline{3},604\quad 2978$$
$$\log a = 0,599\quad 7582$$
et $\quad$ C$^t \log \sin (x - q) - 10 = 1,795\quad 9440$

donc $\qquad\qquad u_x = 0;$

le résultat obtenu est exact.

Mais l'équation [1] étant une équation transcendante, outre cette première racine réelle, il peut y en avoir encore une ou plusieurs autres, ou même une infinité.

En effet, lorsqu'on continue les recherches, on trouve encore sur la première circonférence du cercle, trois autres racines

$$x_1 = \quad 32^0\ 2' 28'',$$

$$x_2 = 137^0 27' 59'',$$

$$x_3 = 193^0\ 4' 18'';$$

de plus, à chacune de ces quatre valeurs de x, correspondent une infinité d'autres, positives ou négatives, et qui sont toutes comprises dans l'expression générale

$$x + k \times 360^0,$$

k étant un nombre entier quelconque, positif ou négatif.

§ II. Résolution des équations transcendantes par la méthode des substitutions successives.

265. MÉTHODE DES SUBSTITUTIONS SUCCESSIVES. La méthode, que nous appliquerons à l'exemple qui va suivre, est d'un emploi très-commode dans tous les cas où la nature du problème permet de l'adopter. Voici, d'abord, d'une manière générale, le principe sur lequel elle repose.

Soit
$$x = \varphi(x)$$

une équation (mise, comme on voit, sous une forme particulière); et supposons que l'on ait trouvé une valeur approchée a de sa racine : on aura, par suite, approximativement :

$$x = \varphi(a);$$

soit b cette valeur; en l'adoptant, on trouvera :

$$x = \varphi(b);$$

soit c cette troisième valeur; on en déduira :

$$x = \varphi(c) = d,$$

et la série des nombres a, b, c, d..., qui peut se continuer indéfiniment, convergera, quelquefois, très-rapidement vers la véritable racine.

Pour apprécier la rapidité de cette convergence, nommons $(a + h)$ la valeur exacte de la racine; nous aurons :

$$a + h = \varphi(a + h).$$

Or, la fraction
$$\frac{\varphi(a + h) - \varphi(a)}{h}$$

diffère peu de la dérivée $\varphi'(a)$. On a donc, en désignant cette fraction par $\varphi'(a) + \varepsilon$:

$$\varphi(a + h) = h\varphi'(a) + \varphi(a) + h\varepsilon;$$

donc
$$a + h = h\varphi'(a) + \varphi(a) + h\varepsilon;$$

et, par suite,
$$(a + h) - \varphi(a) = h\varphi'(a) + h\varepsilon;$$

l'erreur commise, en prenant $\varphi(a)$ pour racine, est donc, à très-peu près, $h\varphi'(a)$, c'est-à-dire le produit de l'erreur précédente h par $\varphi'(a)$. On voit que l'erreur diminue, si $\varphi'(a)$ est moindre que 1; dans le cas contraire, la méthode n'est pas applicable.

266. EXEMPLE. Déterminer les racines réelles de l'équation

$$\frac{10^x}{\sqrt{x}} = 329476.$$

Il est évident que cette équation ne peut pas avoir de racines négatives, parce que, pour un x négatif, le radical deviendrait imaginaire; nous n'avons donc qu'à nous occuper de la recherche des racines positives.

Le calcul deviendra plus simple, si nous prenons les logarithmes vulgaires des deux membres; l'équation devient alors :

[1] $$ x = \tfrac{1}{2} \log x + 5,5178238\ldots; $$

elle est ainsi sous la forme qui permet d'appliquer la méthode.

En posant $\quad y = x$, et $y = \tfrac{1}{2} \log x + 5,5178238$,

nous aurons deux lignes, dont les abscisses des points d'intersection représentent les racines de l'équation.

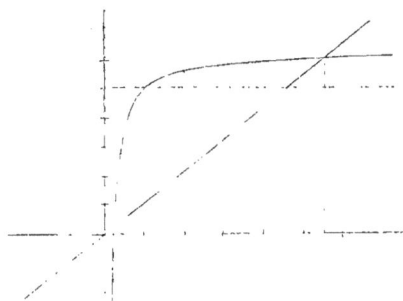

La première est une droite, bissectrice de l'angle des coordonnées orthogonales; la seconde est une ligne logarithmique, formée par une seule branche infinie, et ayant pour asymptote l'axe des y. Les deux lignes se coupent en deux points; le premier très-voisin de l'origine; l'abscisse du second est comprise entre 5 et 6. Il ne peut y avoir d'autres points de rencontre; et, par suite, l'équation n'a que deux racines positives.

Comme la valeur du terme connu de l'équation [1] est près de 6, posons, en premier lieu : $x = 6$, et substituons cette valeur dans le second membre de l'équation [1]; nous aurons alors une valeur de x plus rapprochée que la première,

$$ x = \tfrac{1}{2} \log 6 + 5,5178 = 5,9069. $$

En substituant cette seconde valeur de x dans l'équation [1], nous aurons :

$$ x = \tfrac{1}{2} \log 5,9069 + 5,517\ 8238 = 5,903\ 5036, $$

Poursuivant ce procédé, nous obtiendrons pour la troisième substitution :

$$x = \tfrac{1}{2}\log 5,903\ 5036 + 5,517\ 8238 = 5,903\ 3787 ;$$

ensuite : $\quad x = \tfrac{1}{2}\log 5,903\ 3787 + 5,517\ 8238 = 5,903\ 3741 ,$

puis : $\quad x = \tfrac{1}{2}\log 5,903\ 3741 + 5,517\ 8238 ,$

ou $\quad x = 5,903\ 3740.$

Le dernier résultat est exact à sept décimales ; car on trouve :

$$\log x = \log 5,903\ 3740 = 0,771\ 1004$$

donc : $\qquad \tfrac{1}{2}\log x = 0,385\ 5502$

$$5,517\ 8238$$

d'où $\qquad \tfrac{1}{2}\log x + 5,5178\ldots = 5,903\ 3740 = x.$

Si nous reprenons les considérations générales, par lesquelles nous avons commencé ce paragraphe, nous verrons, en les appliquant à l'exemple actuel, que l'on a :

$$\varphi(x) = \tfrac{1}{2}\log x + 5,5178238,$$

$$\varphi'(x) = \tfrac{1}{2}\frac{\log e}{x}.$$

Or, x étant à peu près égal à 6, cette valeur de $\varphi'(x)$ est à peu près $\tfrac{1}{20}$; et, par suite, chaque valeur obtenue est environ vingt fois plus approchée que la précédente.

Il nous reste encore à évaluer la seconde racine de l'équation

[1] $\qquad x - \tfrac{1}{2}\log x - 5,517\ 8238 = 0,$

racine qui est comprise entre 0 et 1. Comme x est nécessairement une fraction très-petite, nous pouvons négliger le premier terme de l'équation, qui deviendra alors :

$$\tfrac{1}{2}\log x = -5,517\ 8238,$$

$$\log x = -11,035\ 6476$$

$$= \overline{12},964\ 3524 ;$$

d'où l'on tire $\qquad x = 0,00000\ 00000\ 09211\ 97,$

valeur exacte à dix-sept décimales.

§ III. Résolution des équations transcendantes par la méthode de Newton.

267. Exposé de la méthode. La méthode de Newton s'applique, sans modification, à la recherche des racines d'une équation transcendante, pourvu que l'on en connaisse toutefois une première valeur approchée.

Soit, en effet,

$$F(x) = 0,$$

une équation ; et soit a une valeur approchée de la racine, dont nous représenterons la valeur exacte par $(a + h)$.

On aura :
$$F(a + h) = 0 ;$$

mais le rapport
$$\frac{F(a + h) - F(a)}{h}$$

diffère peu de $F'(a)$; et l'on a, par conséquent, en désignant par ε un nombre très-petit :

$$\frac{F(a + h) - F(a)}{h} = F'(a) + \varepsilon ;$$

d'où l'on déduit, en remarquant que $F(a + h)$ est nul :

$$h = -\frac{F(a)}{F'(a) + \varepsilon} ;$$

et $-\dfrac{F(a)}{F'(a)}$ est, par suite, une valeur approchée de h.

268. Exemple I. Soit donnée l'équation

[1] $$x^x - 100 = 0.$$

Substituons d'abord à la variable x les nombres naturels ; nous aurons :

$$0^0 = 1, \quad 1^1 = 1, \quad 2^2 = 4, \quad 3^3 = 27, \quad 4^4 = 256, \ldots$$

On en conclut que notre équation n'a qu'une seule racine réelle, et que cette racine est comprise entre 3 et 4.

Le calcul devient beaucoup plus simple, lorsque, au lieu de

traiter l'équation sous la forme donnée [1], nous prenons les logarithmes vulgaires des deux membres; nous aurons alors :

$$x \log x = 2.$$

Ainsi donc nous aurons :

$$F(x) = x \log x - 2 ;$$

d'où
$$F'(x) = \log x + \log e :$$

où e désigne la base des logarithmes népériens.

Ces valeurs de $F(x)$ et de $F'(x)$, substituées dans la formule générale, qui exprime la correction fournie par la méthode de Newton, donneront pour h.

$$h = -\frac{F(x)}{F'(x)} = -\frac{x \log x - 2}{\log x + \log e} = \frac{2 - x \log x}{\log e + \log x}.$$

PREMIÈRE APPROXIMATION. Nous avons trouvé ci-dessus, que la valeur de x est comprise entre 3 et 4. Posons d'abord $x = 3, 5$, et calculons à 3 décimales. Nous aurons alors :

$$
\begin{array}{ll}
x = 3,5 & \log e = 0,434 \\
\log x = 0,544 & \log x = 0,544 \\
\end{array}
$$

d'où $\quad x \log x = 1,904 \qquad \log e + \log x = 0,978 ;$

et $\quad 2 - x \log x = 0,096 ;$

donc
$$h = \frac{0,096}{0,978} = 0,098 ;$$

et la valeur approchée de x sera :

$$x = 3,598.$$

DEUXIÈME APPROXIMATION. Nous avons :

$$
\begin{array}{ll}
x = 3,598 & \log e = 0,434\ 2945 \\
\text{donc} \quad \log x = 0,556\ 0612 & \log x = 0,556\ 0612 \\
\end{array}
$$

$x \log x = 2,000\ 7082, \quad \log e + \log x = 0,990\ 3557 ;$

et $x \log x - 2 = 0,000\ 7082 ;$

donc $\qquad h = -\dfrac{0,000\ 7082}{0,990\ 3557} = -\ 0,00071\ 50966\,;$

et $\qquad\qquad\qquad x = 3,598 - 0,00071\ 510$

ou $\qquad\qquad\qquad\qquad x = 3,597\ 2849.$

TROISIÈME APPROXIMATION. Pour avoir une valeur de x encore plus approchée, posons maintenant :

$$x = 3,597\ 285\,;$$

nous aurons :

$$\log x = 0,55594\ 04378 \qquad\qquad \log x = 5,55594\ 04378$$
$$x \log x = 1,99909\ 997677 \qquad\qquad \log c = 0,43429\ 44819$$

d'où $x \log x - 2 = 0,00000\ 002323,\quad \log x + \log c = 0,99023\ 49197,$

ce qui donne pour valeur de h,

$$h = \frac{0,00000\ 002323}{0,99023\ 49197} = 0,00000\ 0023458\,;$$

et la valeur de x, exacte à dix décimales, est :

$$x = 3,59728\ 50235.$$

269. EXEMPLE II. Résoudre l'équation :

$$x - \varepsilon \sin x = a\,;$$

et soient $\qquad\qquad \varepsilon = 0,245\ 31615,$

$$\log \varepsilon = \bar{1},389\ 7262,$$

$$a = 329^\circ 44' 27'',66.$$

Cette équation se présente dans l'étude du mouvement elliptique des planètes, lorsqu'on cherche la position de l'astre dans son orbite, à une époque donnée.

Avant de passer à la résolution de cette équation, nous allons montrer comment on réduit en degrés un arc de cercle exprimé en parties de rayons, et réciproquement.

On sait que, pour le rayon $= 1$, la demi-circonférence du cercle, ou 130^0, est égale à

$$\pi = 3,14159\ 26535\ 89793\ 23846\ldots;$$

donc l'arc égal au rayon sera :

$$1 = \frac{180^0}{\pi} = 57^0,29577\ 95130\ 82321\ldots.$$

$$= 57^0 17' 44'',806247\ldots = 206264'',806247\ldots.$$

C'est donc par ce dernier nombre qu'il faudra multiplier la longueur d'un arc donné en parties du rayon, pour le ramener à la mesure ordinaire des arcs ; et réciproquement, en divisant le nombre de secondes, que contient un arc de cercle, par 206264,806247...., on obtient sa longueur en parties du rayon.

Si, par exemple, nous voulions convertir en parties du rayon l'arc de cercle $a = 329^0 44' 27'',66$, nous aurions :

$$a = 1186067'',66,$$

$$\log a = 6,074\ 4755,$$
$$\log 206264'',8 = 5,314\ 4251,$$

donc
$$\log x = 0,760\ 0504;$$

et de là, en parties du rayon,

$$x = 5,755\ 067;$$

en sorte que l'arc de $329^0 44' 27'',66$ vaut environ $5\frac{3}{4}$ fois le rayon.

On donne quelquefois cette règle de conversion sous une autre forme, équivalente à la première. Désignons par α la longueur d'un arc en parties du rayon, et par α' le nombre de secondes qu'il renferme : si l'on divise α par la longueur de l'arc d'une seconde en parties du rayon, on a évidemment pour quotient α'. Ainsi $\frac{\alpha}{\text{arc } 1''} = \alpha'$. Mais l'arc d'une seconde et son sinus sont égaux à moins de $\frac{1}{10^{16}}$; donc :

$$\frac{\alpha}{\sin 1''} = \alpha', \quad \text{et} \quad \alpha = \alpha' \sin 1''.$$

Ainsi, *pour convertir en secondes un arc exprimé en parties du rayon, il faut diviser sa longueur par* sin 1″; *et réciproquement, pour exprimer en parties du rayon un arc évalué en degrés, minutes et secondes, il faut le convertir en secondes, et multiplier le résultat par* sin 1″.

Nous n'avons pas besoin de dire que le logarithme de sin 1″ se trouve à la première page des tables.

Ceci posé, déterminons d'abord le quadrant du cercle, qui comprend l'arc x; et pour cela, substituons à x, dans l'expression

$$F(x) = x - \varepsilon \sin x - 5,755067,$$

les valeurs linéaires de 0°, 90°, 180°, 270°, 390°. Le résultat sera :

$$x = 0^0 \qquad \varepsilon \sin x = 0 \qquad F(x) = -5,75...$$

$$x = 90^0 = \frac{\pi}{2} \qquad \varepsilon \sin x = 0,25 \qquad F(x) = -4,43...$$

$$x = 180^0 = \pi \qquad \varepsilon \sin x = 0 \qquad F(x) = -2,61$$

$$x = 270^0 = \frac{3\pi}{3} \qquad \varepsilon \sin x = -0,15 \qquad F(x) = -0,79$$

$$x = 360^0 = 2\pi \qquad \varepsilon \sin x = 0 \qquad F(x) = +0,53$$

Donc l'arc x est compris entre 270° et 360°, ce qui était facile à prévoir; et, comme son sinus est négatif, x est plus petit que $a = 329^0 44' 27'', 66$.

PREMIÈRE APPROXIMATION, PAR PARTIES PROPORTIONNELLES. Posons d'abord $x = 320^0$, et calculons la valeur correspondante de $F(x)$. Pour réduire l'expression en degrés, minutes et secondes, nous multiplierons, d'après la règle, le terme $\varepsilon \sin x$ par 206264,8..., ou nous le diviserons par sin 1″, et nous aurons :

$$\sin x = \sin 320^0 = -\sin 40^0 ;$$

ou
$$\log(-\sin x) = 1,8081,$$
$$\log \varepsilon = 1,3897,$$
$$\log 206264 = 5,3144,$$
$$\overline{\log(-\varepsilon \sin x \times 206264'') = 4,5122;}$$

donc $\qquad 206264'' \times \varepsilon \sin x = -32525'' = -9^0 2' 5'';$

et de là : $\qquad x = 320^0,$

$$- \varepsilon \sin x = + 9^0 2' 5'',$$

$$- a = - 329^0 44' 28''.$$

Donc : $\qquad \overline{F(x)} = - 42' 23'' = - 2543'';$

l'arc de 320^0 est donc trop petit.

De la même manière, on obtiendrait pour $x = 330^0$,

$$F(x) = + 7^0 17' 12'' = 26232'';$$

donc l'arc $x = 330^0$ est trop grand, et la racine de l'équation est comprise entre 320 et 330^0.

La différence des deux valeurs,

$$F(320^0) = - 2543''$$

et $\qquad F(330^0) = + 26232'',$

étant égale à $28775''$, pour un intervalle de 10^0, nous pourrons admettre comme valeur approchée de x,

$$x = 320^0 + \frac{2543}{23775} \times 10^0 = 320^0 53'.$$

APPLICATION DE LA MÉTHODE DE NEWTON. On a :

$$F(x) = - \varepsilon \sin x - 329^0 44' 27'', 66,$$

$$F'(x) = 1 - \varepsilon \cos x.$$

Prenons la valeur approchée de x comme point de départ.

Soient $\qquad \alpha = 320^0 53'$ et $x = \alpha + h;$

nous aurons : $\qquad h = - \dfrac{F(\alpha)}{F'(\alpha)} = - \dfrac{\alpha - \varepsilon \sin \alpha - 329^0 44' 27'', 66}{1 - \varepsilon \cos \alpha}.$

$\log(- \sin \alpha) = \overline{1}, 799\ 9616$ $\qquad\qquad \log \cos \alpha = \overline{1}, 889\ 7850$

$\log \varepsilon = \overline{1}, 389\ 7262$ $\qquad\qquad\qquad \log \varepsilon = \overline{1}, 389\ 7262$

$\log 206264 = 5, 314\ 4251$ $\qquad\qquad \log(\varepsilon \cos \alpha) = \overline{1}, 279\ 5112$

$\log(- \varepsilon \sin \alpha) = 4, 504\ 1129$ $\qquad\qquad \varepsilon \cos \alpha = 0, 190\ 3317$

d'où $- \varepsilon \sin \alpha = 31923'', 67$ $\qquad F'(\alpha) = 1 - \varepsilon \cos \alpha = 0, 809\ 6683.$

$$= 8^0 52' 3'', 67.$$

Donc
$$\alpha = 320°53'$$
$$-\varepsilon \sin\alpha = +\quad 8°52'3'',67$$
$$-a = -329°44'27'',66$$

et
$$\mathrm{F}(\alpha) = 36'',01.$$

Mais $\quad h = -\dfrac{\mathrm{F}(\alpha)}{\mathrm{F}'(\alpha)} = -\dfrac{36'',01}{0,8096683} = -44'',48\dots$

Donc $\quad x = 320°53' - 44''48 = 320°52'15''52,$

valeur exacte aux centièmes de secondes.

Vérification du résultat obtenu. Nous avons trouvé :

$$x = 320°52'15'',52 ;$$

donc $\quad \sin x = -\sin 39°7'44'',48 ;$

et
$$\log(-\sin x) = \overline{1},800\ 0767$$
$$\log \varepsilon = \overline{1},389\ 7262$$
$$\log 206264'' = 5,314\ 4251$$
$$\log(-\varepsilon\sin x) = 4,504\ 2280$$

D'où $\quad -\varepsilon\sin x = 31932'',14 = 8°52'12'',14.$

Or
$$x = \quad 320°52'15'',52$$
$$-\varepsilon\sin x = +\quad 8°52'12'',14$$
$$-a = -329°44'27'',66$$

$$\mathrm{F}(x) = 0.$$

Comme on voit, la méthode de Newton nous a donné, par un seul calcul, la valeur exacte de l'arc x.

§ IV. Résolution de l'équation $x = \tan g\, x.$

Cette équation se présente dans la théorie de la chaleur, et dans la théorie des vibrations des corps élastiques.

270. CONSIDÉRATIONS GÉNÉRALES. 1° Comme l'équation ne change pas lorsqu'on y remplace x par $(-x)$, il en résulte qu'à chaque racine correspond une autre racine égale, mais de signe contraire. Nous ne nous occuperons donc que de la recherche des racines positives.

2° Lorsque x est positif, il faut que la tangente le soit également, pour que $(x - \tan x)$ devienne nul. Les arcs x sont donc terminés dans le 1er, le 3e, le 5e... quadrant du cercle, et leurs valeurs sont comprises entre $n\pi$ et $(n + \frac{1}{2})\pi$; π étant égal à la demi-circonférence du cercle ou à 180°, et n étant un nombre quelconque, entier et positif.

3° Dans chacun de ces quadrants, l'arc x va en augmentant depuis $x = n\pi$ jusqu'à $x = (n + \frac{1}{2})\pi$; la tangente augmente d'une manière continue depuis zéro jusqu'à l'infini; par conséquent, il y a dans chacun des quadrants indiqués une racine réelle, et il n'y en a qu'une seule; et l'équation proposée admet une infinité de racines positives et négatives.

4° L'équation étant vérifiée par $x = 0$, la racine correspondante au premier quadrant est zéro; pour toutes les autres valeurs de x, comprises dans le premier quadrant, on sait que $\tan x > $ arc x.

5° Si l'on représente par $(n\pi + \alpha_n)$ la n^{me} racine (α_n étant moindre que $\frac{\pi}{2}$), il est facile de voir, que cet arc α_n est d'autant plus grand que n est plus grand.

Soit, en effet, $n'\pi + \alpha_{n'}$ la solution qui correspond à un nombre n' supérieur à n, on a:

$$\tan(n\pi + \alpha_n) = \tan \alpha_n = n\pi + \alpha_n,$$

$$\tan(n'\pi + \alpha_{n'}) = \tan \alpha_{n'} = n'\pi + \alpha_{n'};$$

or, n' étant plus grand que n, la différence $n'\pi + \alpha_{n'} - n\pi - \alpha_n$ ou $(n' - n)\pi + \alpha_{n'} - \alpha_n$ est positive, puisque $(n' - n)\pi$ est au moins égal à π; donc $(n'\pi + \alpha_{n'})$ surpasse $(n\pi + \alpha_n)$; donc $\tan \alpha_{n'}$ est plus grand que $\tan \alpha_n$; et, par suite, $\alpha_{n'}$ est plus grand que α_n, comme nous l'avions annoncé.

6° Si la valeur approchée de la racine est trop grande, l'arc est plus petit que la tangente; si, au contraire, la valeur approchée de x est trop petite, l'arc est plus grand que la tangente,

Car, dans chaque quadrant, $(x - \tang x)$ est positif, tant que la valeur donnée à x est inférieure à la racine ; et devient négative dès que cette valeur surpasse la racine.

271. Calcul de la première racine. Ceci posé, déterminons la plus petite des racines, celle qui est terminée dans le troisième quadrant du cercle. On sait que $\tang 180^0 = 0$, $\tang 225^0 = 1$, et $\tang 270^0 = \infty$; or, x étant plus grand que π, on a :

$$\text{arc } 225^0 > \tang 225^0, \quad \text{arc } 270^0 < \tang 270^0 ;$$

l'arc x est donc renfermé entre 225^0 et 270^0.

Cherchons maintenant les valeurs linéaires des arc compris entre 250^0 et 260^0, et de leurs tangentes respectives (on trouvera ces valeurs, qui sont souvent fort utiles, dans une table, à la fin du volume) ; nous aurons :

$$\text{arc } 250^0 = 4,363, \qquad \tang 250^0 = 2,747,$$
$$\text{arc } 252^0 = 4,398, \qquad \tang 252^0 = 3,078,$$
$$\text{arc } 254^0 = 4,433, \qquad \tang 254^0 = 3,487,$$
$$\text{arc } 256^0 = 4,468, \qquad \tang 256^0 = 4,011,$$
$$\text{arc } 257^0 = 4,485, \qquad \tang 257^0 = 4,331,$$
$$\text{arc } 258^0 = 4,503, \qquad \tang 258^0 = 4,705,$$

On voit immédiatement que l'arc en question est compris entre 257^0 et 258^0; ou que la valeur de x, exprimée en parties du rayon, est entre $4,485$ et $4,503$.

Nous admettrons donc, pour première valeur approchée :

$$x = 4,503.$$

Première approximation par la méthode de Newton. Nous avons l'équation :
$$F(x) = x - \tang x = 0 ;$$

sa première dérivée est, par suite :

$$F'(x) = 1 - \frac{1}{\cos^2 x} = - \tang^2 x ;$$

et le terme de correction sera :

$$h = -\frac{F(x)}{F'(x)} = \frac{x - \tang x}{\tang^2 x}.$$

De plus, nous supposerons $x = 4,503$.

Nous aurons alors :

$$
\begin{aligned}
x &= 4,503 \\
\tang x &= 4,705 \\
\hline
\end{aligned}
$$

et $\quad x - \tang x = -\, 0,202.$

Donc $\quad h = -\dfrac{0,202}{(4,705)^2} = -\dfrac{0,202}{22,1} = -\, 0,0091 ;$

la valeur approchée de x sera donc :

$$x_1 = 4,494.$$

DEUXIÈME APPROXIMATION. Posons $x_1 = 4,494$, et calculons à sept décimales. Pour transformer l'arc x en degrés, nous nous servirons de la table de réduction contenue dans les tables de Callet, pages 214, 215 et 216.

$$x_1 = 4,494$$

$$
\begin{array}{rl}
3,49065\ 850 &= 200^0 \\
\hline
1,00334\ 150 & \\
0,99483\ 767 &= 57^0 \\
\hline
0,00850\ 383 & \\
843\ 576 &= 29' \\
\hline
0,00006\ 807 & \\
6\ 787 &= 14'' \\
\hline
0,00000\ 020 &= 0'',04 ;
\end{array}
$$

donc $\qquad x_1 = 257^0\ 29'\ 14'',04.$

On en conclut :

$$\log \tang x_1 = 0,653\ 7870,$$

et $\qquad \tang x_1 = 4,505\ 956.$

Par suite, $\quad \dfrac{\tang x_1 - x_1 = 0,011\ 956}{}$

$$
\begin{aligned}
\log [\tang x_1 - x_1] &= \overline{2},077\ 5859 \\
\log \tang^2 x_1 &= 1,307\ 5740 \\
\hline
\log (-h_1) &= \overline{4},770\ 0119
\end{aligned}
$$

d'où $\qquad h_1 = -\, 0,000\ 58886 ;$

ce qui donne une nouvelle valeur approchée de x,

$$x_2 = 4,493\ 411.$$

Comme la valeur de x_1 était exacte aux millièmes, l'erreur de x_2 sera de l'ordre de $\dfrac{1}{10^6}$.

Troisième approximation. Le dernier calcul nous a donné, avec une approximation de $\dfrac{1}{10^6}$ environ,

$$x_2 = \tang x_2 = 4,49341.$$

Pour obtenir une valeur de x encore plus rapprochée, au lieu de prendre $x_2 = 4,49341$, posons :

$$\tang x_2 = 4,49341\ ;$$

ce qui facilitera de beaucoup le calcul.

Nous avons déjà trouvé (165) :

$$\text{arc cotang } 4,49341 = 0,21897\ 94968\ 94113\ ;$$

de plus, nous avons :

$$\text{arc tang } x = 270^0 - \text{arc cotang } x\ ;$$

mais $\qquad 270^0 = \dfrac{3\pi}{2} = 4,71238\ 89803\ 84690$

et $\qquad \text{arc cotang } 4,49341 = 0,21897\ 94968\ 94113\ ;$

donc $x_2 = \text{arc tang } 4,49341 = 4,49340\ 94834\ 90577$

et $\qquad\qquad\qquad \tang x_2 = 4,49341$

d'où $\qquad\qquad \tang x_2 - x_2 = 0,00000\ 05165\ 09423\ ;$

mais $\qquad\qquad \tang^2 x_2 = 20,19073\ 34281\ ;$

donc $\qquad h_2 = \dfrac{x - \tang x}{\tang^2 x} = -\dfrac{0,00000,05165\ 0942}{20,19073\ 34281}$,

ou $\qquad\qquad h_2 = -0,00000\ 00255\ 815\ldots$

Nous avons trouvé ci-dessus :

$$x_2 = 4,49340\ 94834\ 906\ ;$$

donc $\qquad x_3 = x_2 + h_2 = 4,493409\ 457909,$

valeur exacte à douze décimales; ce nombre, transformé en degrés et parties de degré, devient :

$$x_3 = 257° 27' 12'',231224.$$

Les tables de logarithmes de Vlacq, tables à dix décimales, donnent :

$$\operatorname{tang} x_3 = 4,4934\ 09458;$$

ce qui s'accorde parfaitement avec le résultat obtenu.

272. RÉSOLUTION GÉNÉRALE DE L'ÉQUATION. L'équation

[1] $\qquad x - \operatorname{tang} x = 0,$

qui se distingue par la rapidité avec laquelle on arrive à la détermination nette et complète de ses racines, est, en outre, remarquable par la facilité avec laquelle elle se prête à une résolution générale, analogue à celle des équations algébriques du second degré.

En effet, il suffit de trois ou quatre substitutions successives pour obtenir l'expression générale de toutes ces racines avec une grande précision.

Nous avons déjà établi (page 276), que la n^{me} racine est plus petite que $\left(n + \dfrac{1}{2} \right) \pi$, ou que $(2n + 1) \dfrac{\pi}{2}$. Posons donc :

$$(2n + 1) \frac{\pi}{2} = x + \theta,$$

équation dans laquelle θ désigne la distance de l'extrémité de l'arc x à celle du quadrant où il se termine. Nous aurons alors :

$$\operatorname{tang} x = \operatorname{tang} \left[(2n + 1) \frac{\pi}{2} - \theta \right] = \operatorname{cotang} \theta,$$

d'où $\qquad \operatorname{tang} \theta = \dfrac{1}{\operatorname{tang} x};$

mais nous avons également, d'après l'équation proposée :

$$\operatorname{tang} x = x;$$

donc $\qquad \qquad \tang \theta = \dfrac{1}{x},$

et [2] $\qquad (2n+1)\dfrac{\pi}{2} = x + \text{arc. } \tang \dfrac{1}{x}.$

Or $\dfrac{1}{x}$ est plus petit que 1 : on peut donc développer en série cette dernière expression; et l'on a :

$$(2n+1)\dfrac{\pi}{2} = x + \dfrac{1}{x} - \dfrac{1}{3x^3} + \dfrac{1}{5x^5} - \dfrac{1}{7x^7} + \cdots;$$

d'où, en désignant $(2n+1)\dfrac{\pi}{2}$ par a :

[3] $\qquad x = a - \dfrac{1}{x} + \dfrac{1}{3x^3} - \dfrac{1}{5x^5} + \dfrac{1}{7x^7} - \cdots$

C'est de cette équation que nous tirerons la valeur de x en fonction de a.

Négligeons d'abord le terme $\dfrac{1}{x}$ et les termes suivants : nous aurons $x = a$; si nous substituons cette valeur à x dans le second membre de l'équation [3], nous aurons, en négligeant les 3es ... puissances :

$$x = a - \dfrac{1}{a}.$$

Une nouvelle substitution, avec suppression des 5es puissances, donnera :

$$x = a - \dfrac{1}{\left(a - \dfrac{1}{a} \right)} + \dfrac{1}{3 \left(a - \dfrac{1}{a} \right)^3}$$

$$= a - \left(\dfrac{1}{a} + \dfrac{1}{a^3} \right) + \dfrac{1}{3a^3} = a - \dfrac{1}{a} - \dfrac{2}{3a^3}.$$

Car la division donne :

$$\dfrac{1}{a - \dfrac{1}{a}} = \dfrac{1}{a} + \dfrac{1}{a^3} + \dfrac{1}{a^5} + \cdots$$

En substituant cette valeur de x dans le second membre de l'équation [3], en effectuant les divisions et en négligeant les 7es puissances, nous aurons une valeur de x encore plus approchée :

$$x = a - \cfrac{1}{\left(a - \cfrac{1}{a} - \cfrac{2}{3a^3}\right)} + \cfrac{1}{3\left(a - \cfrac{1}{a} - \cfrac{2}{3a^3}\right)^3} - \cfrac{1}{5\left(a - \cfrac{1}{a} - \cfrac{2}{3a^3}\right)^5}$$

$$= a - \left(\frac{1}{a} + \frac{1}{a^3} - \frac{5}{3a^5}\right) + \tfrac{1}{3}\left(\frac{1}{a^3} + \frac{3}{a^5}\right) - \frac{1}{5a^5},$$

ou, en réduisant, $x = a - \dfrac{1}{a} - \dfrac{2}{3a^3} + \dfrac{13}{15a^5}.$

Enfin, pour obtenir une nouvelle approximation, remplaçons x par cette dernière valeur, effectuons les divisions et négligeons les 9es puissances ; le résultat sera :

$$x = a - \cfrac{1}{\left(a - \cfrac{1}{a} - \cfrac{2}{3a^3} - \cfrac{15a^5}{13}\right)} + \cfrac{1}{3\left(a - \cfrac{1}{a} - \cfrac{2}{3a^3}\right)^3} - \cfrac{1}{5\left(a - \cfrac{1}{a}\right)^5} + \cfrac{1}{7a^7},$$

ou

$$x = a - \left(\frac{1}{a} + \frac{1}{a^3} + \frac{5}{3a^5} + \frac{16}{5a^7}\right) + \tfrac{1}{3}\left(\frac{1}{a^3} + \frac{3}{a^5} + \frac{8}{a^7}\right)$$
$$- \tfrac{1}{5}\left(\frac{1}{a^5} + \frac{5}{a^7}\right) + \frac{1}{7a^7},$$

ou

$$x = a - \frac{1}{a} - \frac{2}{3a^3} - \frac{13}{15a^5} - \frac{146}{105a^7}.$$

Un nouveau calcul donnerait le 6e terme de la série, qui est

$$- \frac{781}{315a^9}.$$

En remplaçant, dans cette formule, a par sa valeur $(2n+1)\dfrac{\pi}{2}$, et π par 3,14159 26...., l'équation se présentera sous la forme :

$$[4] \quad x = (2n+1) . \frac{\pi}{2} - \frac{1}{(2n+1)} \times 0{,}63661\,97723\,67581$$

$$- \frac{1}{(2n+1)^3} \times 0{,}17200\,81836 - \frac{1}{(2n+1)^5} \times 0{,}09062\,596$$

$$- \frac{1}{(2n+1)^7} \times 0{,}05892\,837 - \frac{1}{(2n+1)^9} \times 0{,}04258\,5$$

$$\cdot \quad \cdot \quad \cdot \quad \cdot \quad \cdot \quad \cdot \quad \cdot \quad \cdot \quad \cdot$$

Pour avoir immédiatement la valeur de la 1re, de la 2e, de la 3e....
racine, on n'aurait qu'à substituer à n les nombres 1, 2, 3....

A mesure que le nombre n augmente, le nombre des termes
diminue pour un même degré d'exactitude; et la valeur de x
finit par se réduire au premier terme

$$x = (2n + 1)\frac{\pi}{2},$$

lorsque n devient infini.

Si, par exemple, on voulait obtenir, à sept décimales, la
10e racine, il suffirait des quatre premiers termes; on aurait :

$$2n + 1 = 21,$$

$$x = 21 \times 90^0 = 32,986\,72286\ldots\text{. (voy. Callet, p. 214)}$$

$$\qquad\qquad -\quad 0,030\,31523$$

$$\qquad\qquad -\quad 0,000\,01857$$

$$\qquad\qquad -\quad 0,000\,00002$$

ou $\qquad\qquad x = 32,956\,3890.$

Le calcul devient encore plus simple, lorsqu'on convertit les
coefficients de l'équation [2] en degrés, minutes et secondes;
opération qui serait extrêmement simple à l'aide de la table de
réduction de Callet.

On obtient alors :

$$[5]\quad x = (2n + 1).90^0 - \frac{131312'',25}{(2n+1)} - \frac{35479'',24}{(2n+1)^3}$$

$$- \frac{18693''}{(2n+1)^5} - \frac{12155''}{(2n+1)^7} - \frac{8784''}{(2n+1)^9} - \cdots$$

Calculant, d'après cette formule, la 5e racine de l'équation, on
aura :

$$n = 5, \quad 2n + 1 = 11.$$

Il suffira d'évaluer les quatre premiers termes, et encore le quatrième n'influe-t-il que sur les fractions de secondes. On aura :

$$x = 11 \times 90^0 - (11937'',48 + 26'.66 + 0'',12)$$

$$= 11 \times 90^0 - 11964'',26$$

ou $x = 11 \times 90^0 - 3^0 19' 24'' 26.$

Voici les valeurs des onze premières racines :

$$x_0 = \quad 90^0 - 90^0,$$

$$x_1 = 3 \times 90^0 - 12^0 32' 48'',$$

$$x_2 = 5 \times 90^0 - 7^0 22' 32'',$$

$$x_3 = 7 \times 90^0 - 5^0 14' 22',$$

$$x_4 = 9 \times 90^0 - 4^0 3' 59'',$$

$$x_5 = 11 \times 90^0 - 3^0 19' 24'',$$

$$x_6 = 13 \times 90^0 - 2^0 48' 37'',$$

$$x_7 = 15 \times 90^0 - 2^0 26' 5'',$$

$$x_8 = 17 \times 90^0 - 2^0 8' 51'',$$

$$x_9 = 19 \times 90^0 - 1^0 55' 16''.$$

$$x_{10} = 21 \times 90^0 - 1^0 44' 17''.$$

RÉSUMÉ.

261. But de ce chapitre. — **262.** Indication de la méthode des différences. — **263, 264.** Exemples. — **265.** Indication de la méthode des substitutions successives. — **266.** Exemple. — **267.** Indication de la méthode de Newton. — **268, 269.** Exemples. — **270.** Considérations générales relatives à la résolution de l'équation $x = \tan x$. — **271.** Calcul de la première racine. — **272.** Résolution générale de l'équation $x = \tan x$.

EXERCICES.

I. Étant donné un quadrant de cercle BCD, trouver un arc BM, tel que le secteur BCM soit égal au triangle CDR formé par le rayon CD, la cosécante CR et la cotangente DR.

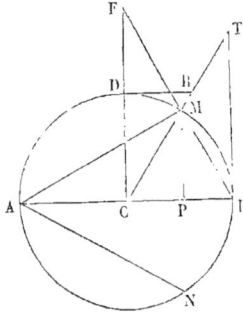

Soit l'arc BM $= x$; l'équation à résoudre sera :

$$x = \cot g\, x.$$

Et l'on trouvera:

$$x = 49°17'36'',55\,,$$

$$x = \cot ang\, x = 0,860\,3334.$$

II. Trouver un secteur BCM, qui soit la moitié du triangle CBT formé par le rayon CB, la tangente BT et la sécante CT

Équation : $2x = \tan g\, x.$

Solution : $x = 66°46'54'',23,$

$$2x = \tan g\, x = 2,331\,122.$$

III. Partager le demi-cercle ADMB en deux parties équivalentes, par une corde AM menée à l'extrémité du diamètre.

On cherche l'angle MCD $= \varphi$.

Équation : $\varphi = \cos \varphi.$

Solution : $\varphi = 42°20'47'',25,$

$$\varphi = \cos \varphi = 0,739\,0851.$$

IV. Étant donné un quadrant de cercle BCD, mener une perpendiculaire MP au rayon CB, qui partage l'aire du quadrant en deux parties égales.

Soit l'arc BM $= x$; on obtient l'équation :

$$2x - \frac{\pi}{2} = \sin 2x.$$

En posant : $2x - \frac{\pi}{2} = z.$

l'équation deviendra $z = \cos z.$

Solution de l'exercice III.

V. Déterminer le secteur du cercle ACM, de manière que la corde AM le partage en deux parties équivalentes, c'est-à-dire que le triangle ACM soit égal au segment ADM.

Soit l'arc AM $=z$; l'équation à résoudre sera :

$$z = 2 \sin z.$$

Solution : $\qquad z = 108^0 36' 13'',76,$

$$z = 2 \sin z = 1,895\,4942.$$

VI. Mener d'un point de la circonférence deux cordes AM et AN, telles qu'elles divisent l'aire du cercle en trois parties égales.

Soit BCM $= x$; on aura l'équation :

$$x + \sin x = \frac{\pi}{3}.$$

Solution : $\qquad x = 30^0 43' 33'',0,$

$$= 0,536\,267.$$

VII. Déterminer, dans le quadrant BCD, l'arc BM, de manière que cet arc soit égal à la corde BM prolongée jusqu'au point F.

Équation : $\qquad x \sin \frac{x}{2} = 1.$

Solution : $\qquad x = 84^0 53' 38'',83,$

$$= 1,481\,682.$$

VIII. Résoudre l'équation :

$$\frac{\sin^3 a - \sin^3 x}{\cotang x - \cotang a} = 0,05848868,$$

a étant égal à $32^0 19' 24'',93$.

On trouve : $\qquad x = 14^0 14\,35'',34.$

IX. Résoudre l'équation : $\qquad 10^x = 19,3229 \times x.$

On trouve : $\qquad x = 1,446\,354.$

X. Résoudre l'équation : $\qquad e^x = 17,64391 \times x.$

On trouve : $\qquad x = 4,337\,745.$

XI. Résoudre l'équation :

$$x^x = e^{\frac{3\pi}{2}} = 111,3177\ldots$$

On trouve : $\qquad x = 3,644173675.$

Cette équation se présente dans la théorie des spirales logarithmiques, et, en général, dans la théorie des courbes qui coïncident dans tous les points avec leurs développées.

XII. Résoudre l'équation :

$$(e^x + e^{-x}) \cos x - 2 = 0.$$

On trouve : $x = 4{,}7300\,4099.$

Cette équation se présente dans la théorie de la chaînette.

XIII. Résoudre l'équation :

$$(e^x + e^{-x}) \cos x + 2 = 0.$$

On trouve : $x = 1{,}8751\,0402.$

XIV. Résoudre l'équation

$$\tan g\, x = \frac{x}{1 - \dfrac{3x^2}{4}}.$$

On trouve : $x_1 = 2{,}563\,4342.$

$$x_2 = 6{,}058\,6701.$$

Les trois dernières équations se présentent dans la théorie des corps élastiques.

APPENDICE.

RÉSOLUTION DE QUELQUES QUESTIONS IMPORTANTES.

———

CHAPITRE PREMIER.

DÉCOMPOSITION DES FRACTIONS RATIONNELLES.

273. BUT DE CE CHAPITRE. Lorsque les deux termes d'une fraction sont des polynomes entiers par rapport à une même lettre x, on peut, en effectuant leur division autant que possible, décomposer cette fraction en un polynome entier par rapport à cette lettre, et en une autre fraction dont le numérateur soit de degré moindre que le dénominateur. Le but de ce chapitre est de montrer, comment cette fraction peut elle-même être décomposée en d'autres plus simples. Nous supposerons seulement qu'on ait résolu l'équation obtenue en égalant le dénominateur à zéro, et qu'on en connaisse toutes les racines. Nous supposerons, en outre, que les deux termes de la fraction n'ont aucun facteur commun.

§ I. Cas des racines inégales.

274. FORME DE LA FRACTION DANS CE CAS. Soit la fraction rationnelle

[1] $$\frac{f(x)}{F(x)},$$

où $f(x)$ désigne un polynome en x, de degré moindre que $F(x)$. Soient $a, b, c, \ldots, k, l$ les racines de l'équation

$$F(x) = 0.$$

Nous supposerons d'abord qu'elles sont toutes inégales. Nous allons faire voir que, dans ce cas, on peut toujours mettre la fraction [1] sous la forme :

$$[2] \quad \frac{f(x)}{F(x)} = \frac{A}{x-a} + \frac{B}{x-b} + \frac{C}{x-c} + \dots + \frac{K}{x-k} + \frac{L}{x-l},$$

A, B, C, ... , K, L désignant des constantes. Pour le démontrer, nous considérerons A, B, C, ... K, L, comme des coefficients indéterminés, dont nous déterminerons la valeur; puis nous vérifierons qu'ils rendent l'équation [2] identique.

L'équation [2], si on multiplie ses deux membres par $F(x)$, devient

$$[3] \quad f(x) = \frac{AF(x)}{x-a} + \frac{BF(x)}{x-b} + \dots + \frac{KF(x)}{x-k} + \frac{LF(x)}{x-l}.$$

Comme l'équation [3] doit être identique, il faut qu'elle soit satisfaite pour les valeurs $x = a$, $x = b$, ... , $x = l$. Si l'on fait, par exemple, $x = a$, et si l'on remarque que, $F(a)$ étant égal à zéro, tous les termes du second membre disparaissent, excepté celui qui est divisé par $(x - a)$, on a :

$$f(a) = A \left[\frac{F(x)}{x-a} \right]_a,$$

en désignant par $\left[\dfrac{F(x)}{x-a} \right]_a$ la valeur que prend le quotient $\dfrac{F(x)}{x-a}$, quand on y fait $x = a$. Or on a :

$$F(x) = F[a + (x-a)] = F(a) + F'(a)(x-a) + \frac{F''(a)}{1 \cdot 2}(x-a)^2$$
$$+ \dots + \frac{F^m(a)}{1 \cdot 2 \dots m}(x-a)^m;$$

en remarquant que $F(a) = 0$, on en conclut :

$$\frac{F(x)}{x-a} = F'(a) + \frac{F''(a)}{1 \cdot 2}(x-a) + \dots + \frac{F^m(a)}{1 \cdot 2 \dots m}(x-a)^{m-1};$$

puis, en faisant $x = a$, tous les termes du second membre disparaissent, à l'exception du premier; en sorte que

$$\left[\frac{F(x)}{x-a} \right]_a = F'(a);$$

et, par suite, l'équation [3] devient :

$$f(a) = \mathrm{A}\mathrm{F}'(a);$$

d'où l'on conclut :

[4] $$\mathrm{A} = \frac{f(a)}{\mathrm{F}'(a)}.$$

Cette valeur de A n'est pas nulle; car $f(x) = 0$ n'admet pas la racine a. Elle n'est pas infinie; car $\mathrm{F}(x) = 0$ n'a pas de racines égales.

On trouvera de même :

$$\mathrm{B} = \frac{f(b)}{\mathrm{F}'(b)}, \quad \mathrm{C} = \frac{f(c)}{\mathrm{F}'(c)}, \dots \mathrm{L} = \frac{f(l)}{\mathrm{F}'(l)}.$$

Pour déterminer les valeurs précédentes, nous avons commencé par admettre la possibilité du développement [2] et de l'équation [3], qui en est une conséquence. Il est donc nécessaire de démontrer que ces valeurs, qui évidemment sont les seules possibles, satisfont effectivement. Pour cela, remarquons qu'en les adoptant, l'équation [3] sera satisfaite pour les valeurs a, b, ... k, l de x; or $f(x)$ étant, par hypothèse, de degré moindre que $\mathrm{F}(x)$, cette équation est de degré $(m-1)$; elle ne peut donc avoir m racines, sans être satisfaite identiquement. Ainsi ces valeurs rendent identique l'équation [3] et, par suite, le développement [2].

275. Cas des racines imaginaires inégales. D'après ce qui précède, en désignant par $f(x)$ un polynome de degré moindre que $\mathrm{F}(x)$, et par a, b, c ...., k, l les m racines de $\mathrm{F}(x) = 0$, on a identiquement :

[1] $$\frac{f(x)}{\mathrm{F}(x)} = \frac{f(a)}{\mathrm{F}'(a)(x-a)} + \frac{f(b)}{\mathrm{F}'(b)(x-b)} + \dots + \frac{f(l)}{\mathrm{F}'(l)(x-l)}.$$

Cette formule suppose seulement que les racines a, b, ..., k, l sont inégales. Elle s'applique au cas où quelques-unes d'entre elles seraient imaginaires. Seulement, dans ce cas, il sera convenable de faire subir au second membre quelques réductions, destinées à en faire disparaître les quantités imaginaires qui y sont en évidence.

Soient $\alpha+\beta\sqrt{-1}$, $\alpha-\beta\sqrt{-1}$, deux racines imaginaires; il est facile de voir que $f(\alpha+\beta\sqrt{-1})$ et $f(\alpha-\beta\sqrt{-1})$ ne diffèrent que par le signe de $\sqrt{-1}$; en sorte que, l'une des deux expressions étant $P+Q\sqrt{-1}$, l'autre sera $P-Q\sqrt{-1}$. De même, $F'(\alpha+\beta\sqrt{-1})$ et $F'(\alpha-\beta\sqrt{-1})$ pourront être représentés par $M+N\sqrt{-1}$ et $M-N\sqrt{-1}$; en sorte que la somme des deux termes du second membre de [1], qui correspondent aux racines considérées, est de la forme :

$$\frac{P+Q\sqrt{-1}}{(M+N\sqrt{-1})(x-\alpha-\beta\sqrt{-1})} + \frac{P-Q\sqrt{-1}}{(M-N\sqrt{-1})(x-\alpha+\beta\sqrt{-1})},$$

ou, en réduisant au même dénominateur, et supprimant les termes qui se détruisent :

$$\frac{2(PM+QN)(x-\alpha)+2PN\beta-2QM\beta}{(M^2+N^2)[(x-\alpha)^2+\beta^2]}.$$

On voit donc que les deux fractions simples, qui correspondent à deux racines conjuguées, peuvent être réunies en une seule, dont le numérateur est du premier degré par rapport à x, et dont le dénominateur est du second degré.

§ II. Cas des racines égales.

276. FORME DE LA FRACTION DANS CE CAS. Si le dénominateur de la fraction

$$\frac{f(x)}{F(x)}$$

contient des racines égales, les formules précédentes ne sont plus applicables; on peut néanmoins décomposer cette fraction en d'autres plus simples. Pour le montrer, nous établirons d'abord le théorème suivant.

THÉORÈME. *Si a désigne une racine multiple de l'équation* $F(x)=0$,

α *son degré de multiplicité, la fraction rationnelle* $\dfrac{f(x)}{F(x)}$ *pourra toujours être décomposée de la manière suivante :*

$$[1] \qquad \frac{f(x)}{F(x)} = \frac{A}{(x-a)^{\alpha}} + \frac{f_1(x)}{(x-a)^{\alpha-1}F_1(x)},$$

A *désignant une constante,* $f_1(x)$ *un polynome entier et rationnel,* $F_1(x)$ *le quotient de la division de* F(x) *par* (x—a)$^{\alpha}$.

On a, en effet, identiquement, quel que soit A :

$$[2] \qquad \frac{f(x)}{F(x)} = \frac{f(x)}{(x-a)^{\alpha}F_1(x)} = \frac{A}{(x-a)^{\alpha}} + \frac{f(x)-AF_1(x)}{(x-a)^{\alpha}F_1(x)}.$$

Si nous déterminons A par la condition

$$[3] \qquad f(a) - AF_1(a) = 0,$$

le numérateur du second terme du second membre s'annulera pour $x = a$, et sera, par conséquent, divisible par $(x-a)$; en posant donc :

$$\frac{f(x)-AF_1(x)}{x-a} = f_1(x),$$

il viendra :
$$\frac{f(x)}{F(x)} = \frac{A}{(x-a)^{\alpha}} + \frac{f_1(x)}{(x-a)^{\alpha-1}F_1(x)};$$

ce qui démontre la proposition énoncée.

REMARQUE. $F_1(x)$ étant le quotient de la division de $F(x)$ par la plus haute puissance de $(x-a)$ qui puisse le diviser, $F_1(a)$ ne sera jamais nul; et l'équation [3] fournira toujours pour A une valeur finie. On peut remarquer que cette valeur ne sera jamais nulle : car la fraction $\dfrac{f(x)}{F(x)}$ étant réduite à sa plus simple expression, $f(x)$ et $F(x)$ ne peuvent pas avoir de racine commune; et, par suite, le numérateur $f(a)$ de A ne peut être égal à zéro.

Après avoir mis la fraction $\dfrac{f(x)}{F(x)}$ sous la forme

$$[1] \qquad \frac{A}{(x-a)^{\alpha}} + \frac{f_1(x)}{(x-a)^{\alpha-1}F_1(x)},$$

si l'on applique la même méthode au second terme de l'expression [1], on le mettra sous la forme

$$[2] \qquad \frac{A_2}{(x-a)^{\alpha-1}} + \frac{f_2(x)}{(x-a)^{\alpha-2}F_1(x)};$$

A_1 étant une constante qui, cette fois, peut être nulle, et $f_2(x)$ une fonction entière.

On pourra de même décomposer $\dfrac{f_2(x)}{(x-a)^{\alpha-2}F_1(x)}$ en une somme de la forme

$$[3] \qquad \frac{A_1}{(x-a)^{\alpha-2}} + \frac{f_3(x)}{(x-a)^{\alpha-2}F_1(x)};$$

et, en continuant ainsi, on voit que la fraction proposée $\dfrac{f(x)}{F(x)}$ peut être mise sous la forme :

$$[4] \quad \frac{f(x)}{F(x)} = \frac{A}{(x-a)^{\alpha}} + \frac{A_1}{(x-a)^{\alpha-1}} + \ldots + \frac{A_{\alpha-1}}{(x-a)} + \frac{f_\alpha(x)}{F_1(x)};$$

$A, A_1, \ldots A_{\alpha-1}$ étant des constantes finies et déterminées, dont la première n'est pas nulle.

On peut remarquer que le degré de $f(x)$ étant supposé inférieur à celui de $F(x)$, celui de $f_\alpha(x)$, est inférieur à celui de $F_1(x)$; car, en multipliant la formule [4] par $F(x)$, on a identiquement :

$$[5] \quad f(x) = AF_1x + A_1(x-a)F_1(x) + \ldots + A_{n-1}(x-a)^{\alpha-1}F_1(x)$$
$$+ (x-a)f_\alpha(x)$$

or $f(x)$ est au plus du degré $(m-1)$; il doit donc en être de même de $(x-a)^\alpha f_\alpha(x)$: donc $f_\alpha(x)$ est au plus du degré $(m-\alpha-1)$, tandis que $F_1(x)$ est du degré $(m-\alpha)$. De plus, il n'existe aucun facteur commun entre $f_\alpha(x)$ et $F_1(x)$; car ce facteur, divisant $f_\alpha(x)$ et $F_1(x)$, diviserait $f(x)$, d'après [5], et serait ainsi commun à $f(x)$ et à $F(x)$. Il résulte de là, que la fraction $\dfrac{f_\alpha(x)}{F_1(x)}$ se présente dans les mêmes conditions que $\dfrac{f(x)}{F(x)}$.

Soient maintenant b une seconde racine de $F(x) = 0$, et β son degré de multiplicité; en sorte que l'on ait :

$$F_1(x) = (x - b)^\beta F_2(x);$$

on peut appliquer la méthode précédente à la fraction $\dfrac{f_\alpha(x)}{F_1(x)}$; et l'on obtiendra une expression de la forme :

$$\frac{f_\alpha(x)}{F_1(x)} = \frac{B}{(x - b^\beta)} + \frac{B_1}{(x - b)^{\beta - 1}} + \ldots + \frac{B_{\beta - 1}}{(x - b)} + \frac{f_\beta(x)}{F_2(x)},$$

B, B_1, … $B_{\beta - 1}$ étant des constantes déterminées, dont la première n'est pas nulle, et $f_\beta(x)$ étant une fonction entière de degré moindre que celui de $F_2(x)$, et qui n'a aucun facteur commun avec $F_2(x)$. Il résulte de là qu'en général, si on suppose :

$$F(x) = (x - a)^\alpha (x - b)^\beta \ldots (x - c)^\gamma,$$

la fraction $\dfrac{f(x)}{F(x)}$ pourra être décomposée de la manière suivante :

$$\frac{f(x)}{F(x)} = \frac{A}{(x - a)^\alpha} + \frac{A_1}{(x - a)^{\alpha - 1}} + \ldots + \frac{A_{\alpha - 1}}{x - a}$$

$$+ \frac{B}{(x - b)^\beta} + \frac{B_1}{(x - b)^{\beta - 1}} + \ldots + \frac{B_{\beta - 1}}{x - b}$$

$$\cdot \quad \cdot \quad \cdot \quad \cdot \quad \cdot \quad \cdot \quad \cdot \quad \cdot \quad \cdot \quad \cdot$$

$$+ \frac{C}{(x - c)^\gamma} + \frac{C_1}{(x - c)^{\gamma - 1}} + \ldots + \frac{C_{\gamma - 1}}{x - c}$$

A, A_1,… B, B_1,… C, C_1,… étant des constantes, parmi lesquelles A, B, … C, ne sont pas nuls.

La méthode précédente, en prouvant la possibilité de cette décomposition, donne en même temps le moyen de l'effectuer.

277. La décomposition n'est possible que d'une seule manière. Nous allons maintenant prouver, qu'une fraction rationnelle ne peut être mise que d'une seule manière, sous la forme indiquée dans le paragraphe précédent.

Supposons, en effet, que l'on ait trouvé deux développements d'une même fraction rationnelle :

$$\frac{A}{(x-a)^\alpha}+\frac{A_1}{(x-a)^{\alpha-1}}+\dots+\frac{A_{\alpha-1}}{x-a}+\frac{B}{(x-b)^\beta}+\frac{B_1}{(x-b)^{\beta-1}}+\dots+E(x),$$

et

$$\frac{A'}{(x-a')^{\alpha'}}+\frac{A'_1}{(x-a')^{\alpha'-1}}+\dots+\frac{A'_{\alpha'-1}}{x-a'}+\frac{B'}{(x-b')^{\beta'}}+\dots+E'(x);$$

ils sont égaux, quel que soit x. Multiplions-les par $(x-a)^\alpha$, et faisons ensuite $x=a$; le premier se réduit à A; le second s'annulerait si aucun de ses dénominateurs ne contenait le facteur $x-a$. Il faut donc que les puissances de $(x-a)$ forment les dénominateurs de quelques fractions. Soit, par exemple, $a'=a$; je dis qu'alors on doit avoir $\alpha'=\alpha$, $A'=A$. Supposons en effet, s'il est possible, que l'un des deux exposants, α par exemple, soit plus grand que l'autre; tirons de l'équation qui exprime l'égalité des deux développements, la valeur de $\dfrac{A}{(x-a)^\alpha}$, et réduisons tous les autres termes au même dénominateur; on aura un résultat de la forme :

$$\frac{A}{(x-a)^\alpha}=\frac{\varphi(x)}{(x-a)^{\alpha-1}\psi(x)},$$

ou
$$A=(x-a)\frac{(x)}{\psi(x)},$$

φ et ψ désignant des polynomes dont le second n'est pas divisible par $(x-a)$. D'ailleurs A est une constante; il faut donc qu'elle soit nulle; car l'équation précédente donne $A=0$ pour $x=a$. Donc $\alpha=\alpha'$.

Je dis maintenant que $A=A'$; en effet, en égalant les développements, et en faisant passer le terme $\dfrac{A'}{(x-a)^\alpha}$ dans le premier membre, on pourra recommencer le raisonnement précédent, et prouver que $(A-A')$ doit être égal à zéro.

Les termes qui renferment les plus hautes puissances $(x-a)$ dans les deux développements étant égaux entre eux, on pourra les supprimer de part et d'autre, et les restes seront égaux. Il faudra, par conséquent, que les termes qui, dans ces restes, contiennent les plus hautes puissances de $(x-a)$, soient aussi égaux entre eux; et, en continuant ainsi, on prouvera que les fractions simples qui composent les deux développements, et, par suite, enfin, les parties entières $E(x)$, $E'(x)$, sont égales chacune à chacune.

278. Méthode pour le calcul des coefficients. Pour effectuer la décomposition d'une fraction rationnelle, on peut employer un procédé beaucoup plus simple que celui qui résulte de la méthode indiquée plus haut (**276**).

Soient $\dfrac{f(x)}{F(x)}$ la fraction proposée, et $(x-a)^n$ un facteur multiple de son dénominateur; en sorte que l'on a :

$$\frac{f(x)}{F(x)} = \frac{f(x)}{(x-a)^n F_1(x)}.$$

Pour trouver, par une seule opération, les fractions simples qui ont pour dénominateurs les diverses puissances de $(x-a)$, on posera :

$$x-a=h,$$

$$\frac{f(x)}{(x-a)^n F_1(x)} = \frac{f(a+h)}{h^n F_1(a+h)}.$$

Ordonnant ensuite les deux polynomes $f(a+h)$ et $F_1(a+h)$ suivant les puissances *croissantes* de h, on aura :

$$\frac{f(a+h)}{F(a+h)} = \frac{A+A_1 h+A_2 h^2+\ldots+A_m h^m}{(B+B_0 h+B_2 h^2+\ldots+B_p h^p)h^n}.$$

Si l'on effectue actuellement la division du numérateur par le premier facteur du dénominateur, en ordonnant le quotient suivant les puissances croissantes de h, on obtiendra des restes successifs dont les degrés croîtront sans cesse. Le premier terme de l'un des restes finira donc par être de degré égal ou supérieur à n. On arrêtera alors l'opération : le quotient sera de degré $(n-1)$; et l'on aura :

$$\frac{A+A_1 h+A_2 h^2+\ldots+A_m h^m}{B+B_1 h+B_2 h^2+\ldots+B_p h^p} = C+C_1 h+C_2 h^2+\ldots+C_{n-1} h^{n-1}$$
$$+ \frac{\varphi(h)}{B+B_1 h+\ldots+B_p h^p},$$

ou, en divisant les deux membres par h^n, remarquant que tous les termes de $\varphi(h)$ contiennent h à une puissance au moins égale à n, et posant :

$$\frac{\varphi(h)}{h^n} = \varphi_1(h),$$

il vient :

$$\frac{A + A_1 h + A_2 h^2 + \ldots + A_m h^m}{h^n(B + B^1 h + \ldots + B_p h^p)} = \frac{C}{h^n} + \frac{C^1}{h^{n-1}} + \ldots + \frac{C_{n-1}}{h}$$
$$+ \frac{\varphi_1(h)}{B + B_1 h + \ldots + B_p h^p}.$$

Si l'on remplace h par la valeur $(x - a)$, le premier membre de cette équation devient, précisément, la fraction proposée ; le second se compose de la somme des fractions simples

$$\frac{C}{(x-a)^n} + \frac{C_1}{(x-a)^{n-1}} + \ldots + \frac{C_{n-1}}{(x-a)},$$

qui ont pour dénominateurs les puissances $(x - a)$, et d'une fraction rationnelle dont le dénominateur ne contient plus de facteur $(x - a)$. On traitera cette fraction de la même manière que la proposée, pour en déduire les fractions simples relatives aux autres racines, et qui complètent le développement.

279. Cas des racines imaginaires égales. La méthode que nous venons d'exposer ne suppose nullement que les racines multiples de l'équation proposée soient réelles. On doit remarquer seulement que, si elles étaient imaginaires, on pourrait, dans le résultat, grouper les termes deux par deux, de manière à faire disparaître les imaginaires ; mais il sera plus simple d'adopter, dans ce cas, une forme de développement, dont la possibilité résulte du théorème suivant.

Théorème. *Si le dénominateur d'une fraction rationnelle* $\frac{f(x)}{F(x)}$
admet n *fois une racine imaginaire* $(\alpha + \beta\sqrt{-1})$ *et sa conjuguée* $(\alpha - \beta\sqrt{-1})$, *en sorte que l'on ait :*
$$F(x) = (x - \alpha - \beta\sqrt{-1})^n (x - \alpha + \beta\sqrt{-1})^n F_1(x) = [(x-\alpha)^2 + \beta^2]^n F_1(x),$$
ou pourra toujours poser

$$[1] \quad \frac{f(x)}{F(x)} = \frac{Px + Q}{[(x-\alpha)^2 + \beta^2]^n} + \frac{f_1(x)}{[(x-\alpha)^2 + \beta^2]^{n-1} F_1(x)},$$

P *et* Q *étant des constantes, et* $f_1(x)$ *un polynome réel.*

On a, en effet, identiquement, quels que soient P et Q :

$$[2]\quad \frac{f(x)}{F(x)} = \frac{f(x)}{[(x-\alpha)^2+\beta^2]^n F_1(x)} = \frac{Px+Q}{[(x-\alpha)^2+\beta^2]^n} + \frac{f(x)-(Px+Q)F_1(x)}{[(x-\alpha)^2+\beta^2]^n F_1(x)}.$$

Or, on peut, évidemment, déterminer P et Q, de manière que le numérateur de la deuxième partie du second membre s'annule pour les hypothèses :

$$x = \alpha + \beta\sqrt{-1}, \quad x = \alpha - \beta\sqrt{-1},$$

et soit, par conséquent, divisible par $(x-\alpha)^2+\beta^2$.

Si l'on suppose, en effet,

$$f(\alpha \pm \beta\sqrt{-1}) = \text{M} \pm \text{N}\sqrt{-1},$$

$$F_1(\alpha \pm \beta\sqrt{-1}) = \text{M}' \pm \text{N}'\sqrt{-1},$$

la condition demandée équivaudra à

$$(\text{M} \pm \text{N}\sqrt{-1}) - [\text{P}(\alpha \pm \beta\sqrt{-1}) + \text{Q}](\text{M}' \pm \text{N}'\sqrt{-1}) = 0 :$$

et, en égalant séparément à zéro le coefficient de $\sqrt{-1}$ et l'ensemble des termes réels, on obtiendra deux équations qui fourniront, pour P et Q, des valeurs réelles.

Le numérateur $f(x) - (Px+Q)F_1(x)$ étant divisible par $(x-\alpha)^2+\beta^2$, on peut le représenter par $[(x-\alpha)^2+\beta^2]f_1(x)$, et l'équation [2] devient alors :

$$[3]\quad \frac{f(x)}{F(x)} = \frac{Px+Q}{[(x-\alpha)^2+\beta^2]^n} + \frac{f_1(x)}{[(x-a)^2+\beta^2]^{n-1}F_1(x)}.$$

Si l'on applique le même procédé de décomposition à la fraction $\dfrac{f_1(x)}{[(x-\alpha)^2+\beta^2]^{n-1}F_1(x)}$, on la mettra sous la forme

$$\frac{P_1 x + Q_1}{[(x-\alpha)^2+\beta^2]^{n-1}} + \frac{f_2(x)}{[(x-\alpha)^2+\beta^2]^{n-2}F_1(x)},$$

et, en continuant de la même manière, on verra que la fraction $\dfrac{f\,(x)}{F\,(x)}$ peut se décomposer de la manière suivante :

$$\frac{f\,(x)}{F\,(x)} = \frac{Px+Q}{[(x-\alpha)^2+\beta^2]^n} + \frac{P_1x+Q_1}{[(x-\alpha)^2+\beta^2]^{n-1}} + \cdots$$
$$+ \frac{P_{n-1}x+Q_{n-1}}{(x-\alpha)^2+\beta^2} + \frac{f_{n-1}(x)}{F_1(x)},$$

$f_{n-1}(x)$ étant de degré moindre que $F_1(x)$, et n'ayant aucun facteur commun avec lui.

En rapprochant ce résultat de celui qui a été obtenu (**276**), on obtient le théorème suivant :

280. THÉORÈME. *Si l'on décompose le polynome* $F(x)$ *en facteurs réels du premier et du second degré, en sorte que l'on ait :*

$$F(x) = (x-a)^\alpha (x-b)^\beta \cdots (x^2+px+q)^n \cdots (x^2+rx+s)^m,$$

on pourra décomposer la fraction rationnelle $\dfrac{f\,(x)}{F\,(x)}$ *de la manière suivante :*

$$\frac{F(x)}{f(x)} = E(x) + \frac{A}{(x-a)^\alpha} + \frac{A_1}{(x-a)^{\alpha-1}} + \cdots + \frac{A_{\alpha-1}}{(x-a)}$$
$$+ \frac{B}{(x-b)^\beta} + \frac{B_1}{(x-b)^{\beta-1}} + \cdots + \frac{B_{\beta-1}}{(x-b)}$$
$$+ \frac{Px+Q}{(x^2+px+q)^n} + \frac{P_1x+Q_1}{(x^2+px+q)^{n-1}} + \cdots + \frac{P_{n-1}x+Q_{n-1}}{(x^2+px+q)}$$
$$+ \frac{Rx+S}{(x^2+rx+s)^m} + \cdots + \frac{R_{m-1}x+S_{m-1}}{x^2+rx+s},$$

$E(x)$ désignant une partie entière qui peut être nulle, et A, A_1.... $A_{\alpha-1}$, B, B_1.... $B_{\beta-1}$, P, Q, des constantes réelles.

Le procédé, qui nous a servi à prouver la possibilité de la décomposition donne aussi le moyen de l'effectuer : et l'on pourra l'appliquer, pour former les termes qui correspondent aux facteurs du second degré : x^2+px+q, x^2+rx+s....

On pourrait démontrer, comme nous l'avons fait (**377**), que la décomposition en fractions de la forme indiquée précédemment n'est jamais possible que d'une seule manière et déduire de là un moyen de trouver, par la méthode des coefficients indéterminés, les fractions qui répondent à une racine donnée. Mais nous supprimons ces détails, qui ne présentent ni difficulté ni intérêt.

RÉSUMÉ.

273. But de ce chapitre. — **274.** Cas où le dénominateur de la fraction à décomposer n'a pas de racines égales. — **275.** Transformation du résultat dans le cas où il y a des racines imaginaires. — **276.** Cas des racines égales. — **277.** La décomposition sous la forme précédente n'est possible que d'une seule manière. — **278.** Méthode pour calculer les coefficients. — **279.** Cas des racines imaginaires égales. — **280.** Théorème général qui résulte de la théorie exposée dans ce chapitre.

EXERCICES.

I. Si $\varphi(x)=0$ est une équation de degré n, et a, b, x..., k, l ses racines, on a, pour toute valeur de p plus petite que $(n-1)$:

$$0 = \frac{a^p}{\varphi'(a)} + \frac{b^p}{\varphi'(b)} + \dots + \frac{l^p}{\varphi'(l)}.$$

On s'appuie sur la décomposition, en fractions simples, de la fraction $\frac{x^{p+1}}{\varphi(x)}$.

II. $$\frac{3+2x}{(2x-3)(5x-4)} = \frac{\frac{12}{7}}{2x-3} - \frac{\frac{47}{7}}{5x-4}.$$

III. $$\frac{x}{x^2+11x+30} = \frac{6}{x+6} - \frac{5}{5}.$$

IV. $$\frac{x}{a^3-x^3} = \frac{1}{3a(a-x)} + \frac{x-a}{3a(x^2+ax+a^2)}.$$

V. $$\frac{1}{x(x+1)(x+2)} = \frac{1}{2x} = \frac{1}{x+1} + \frac{1}{2(x+2)}.$$

VI. $$\frac{4+3x}{x(x-1)(x^2+1)} = -\frac{4}{x} + \frac{7}{2(x-1)} + \frac{x-7}{2(x^2+1}.$$

VII. $$\frac{3+x}{(5-x)^2} = \frac{8}{(5-x)^2} - \frac{1}{5-x}.$$

VIII. $$\frac{5+6x-2x^2}{(3+2x)^3} = -\frac{17}{2(3+2x)^3} + \frac{6}{(3+2x)^2} - \frac{1}{2(3+2x)}.$$

IX.
$$\frac{2+3x}{(4-x)^3} = \frac{14}{(4-x)^3} - \frac{3}{(4-x)^2}.$$

X.
$$\frac{1+x+x^2+3x^3}{(1-x+5x^2)^2} = \frac{1}{25} \cdot \frac{17+18x}{(1-x+5x^2)^2} + \frac{1}{25} \cdot \frac{8+15x}{1-x+5x^2}.$$

XI.
$$\frac{1}{1+x^4} - \frac{1}{\sqrt{2}} \left\{ \frac{\sqrt{2}+x}{1+x\sqrt{2}+x^2} + \frac{\sqrt{2}-x}{1-x\sqrt{2}+x^2} \right\}.$$

XII.
$$\frac{70-114x+143x^2+107x^3+46x^4+8x^5}{(7+x)(1+x)^5}$$

$$= \frac{7}{7+x} + \frac{5}{(1+x)^5} + \frac{3}{(1+x)^3} + \frac{1}{1+x}.$$

CHAPITRE II.

SUR LES EXPRESSIONS IMAGINAIRES.

§ I. Calcul des expressions imaginaires.

281. BUT DE L'INTRODUCTION DES EXPRESSIONS IMAGINAIRES DANS LE CALCUL. La résolution des équations du second degré conduit, dans certains cas, à des expressions qui n'ont aucune valeur numérique, et qui renferment l'indication d'opérations impossibles à effectuer. C'est dans un but de généralisation, que l'on a été conduit à employer ces expressions *imaginaires*. Nous avons vu, par exemple, qu'en les adoptant, on a l'avantage de pouvoir énoncer, sans restriction, des théorèmes tels que les suivants :

Toute équation du second degré a deux racines.

Dans toute équation du second degré, de la forme $x^2 + px + q = 0$, la somme des racines est égale au coefficient du second terme, pris en signe contraire ; et leur produit est égal au terme tout connu.

Ces avantages, qui dans le cas que nous citons, sont à peu près insignifiants deviennent très-importants dans la théorie générale des équations.

Les expressions imaginaires peuvent aussi être introduites utilement dans la solution de quelques questions, comme nous le montrerons dans ce chapitre.

282. DÉFINITIONS ET CONVENTIONS. On donne le nom d'expression imaginaire à une expression de la forme $a + \sqrt{-K}$ — K désignant un nombre négatif. $\sqrt{-K}$ n'est pas un nombre, en ce sens qu'il ne peut servir de mesure à aucune grandeur ; mais il peut figurer utilement dans les calculs, d'après cette condition que *son carré soit toujours remplacé par* — K. Si l'on applique, en outre, aux nombres imaginaires toutes les règles démontrées généralement pour les nombres réels, les opérations relatives à ces nombres seront suffisamment définies, et fourniront toujours, comme on le verra, des résultats de même forme qu'eux.

285. Type de l'expression imaginaire. — K, étant négatif, peut être représenté par un carré pris en signe contraire, — b^2; le type d'une expression imaginaire devient alors $a + \sqrt{-b^2}$, que l'on écrit souvent :

$$a + b\sqrt{-1}.$$

Remarque. On substitue à $\sqrt{-b^2}$ l'expression $b\sqrt{-1}$, en vertu de la convention faite plus haut : *appliquer aux nombres imaginaires toutes les règles démontrées généralement pour des nombres réels.* En effet, — b^2 peut être considéré comme le produit $b^2 \times (-1)$: et, en vertu d'une règle démontrée généralement pour les nombres réels, on peut faire sortir le facteur b^2 du radical.

284. Expressions imaginaires conjuguées. Quels que soient les nombres réels a et b, l'expression imaginaire, $(a + b\sqrt{-1})$, est la racine d'une équation du second degré,

$$(x - a)^2 + b^2 = 0.$$

La seconde racine de cette équation est, comme on le voit facilement, $a - b\sqrt{-1}$.

Les deux racines $(a + b\sqrt{-1})$ et $(a - b\sqrt{-1})$ se nomment des *expressions imaginaires conjuguées* : leur somme est réelle et égale à $2a$ et leur produit égal à $(a^2 + b^2)$.

285. Puissances de $\sqrt{-1}$. Dans les calculs que l'on effectue sur les expressions de la forme $(a + b\sqrt{-1})$, on applique (**282**) à ces expressions toutes les règles du calcul algébrique, en opérant comme si $\sqrt{-1}$ était un nombre. Quelques géomètres représentent ce symbole par une lettre i ; et, dans les résultats, ils remplacent i^2 par — 1 : les puissances successives de i ou $\sqrt{-1}$ se trouvent par là déterminées : car on a :

$$(\sqrt{-1})^3 = i^3 = i^2 \times i = -i = -\sqrt{-1},$$

$$(\sqrt{-1})^4 = i^4 = (i^2)^2 = (-1)^2 = 1,$$

$$(\sqrt{-1})^5 = i^5 = i^4 \times i = i = \sqrt{-1};$$

et ainsi de suite. On a, en général, n désignant un nombre entier :

$$(\sqrt{-1})^{4n} = (i^4)^n = 1,$$

$$(\sqrt{-1})^{4n+1} = i^{4n} \times i = i = \sqrt{-1},$$

$$(\sqrt{-1})^{4n+2} = i^{4n} \times i^2 = i^2 = -1,$$

$$(\sqrt{-1})^{4n+3} = i^{4n} \times i^3 = i^3 = -\sqrt{-1}.$$

Toutes ces conventions sont nécessaires, si l'on veut pouvoir appliquer aux calculs faits sur les expressions imaginaires, les règles générales relatives aux nombres réels. Elles permettent de démontrer le théorème suivant, qui est fort important.

286. PRODUIT DES EXPRESSIONS IMAGINAIRES. THÉORÈME. *Si l'on considère un nombre quelconque d'expressions imaginaires,*

$$(a_1 + b_1\sqrt{-1}), (a_2 + b_2\sqrt{-1}), (a_3 + b_3\sqrt{-1}), \ldots (a_n + b_n\sqrt{-1}),$$

que l'on effectue leur produit d'après les règles de la multiplication algébrique, en remplaçant les puissances de $\sqrt{-1}$ par les valeurs indiquées plus haut; quel que soit l'ordre dans lequel on opère, le résultat sera identiquement le même, c'est-à-dire que l'on obtiendra la même partie réelle et le même coefficient réel pour $\sqrt{-1}$.

Si nous remplaçons, en effet, $\sqrt{-1}$ par i, on sait que le résultat sera identiquement le même, quel que soit l'ordre que l'on adopte pour les multiplications successives; et que les coefficients des mêmes puissances de i auront, dans tous les cas, les mêmes valeurs. Si donc, dans les polynomes identiques, on remplace les puissances de i par les valeurs indiquées plus haut, savoir : i^{4n} par 1, i^{4n+1} par $\sqrt{-1}$, i^{4n+2} par -1, i^{4n+3} par $-\sqrt{-1}$, les résultats ne sauraient être différents; or il est tout à fait indifférent de remplacer, à la fin du calcul, chaque puissance de i par sa valeur, ou de faire successivement les substitutions après chaque opération partielle : car ces substitutions se réduisent toutes à remplacer le produit de deux facteurs égaux à i par le facteur -1; et peu importe qu'on le fasse en une fois ou sucessivement.

287. APPLICATION. Nous donnerons immédiatement une application du théorème précédent.

Considérons le produit :

$$P = \left(a + b\sqrt{-1}\right)\left(c + d\sqrt{-1}\right)\left(a - b\sqrt{-1}\right)\left(c - d\sqrt{-1}\right);$$

si on multiplie les deux premiers facteurs, on trouve :

$$\left(a + b\sqrt{-1}\right)\left(c + d\sqrt{-1}\right) = (ac - bd) + (ad + bc)\sqrt{-1};$$

et, en multipliant les deux derniers, on trouve :

$$\left(a - b\sqrt{-1}\right)\left(c - d\sqrt{-1}\right) = (ac - bd) - (ad + bc)\sqrt{-1};$$

en sorte que l'on a :

$$P = \left[(ac - bd) + (ad + bc)\sqrt{-1}\right]\left[(ac - bd) - (ad + bc)\sqrt{-1}\right],$$

ou, en effectuant :

$$P = (ac - bd)^2 + (ad + bc)^2.$$

D'un autre côté, en multipliant le premier facteur par le troisième, et le second par le quatrième, on a :

$$\left(a + b\sqrt{-1}\right)\left(a - b\sqrt{-1}\right) = a^2 + b^2,$$

$$\left(c + d\sqrt{-1}\right)\left(c - d\sqrt{-1}\right) = c^2 + d^2;$$

donc : $$P = (a^2 + b^2)(c^2 + d^2);$$

ce qui donne la formule :

$$(a^2 + b^2)(c^2 + d^2) = (ac - bd)^2 + (ad + bc)^2,$$

laquelle est, du reste, extrêmement facile à vérifier.

§ II. Introduction des lignes trigonométriques dans les expressions imaginaires.

288. FORME NOUVELLE DE L'EXPRESSION IMAGINAIRE. Les expressions imaginaires peuvent se mettre sous une forme particulière, qui simplifie souvent les calculs auxquels on doit les soumettre.

Soit l'expression $\qquad a + b\sqrt{-1};$

si l'on pose :

[1] $\qquad a = \rho \cos \varphi, \qquad b = \rho \sin \varphi,$ [2]

on pourra, quels que soient a et b, trouver pour ρ une valeur positive, et pour φ une valeur moindre que 2π, qui satisfassent à ces deux équations; il suffira de prendre :

[3] $\qquad \rho^2 = a^2 + b^2, \qquad \tang \varphi = \dfrac{b}{a}.$ [4]

Les équations [3] et [4] se déduisent, en effet, des équations [1] et [2], en ajoutant leurs carrés, et en les divisant membre à membre.

Réciproquement, si ρ et φ ont les valeurs indiquées par les équations [3] et [4], on aura :

$$\cos \varphi = \frac{1}{\pm\sqrt{1+\tang^2 \varphi}} = \frac{1}{\pm\sqrt{1+\dfrac{b^2}{a^2}}} = \frac{a}{\pm\sqrt{b^2+a^2}},$$

$$\sin \varphi = \frac{\tang \varphi}{\pm\sqrt{1+\tang^2 \varphi}} = \frac{\dfrac{b}{a}}{\pm\sqrt{1+\dfrac{b^2}{a^2}}} = \frac{b}{\pm\sqrt{b^2+a^2}},$$

et, en remplaçant $\sqrt{b^2+a^2}$ par ρ,

$$\cos\varphi = \frac{a}{\pm\rho}, \qquad \sin \varphi = \frac{b}{\pm\rho};$$

c'est--dire $\qquad a = \pm\rho \cos \varphi, \qquad b = \pm\rho \sin\varphi;$

ce qui coïncidera avec les équations [1] et [2], si l'on a soin de prendre pour φ celui des deux angles qui, ayant pour tangente $\dfrac{b}{a}$, a son sinus de même signe que ρ.

D'après ce qui précède, une expression imaginaire $(a + b\sqrt{-1})$ peut toujours se mettre sous la forme

$$\rho\,(\cos \varphi + \sqrt{-1}\,\sin \varphi),$$

et ne peut évidemment s'y mettre que d'une seule manière, (ρ devant être positif et φ moindre que 2π).

ρ se nomme le *module* et φ l'*argument* de cette expression imaginaire. Nous allons voir qu'il y a un avantage de simplicité à mettre les expressions imaginaires sous cette forme.

289. MULTIPLICATION DES EXPRESSIONS IMAGINAIRES. Soit à multiplier les deux expressions :

$$\rho\left(\cos\varphi + \sqrt{-1}\,\sin\varphi\right), \quad \rho'\left(\cos\varphi' + \sqrt{-1}\,\sin\varphi'\right).$$

En effectuant le produit, et en remplaçant seulement le carré de $\sqrt{-1}$ par -1, on trouve :

$$\rho\rho'\left[\cos\varphi\cos\varphi' - \sin\varphi\sin\varphi' + \sqrt{-1}\,(\cos\varphi\sin\varphi' + \sin\varphi\cos\varphi')\right]$$

$$= \rho\rho'\left[\cos(\varphi+\varphi') + \sqrt{-1}\,\sin(\varphi+\varphi')\right].$$

Par conséquent, *pour multiplier, l'une par l'autre, deux expressions imaginaires, il faut multiplier les modules et ajouter les arguments.*

La règle précédente permet évidemment de faire le produit d'un nombre quelconque d'expressions imaginaires.

290. DIVISION DES EXPRESSIONS IMAGINAIRES. *Pour diviser, l'une par l'autre, des expressions imaginaires, il suffit de diviser les modules et de retrancher les arguments.* On a :

$$\frac{\rho\left(\cos\varphi + \sqrt{-1}\,\sin\varphi\right)}{\rho'\left(\cos\varphi' + \sqrt{-1}\,\sin\varphi'\right)} = \frac{\rho}{\rho'}\left[\cos(\varphi-\varphi') + \sqrt{-1}\,\sin(\varphi-\varphi')\right].$$

En effet, cette égalité devient évidente, si l'on chasse le dénominateur, et que l'on effectue la multiplication du second membre, d'après la règle donnée précédemment.

291. PUISSANCES D'UNE EXPRESSION IMAGINAIRE : CAS OÙ m EST ENTIER ET POSITIF. Si l'on suppose que les expressions à multiplier deviennent toutes égales entre elles, les théorèmes précédents prouvent que :

La puissance entière d'une expression imaginaire a pour module

la puissance correspondante du module, et pour argument le pro-
duit de l'argument par l'indice de la puissance. Ainsi l'on a :

[1] $[\rho(\cos\varphi + \sqrt{-1}\sin\varphi)]^m = \rho^m(\cos m\varphi + \sqrt{-1}\sin m\varphi).$

Cette formule, due à *Moivre*, très-importante en analyse, s'étend,
comme nous allons le faire voir, au cas où m désigne un nombre fractionnaire ou négatif.

292. CAS OÙ m EST FRACTIONNAIRE. Supposons d'abord que m
y soit remplacé par $\frac{1}{m'}$, m' étant entier, il s'agit de montrer que
l'on a :

[2] $\left[\rho(\cos\varphi + \sqrt{-1}\sin\varphi)\right]^{\frac{1}{m'}} = \rho^{\frac{1}{m'}}\left(\cos\frac{\varphi}{m'} + \sqrt{-1}\sin\frac{\varphi}{m'}\right).$

Pour vérifier cette égalité, élevons les deux membres à la
puissance m' : le premier donnera, évidemment, pour résultat,
$\rho(\cos + \varphi\sqrt{-1}\sin\varphi)$; et la règle, donnée pour les puissances
entières, montre qu'il en est de même du second.

REMARQUE. Cos φ et sin φ étant donnés, $\cos\frac{\varphi}{m}$ et sin $\frac{\varphi}{m}$, ne
sont pas complétement déterminés; ils restent susceptibles
de plusieurs valeurs distinctes. Il en résulte aussi des valeurs
distinctes pour l'expression

$$\left[\rho(\cos\varphi + \sqrt{-1}\sin\varphi)\right]^{\frac{1}{m'}};$$

ce qui est conforme aux principes indiqués dans la théorie des
équations.

Si nous considérons maintenant le cas, où l'exposant m est
remplacé par une fraction $\frac{m}{n}$, il faut prouver que :

[3] $\left[\rho(\cos\varphi + \sqrt{-1}\sin\varphi)\right]^{\frac{m}{n}} = \rho^{\frac{m}{n}}\left(\cos\frac{m\varphi}{n} + \sqrt{-1}\sin\frac{m\varphi}{n}\right).$

En effet, élever une expression à la puissance $\frac{m}{n}$, c'est, par définition, en prendre la racine n^{me}, puis élever le résultat à la
puissance m^{me}. Or, les formules [1] et [2] permettent de faire

successivement ces deux opérations; et l'on est ainsi conduit à la formule [3].

295. Cas où m est négatif. Supposons enfin que m ait une valeur négative $-m'$; il faut prouver que l'on a :

$$[\rho(\cos\varphi + \sqrt{-1}\sin\varphi)]^{-m'} = \rho^{-m'}[\cos(-m'\varphi) + \sqrt{-1}\sin(-m'\varphi)].$$

Pour cela, remarquons que, par définition :

$$[\rho(\cos\varphi + \sqrt{-1}\sin\varphi)]^{-m'} = \frac{1}{[\rho(\cos\varphi + \sqrt{-1}\sin\varphi)]^{m'}};$$

or
$$\frac{1}{[\rho(\cos\varphi + \sqrt{-1}\sin\varphi)]^{m'}} = \frac{1}{\rho^{m'}(\cos m'\varphi + \sqrt{-1}\sin m'\varphi)}$$

puisque m' est positif (**291**); mais on a :

$$\frac{1}{\rho^{m'}(\cos m'\varphi + \sqrt{-1}\sin m'\varphi)} = \frac{\cos 0 + \sqrt{-1}\sin 0}{\rho^{m'}(\cos m'\varphi + \sqrt{-1}\sin m'\varphi)}$$

$$= \rho^{-m'}[\cos(-m'\varphi) + \sqrt{-1}\sin(-m'\varphi)] :$$

ce qu'il fallait démontrer.

§ III. Applications.

Nous indiquerons quelques applications des formules précédentes.

294. Théorème. *Tout trinome de la forme* $x^4 + px^2 + q$ *est décomposable en deux facteurs réels du second degré.*

Posons $x^2 = z$. Nous distinguerons deux cas :

1° Supposons que l'équation du second degré,

$$z^2 + pz + q = 0,$$

ait deux racines réelles α et β; on aura :

$$z^2 + pz + q = (z - \alpha)(z - \beta);$$

et, par suite :

$$x^4 + px^2 + q = (x^2 - \alpha)(x^2 - \beta).$$

2° Supposons que l'équation du second degré,

$$z^2 + pz + q = 0,$$

ait deux racines imaginaires, $\alpha + \beta \sqrt{-1}$, $\alpha - \beta \sqrt{-1}$; on aura :

$$z^2 + pz + q = (z - \alpha - \beta \sqrt{-1})(z - \alpha + \beta \sqrt{-1});$$

et, par suite :

$$[1] \quad x^4 + px^2 + q = (x^2 - \alpha - \beta \sqrt{-1})(x^2 - \alpha + \beta \sqrt{-1});$$

ce qui peut s'écrire :

$$x^4 + px^2 + q = (x - \sqrt{\alpha + \beta \sqrt{-1}})(x + \sqrt{\alpha + \beta \sqrt{-1}}).$$

$$\times (x - \sqrt{\alpha - \beta \sqrt{-1}})(x + \sqrt{\alpha - \beta \sqrt{-1}}).$$

Puis, en posant :

$$\alpha + \beta \sqrt{-1} = \rho(\cos\varphi + \sqrt{-1}\sin\varphi),$$

$$\alpha - \beta \sqrt{-1} = \rho(\cos\varphi - \sqrt{-1}\sin\varphi),$$

et, par suite (**292**),

$$\sqrt{\alpha + \beta \sqrt{-1}} = \sqrt{\rho}\left(\cos\frac{\varphi}{2} + \sqrt{-1}\sin\frac{\varphi}{2}\right),$$

$$\sqrt{\alpha - \beta \sqrt{-1}} = \sqrt{\rho}\left(\cos\frac{\varphi}{2} - \sqrt{-1}\sin\frac{\varphi}{2}\right),$$

il vient :

$$x^4 + px^2 + q$$

$$= \left[x - \sqrt{\rho}\left(\cos\frac{\varphi}{2} + \sqrt{-1}\sin\frac{\varphi}{2}\right)\right]\left[x + \sqrt{\rho}\left(\cos\frac{\varphi}{2} + \sqrt{-1}\sin\frac{\varphi}{2}\right)\right]$$

$$\times \left[x - \sqrt{\rho}\left(\cos\frac{\varphi}{2} - \sqrt{-1}\sin\frac{\varphi}{2}\right)\right]\left[x + \sqrt{\rho}\left(\cos\frac{\varphi}{2} - \sqrt{-1}\sin\frac{\varphi}{2}\right)\right]$$

ou, en réunissant le premier et le troisième facteur, et le second et le quatrième, qui, évidemment, sont conjugués :

$$x^4 + px^2 + q$$

$$= \left[\left(x - \sqrt{\rho}\cos\frac{\varphi}{2}\right)^2 + \rho\sin^2\frac{\varphi}{2}\right]\left[\left(x + \sqrt{\rho}\cos\frac{\varphi}{2}\right)^2 + \rho\sin^2\frac{\varphi}{2}\right];$$

et le trinome est ainsi décomposé en deux facteurs réels du second degré.

295. PROBLÈME. *Exprimer* cos $m\varphi$ *et* sin $m\varphi$ *en fonction de* cos φ *et de* sin φ.

On a :

$$(\cos \varphi + \sqrt{-1}\, \sin \varphi)^m = \cos m\varphi + \sqrt{-1}\, \sin m\varphi;$$

en développant le premier membre par la formule du binome, et en égalant le résultat au second membre, c'est-à-dire, en écrivant que les parties réelles sont égales, ainsi que les parties imaginaires, on a :

$$\cos m\varphi = \cos^m\varphi - \frac{m(m-1)}{1.2}\cos^{m-2}\varphi \sin^2\varphi$$

$$+ \frac{m(m-1)(m-2)(m-3)}{1.2.3.4}\cos^{m-4}\varphi \sin^4\varphi + \ldots,$$

$$\sin m\varphi = m\cos^{m-1}\varphi \sin\varphi - \frac{m(m-1)(m-2)}{1.2.3}\cos^{m+3}\varphi \sin^3\varphi + \ldots.$$

296. PROBLÈME. *Évaluer* $x^m + \frac{1}{x^m}$ *en fonction de* $x + \frac{1}{x}$.

Posons : $\qquad\qquad x = \cos \varphi + \sqrt{-1}\, \sin \varphi;$

et, par suite : $\qquad \frac{1}{x} = \cos \varphi - \sqrt{-1}\, \sin \varphi;$

on en tire, d'une part :

$$x + \frac{1}{x} = 2\cos \varphi;$$

et, de l'autre :

$$x^m = \cos m\varphi + \sqrt{-1}\, \sin m\varphi,$$

$$\frac{1}{x^m} = \cos m\varphi - \sqrt{-1}\, \sin m\varphi;$$

d'où l'on conclut :

$$x^m + \frac{1}{x^m} = 2\cos m\varphi.$$

Ainsi, la formule, qui donne $\cos m\varphi$ en fonction de $\cos \varphi$, permettra de calculer $\dfrac{x^m + \dfrac{1}{x^m}}{2}$ en fonction de $x + \dfrac{1}{x}$.

REMARQUE. Pour obtenir la formule demandée, nous avons supposé à x une valeur imaginaire

$$x = \cos \varphi + \sqrt{-1}\,\sin \varphi \,;$$

le résultat est-il suffisamment établi pour une valeur réelle quelconque de x? Pour démontrer que la formule est générale, il faut remarquer que, si l'on chasse les dénominateurs, elle est de degré $2m$; et l'on sait, par la théorie des équations, qu'elle doit alors être identique, si elle a lieu pour plus de $2m$ valeurs réelles ou imaginaires de la variable.

RÉSUMÉ.

281. On rappelle que les expressions imaginaires se sont introduites dans un but de généralisation, dont l'importance devient plus grande encore dans la suite de l'algèbre. — **282.** Une expression imaginaire, n'étant la mesure d'aucune grandeur, n'est pas un nombre; mais, à l'aide de conventions convenables, elle peut figurer utilement dans les calculs. — **283.** On a l'habitude de donner aux expressions imaginaires la forme $(a + b\sqrt{-1})$. — **284.** Toute expression imaginaire est racine d'une équation du second degré; l'autre racine se nomme expression conjuguée. — **285.** Puissances successives de $\sqrt{-1}$. — **286.** Un produit de facteurs imaginaires ne change pas, quand on intervertit les facteurs. — **287.** Application du théorème précédent à la démonstration d'une formule d'algèbre entre nombres réels. — **288.** Expression trigonométrique des expressions imaginaires; définition du module et de l'argument. — **289.** Produit de deux expressions imaginaires. — **290.** Quotient de deux expressions imaginaires. — **291.** Puissances entières d'une expression imaginaire. — **292, 293.** Extension du résultat obtenu au cas d'un exposant fractionnaire ou négatif. — **294, 295, 296.** Application des formules précédentes à quelques résultats où ne figurent plus que des quantités réelles.

EXERCICES.

I. Démontrer, sans avoir recours à des expressions trigonométriques, que

$$\sqrt{a + b\sqrt{-1}}$$

est la forme $\qquad$ $p + q\sqrt{-1}$.

On applique une méthode analogue à celle qui est exposée (I, 217).

II. Trouver les racines réelles ou imaginaires de l'équation

$$2x\sqrt[3]{x} - 3x\sqrt[3]{\frac{1}{x}} = 20.$$

On trouve : $\qquad x = \pm 8, \qquad x = \pm \frac{5}{2}\sqrt{\frac{5}{2}\sqrt{-1}}.$

III. n désignant un nombre impair premier avec 3, $(x+y)^n - x^n - y^n$ s'annule pour $x = y\left(\dfrac{-1 + \sqrt{-3}}{2}\right)$.

On applique la formule de Moivre (291).

IV. Résoudre l'équation

$$x^6 - 2x^3 \cos \varphi + 1 = 0.$$

On trouve 2 valeurs pour x^3, et l'on en tire 6 valeurs pour x, en remplaçant φ par tous les arcs qui ont le même sinus et le même cosinus.

V. Quelles sont les expressions imaginaires, dont la puissance m^{me} est réelle ?

On trouve : $\qquad r\left(\cos\dfrac{2k\pi}{m} + \sqrt{-1}\sin\dfrac{2k\pi}{m}\right).$

VI. Trouver une expression imaginaire, dont le cube soit égal à l'unité. Il en existe deux dont chacune est le carré de l'autre.

On trouve : $\qquad \dfrac{-1 \pm \sqrt{-3}}{2}.$

VII. En nommant α l'expression dont le cube est égal à l'unité, vérifier la formule :

$$(a + b + c)(a + b\alpha + c\alpha^2)(a + b\alpha^2 + c\alpha) = a^3 + b^3 + c^3 - 3abc.$$

On effectue les calculs indiqués.

VIII. Le module de la somme de deux expressions imaginaires est plus petit que la somme de leurs modules et plus grand que leur différence.

CHAPITRE III.

RÉSOLUTION DES ÉQUATIONS DU TROISIÈME DEGRÉ.

§ I. Formules générales pour la résolution des équations
du troisième degré.

297. RÉDUCTION DE L'ÉQUATION GÉNÉRALE. Soit l'équation du
troisième degré :

[1] $$\varphi(x) = x^3 + ax^2 + bx + c = 0.$$

Posons $$x = x' + h;$$
elle deviendra :

$$\varphi(x' + h) = \varphi(h) + x'\varphi'(h) + \frac{x'^2}{1 \cdot 2}\varphi''(h) + \frac{x'^3}{1 \cdot 2 \cdot 3}\varphi'''(h);$$

et, si nous posons : $$\varphi''(h) = 0,$$

c'est-à-dire $\quad 6h + 2a = 0, \quad$ ou $\quad h = -3a, \; = \dfrac{-2a}{6} = -\dfrac{a}{3}$

l'équation en x' ne contiendra pas de terme en x'^2, et sera de la
forme

[2] $$x'^3 + px' + q = 0.$$

C'est sous cette dernière forme que nous étudierons l'équation
du troisième degré, en supprimant l'accent de la lettre x.

298. RÉSOLUTION DE L'ÉQUATION $x^3 = 1$. Nous commencerons
par traiter l'équation plus simple

[1] $$x^3 = 1.$$

L'une de ses racines est, évidemment, $x = 1$. Pour avoir les deux
autres, écrivons la proposée sous la forme

$$x^3 - 1 = 0,$$

et divisons le premier membre par $(x-1)$; nous obtiendrons :

$$x^2 + x + 1 = 0,$$

dont les racines sont : $x = \dfrac{-1 \pm \sqrt{-3}}{2}.$

L'unité a donc une racine cubique réelle, égale à 1, et deux racines cubiques imaginaires; dans ce qui va suivre, nous représenterons l'une de ces dernières par la lettre α; l'autre sera α^2, comme on peut facilement le vérifier :

$$\left(\dfrac{-1+\sqrt{-3}}{2}\right)^2 = \dfrac{1-2\sqrt{-3}-3}{4} = \dfrac{-1-\sqrt{-3}}{2}.$$

Il est clair, d'ailleurs, que, si l'on a :

$$\alpha^3 = 1,$$

on a aussi : $\qquad \alpha^6 = 1, \quad$ ou $\quad (\alpha^2)^3 = 1;$

donc α^2 doit être racine de l'équation [1], toutes les fois que α y satisfait lui-même.

299. Résolution algébrique de l'équation du troisième degré. Reprenons actuellement l'équation,

[1] $\qquad\qquad\qquad x^3 + px + q = 0,$

à laquelle peut se ramener (**297**) toute équation du troisième degré; posons, pour la résoudre :

$$x = y + z;$$

elle deviendra :

$$y^3 + 3y^2z + 3yz^2 + z^3 + p(y+z) + q = 0;$$

ce que l'on peut écrire :

$$y^3 + z^3 + (y+z)(3yz + p) + q = 0.$$

y et z étant assujettis à la seule condition d'avoir pour somme la racine cherchée x, nous pouvons établir entre elles une relation arbitraire, et poser

[2] $\qquad\qquad\qquad 3yz + p = 0;$

l'équation devient alors :

[3] $$y^3 + z^3 + q = 0.$$

Or, on résoudra les équations [2] et [3], en remarquant qu'elles font connaître la somme et le produit des quantités y^3 et z^3; on a, en effet :

$$y^3 z^3 = -\frac{p^3}{27}, \quad y^3 + z^3 = -q;$$

y^3 et z^3 sont donc les racines de l'équation,

$$u^2 + qu - \frac{p^3}{27} = 0;$$

et, par conséquent, ces deux quantités sont respectivement :

$$-\frac{q}{2} + \sqrt{\frac{q^2}{4} + \frac{p^3}{27}}, \quad -\frac{q}{2} - \sqrt{\frac{q^2}{4} + \frac{p^3}{27}}.$$

On en déduit :

[4] $$x = y + z = \sqrt[3]{-\frac{q}{2} + \sqrt{\frac{q^2}{4} + \frac{p^3}{27}}} + \sqrt[3]{-\frac{q}{2} - \sqrt{\frac{q^2}{4} + \frac{p^3}{27}}}.$$

500. Nombre des racines fournies par la formule. La formule précédente exige quelques explications. Un nombre quelconque A a trois racines cubiques, puisque l'équation $x^3 = A$ admet nécessairement trois racines. Pour obtenir ces trois racines, il suffit d'en connaître une seule, et de la multiplier successivement par α et par α^2; ce qui, évidemment, ne change pas son cube (**298**).

D'après cela, la formule [4] qui donne la valeur de x, semble fournir neuf solutions; car chaque radical a trois valeurs, et rien n'indique la dépendance à établir entre elles. On doit remarquer pourtant, que cette dépendance existe; nous avons, en effet :

[2] $$yz = -\frac{p}{3};$$

le produit des deux radicaux doit donc être réel et égal à $-\frac{p}{3}$.

Soient, d'après cela, A et B deux valeurs des racines cubiques remplissant cette condition; de telle sorte que l'une des racines de l'équation proposée soit :

$$x_1 = A + B;$$

les valeurs de y et de z sont, outre A et B :

$$\alpha A, \qquad \alpha^2 A,$$

$$\alpha B, \qquad \alpha^2 B;$$

et il est clair que, le produit AB étant réel, les seules combinaisons qui puissent également donner un produit réel, sont :

$$x_2 = \alpha A + \alpha^2 B,$$

$$x_3 = \alpha B + \alpha^2 A;$$

et le nombre des solutions se réduit à trois, comme cela devait être.

§ II. Conditions de réalité des racines de l'équation $x^3 + px + q + 0$.

301. Examen des cas qui peuvent se présenter. On peut remarquer d'abord que les équations

$$\begin{cases} x^3 + px + q = 0, \\ x^3 + px - q = 0, \end{cases}$$

ont leurs racines égales et de signes contraires; car, si l'hypothèse $x = \alpha$ vérifie l'une, l'hypothèse $x = -\alpha$ satisfera à l'autre.

D'après cela, nous nous bornerons à chercher dans quel cas l'équation

[1] $$x^3 + px + q = 0$$

peut admettre trois racines réelles, q désignant un nombre positif.

La règle de Descartes nous apprend tout d'abord, qu'il faut nécessairement que p soit négatif. S'il en était autrement, l'équation [1] n'aurait, en effet, aucune variation; et la transformée en $-x$

$$-x^3 - px + q = 0$$

n'en aurait qu'une seule. L'équation aurait, par suite, une seule racine négative, et n'aurait pas de racines positives.

502. Conditions de réalité. Examinons donc le seul cas où p est négatif. L'équation a alors, d'après la règle de Descartes, une seule racine négative; elle peut avoir deux racines positives, ou n'en pas avoir du tout. Ce sont ces deux cas que nous voulons distinguer.

L'équation proposée peut s'écrire :

$$q = -x^3 - px = x(-p - x^2),$$

p étant un nombre positif.

Si x varie de 0 à $\sqrt{-p}$, le produit $x(-p-x^2)$ est d'abord nul; il augmente jusqu'à un certain maximum; puis il diminue, et redevient nul pour $x = \sqrt{-p}$. Si donc le maximum surpasse q, il y aura deux valeurs de x, pour lesquelles ce produit sera égal à q; et l'équation aura deux racines positives, moindres que $\sqrt{-p}$. Si le maximum du second membre est moindre que q, l'égalité est impossible pour les valeurs de x comprises entre 0 et $\sqrt{-p}$, et, par suite, pour toutes les valeurs positives de x; car le second membre deviendrait négatif, si x^2 était plus grand que $-p$. S'il arrive enfin, que le maximum du second membre soit précisément égal à q, l'égalité ne pourra avoir lieu que pour une seule valeur de x; et les deux racines deviendront égales.

La condition de réalité des trois racines s'obtiendra donc en cherchant le maximum de

$$x(-p - x^2),$$

et en écrivant qu'il est moindre que q. Or, ce maximum correspond à la valeur de x qui rend la dérivée égale à zéro, et qui satisfait, par suite, à l'équation :

$$-p - 3x^2 = 0.$$

Pour cette valeur, $\sqrt{-\dfrac{p}{3}}$, le produit $x(-p-x^2)$, devient :

$$-\frac{2p}{3}\sqrt{-\frac{p}{3}}, \quad \text{ou} \quad \sqrt{-\frac{4p^3}{27}};$$

la condition de réalité des trois racines est donc :

$$q < \sqrt{-\frac{4p^3}{27}},$$

ou $\qquad\qquad 4p^3 + 27q^2 < 0.$

Il faut en outre, comme on l'a vu, que p soit négatif; mais cette condition est évidemment nécessaire à l'exactitude de l'inégalité précédente; et il est inutile de la mentionner à part.

505. RÉSUMÉ. D'après ce qui précède, et en nous servant des principes généraux de la théorie des équations, nous pouvons établir les propositions suivantes, relatives à l'équation

[1] $\qquad\qquad x^3 + px + q = 0.$

1° La *somme* des trois racines est égale à zéro. Si l'une d'entre elles est imaginaire et de la forme $(\alpha + \beta\sqrt{-1})$, il y aura nécessairement encore une autre racine imaginaire de la forme $(\alpha - \beta\sqrt{-1})$; et il n'y en aura qu'une seule.

2° Le *terme* tout connu est égal au produit des trois racines pris en signe contraire. Si deux équations de la forme [1] ne diffèrent entre elles que par le signe du terme connu, leurs racines seront respectivement égales, mais de signes contraires.

Ainsi, par exemple, les racines de l'équation,

$$x^3 - 39x + 70 = 0,$$

étant 2, 5 et — 7, celles de l'équation

$$x^3 - 39x - 70 = 0$$

seront — 2, — 5 et + 7.

3° Lorsque p est *positif*, l'équation admet deux racines imaginaires.

4° Lorsque le p est *positif*, l'équation admet deux racines imaginaires.

5° Lorsque p est *négatif*, l'équation a trois racines *réelles* et *inégales*, si $\left(\dfrac{p^3}{27}+\dfrac{q^2}{4}\right)$ est négatif; elle a trois racines *réelles*, dont deux *égales*, si $\left(\dfrac{p^3}{27}+\dfrac{q^2}{4}\right)$ est zéro. Enfin elle a deux racines *imaginaires*, si $\left(\dfrac{p^3}{27}+\dfrac{q^2}{4}\right)$ est positif.

Ainsi, par exemple, les équations suivantes ont :

$$\left.\begin{array}{l} x^3+100x\pm16=0 \\ x^3+\ \ 12x\pm16=0 \\ x^3\qquad\ \ \pm16=0 \\ x^3-\ \ \ 7x\pm16=0 \end{array}\right\}\ 2 \text{ racines imaginaires};$$

$$x^3-\ \ 12x\pm16=0\ \ 2 \text{ racines réelles égales};$$

$$\left.\begin{array}{l} x^3-\ \ 20x\pm16=0 \\ x^3-100x\pm16=0 \end{array}\right\}\ 3 \text{ racines réelles inégales}.$$

§ III. Résolution trigonométrique des équations du troisième degré.

504. CAS DES RACINES RÉELLES. Nous allons maintenant montrer comment, à l'aide des fonctions trigonométriques, on peut déterminer directement toutes les racines, réelles ou imaginaires, d'une équation du troisième degré.

1er CAS. RACINES RÉELLES. Condition :

$$\left(\frac{p^3}{27}+\frac{q^2}{4}\right)<0.$$

Lorsque l'équation [1] a ses trois racines réelles et inégales, la quantité sous le radical du second degré (**299**) est négative ; et la valeur [4] de x est la somme de deux quantités imaginaires. Pour la débarrasser de ces symboles imaginaires, posons :

$$-\frac{q}{2}=\rho\cos\varphi, \quad \text{et} \quad \frac{q^2}{4}+\frac{p^3}{27}=-\rho^2\sin^2\varphi;$$

la formule [4] deviendra :

$$x = \sqrt[3]{\rho\cos\varphi + \rho\sin\varphi\sqrt{-1}} + \sqrt[3]{\rho\cos\varphi - \rho\sin\varphi\sqrt{-1}}$$

et, d'après la formule de Moivre (**295**), on aura :

$$x = \sqrt[3]{\rho} \cdot \left(\cos\frac{\varphi + 2k\pi}{3} + \sin\frac{\varphi + 2k\pi}{3} \cdot \sqrt{-1} \right)$$

$$+ \sqrt[3]{\rho} \cdot \left(\cos\frac{\varphi + 2k\pi}{3} - \sin\frac{\varphi + 2k\pi}{3} \cdot \sqrt{-1} \right).$$

formule où l'on doit donner à k les valeurs 0, 1, 2. Il faut d'ailleurs que k ait la même valeur dans ces deux termes, pour que le produit yz soit réel.

On aura donc : $x = 2\sqrt[3]{\rho} \cdot \cos\frac{\varphi + 2k\pi}{3},$

ce qui donne, pour les trois valeurs de k :

$$x = 2\sqrt[3]{\rho} \cdot \cos\frac{\varphi}{3}, \quad 2\sqrt[3]{\rho} \cdot \cos\left(\frac{\varphi}{3} + 120^0\right), \quad 2\sqrt[3]{\rho} \cdot \cos\left(\frac{\varphi}{3} + 240^0\right),$$

ou

$$x = 2\sqrt[3]{\rho} \cdot \cos\frac{\varphi}{3}, \quad -2\sqrt[3]{\rho} \cdot \cos\left(60^0 - \frac{\varphi}{3}\right), \quad 2\sqrt[3]{\rho} \cdot \cos\left(120^0 - \frac{\varphi}{3}\right).$$

Pour déterminer les valeurs de ρ et de φ (ρ étant essentiellement positif), on a :

$$\rho^2 \cos^2\varphi = \frac{q^2}{4}, \quad -\rho^2\sin^2\varphi = \frac{q^2}{4} + \frac{p^3}{27},$$

donc : $\rho^2 = -\frac{p^3}{27},$ ou $\rho = \sqrt{-\frac{p^3}{27}},$

et $\cos\varphi = -\frac{q}{2\rho}.$

REMARQUE. Si la valeur, que la formule précédente assigne à $\cos\varphi$, est négative, on cherchera dans les tables l'arc φ', qui a pour cosinus le même nombre pris positivement; et φ sera le supplément de φ'.

505. EXEMPLE I. *Partager un hémisphère en deux parties égales par un plan parallèle à la base.*

Soient : x la distance du plan sécant au centre de la sphère ;

y le rayon de la section circulaire ;

$r = 1$ le rayon de la sphère.

On aura l'équation :

$$\frac{2\,r^2\pi}{3}(r-x) - \frac{xy^2\pi}{3} = \frac{r^3\pi}{3}.$$

Or $\qquad\qquad\qquad y^2 = r^2 - x^2 ;$

donc $\qquad\qquad 2(1-x) - x(1-x^2) = 1 ;$

ou $\qquad\qquad\qquad x^3 - 3x + 1 = 0 ;$

équation qui donnera la valeur de x.

Nous avons ici : $\qquad p = -3, \quad q = 1 ;$

donc : $\qquad \rho = \sqrt[3]{\dfrac{27}{27}} = 1,$ et $\cos\varphi = -\dfrac{q}{2\rho} = -\dfrac{1}{2} ;$

donc $\qquad\qquad \varphi = 120^0, \quad$ et $\quad \dfrac{\varphi}{3} = 40^0.$

Les trois racines de l'équation proposée sont donc :

$$\begin{cases} x_1 = 2\cos 40^0 = 1,5320888, \\ x_2 = -2\cos 20^0 = -1,8793852, \\ x_3 = 2\cos 80^0 = 0,3472964. \end{cases}$$

On vérifie que $\qquad x_1 + x_2 + x_3 = 0.$

Parmi ces trois racines, il n'y a que la dernière qui réponde au problème proposé ; car seule elle est positive et inférieure au rayon de la sphère.

506. EXEMPLE II. *Déterminer les abscisses des points d'intersection de la parabole* $x^2 = 4y$, *et de l'hyperbole* $4xy = 7(x-1)$.

Par élimination de y, on obtient l'équation :

$$x^3 - 7x + 7 = 0,$$

dont les racines déterminent les abscisses des points d'intersection. On a :

$$p = -7, \quad q = +7;$$

$$
\begin{array}{ll}
\log(-p^3) = 2,53529412 & \log q = 0,84509804 \\
\underline{\log 27 = 1,43136376} & \text{C}^t.\log 2 - 10 = \overline{1},69897000 \\
\overline{\log \rho^2 = 1,10393036} & \underline{\text{C}^t.\log \rho - 10 = \overline{1},44803482} \\
\log \rho = 0,55196518 & \overline{\log \cos \varphi' = \overline{1},99210286}
\end{array}
$$

$$
\log \sqrt[3]{\rho} = 0,18398839 \qquad
\begin{cases}
\varphi' = 10^\circ\, 53'\, 36'',195 \\
\varphi = 169^\circ\, 6'\, 23'',805
\end{cases}
$$

$$\frac{\varphi}{3} = 56^\circ 22' 7'',935, \quad \left(60^\circ - \frac{\varphi}{3}\right) = 3^\circ 37' 52'',065, \quad \left(120^\circ - \frac{\varphi}{3}\right) = 63^\circ 37' 52'',065$$

$$
\begin{array}{lll}
\log \cos = \overline{1},7433874 & \log \cos = \overline{1},9991272 & \log \cos = \overline{1},6475281 \\
\log 2 = 0,3010300 & = 0,3010300 & = 0,3010300 \\
\underline{\log \sqrt[3]{\rho} = 0,1839884} & \underline{= 0,1839884} & \underline{= 0,1839884} \\
\log x_1 = 0,2284058 & \log(-x_2) = 0,4841456 & \log x_3 = 0,1325465 \\
x_1 = 1,692021, & x_2 = -3,048917, & x_3 = 1,356893
\end{array}
$$

Vérification.

$$
\begin{array}{ll}
x_1 = 1,692021 & \log x_1 = 0,2284058 \\
x_2 = -3,048917 & \log x_2 = 0,4841456 \\
\underline{x_3 = 1,356896} & \underline{\log x_3 = 0,1325465} \\
\overline{x_1 + x_2 + x_3 = 0.} & \overline{\log x_1 x_2 x_3 = 0,8450979}
\end{array}
$$

$$x_1\, x_2\, x_3 = 7.$$

507. 2° Cas. Racines imaginaires. Condition :

$$\left(\frac{p^3}{27} + \frac{q^2}{4}\right) > 0.$$

1° Cas où p est négatif. On a :

$$\frac{q^2}{4} > -\frac{p^3}{27},$$

et l'on peut poser, par conséquent :

$$\sqrt{-\frac{p^3}{27}} = \frac{q}{2} \sin \omega.$$

On aura alors :

$$y = \sqrt[3]{-\frac{q}{2}+\frac{q}{2}\cos\omega} = \sqrt[3]{-q\sin^2\frac{\omega}{2}},$$

et
$$z = \sqrt[3]{-\frac{q}{2}+\frac{q}{2}\cos\omega} = \sqrt[3]{-q\cos^2\frac{\omega}{2}},$$

ou, en remplaçant q par sa valeur $\dfrac{2}{\sin\omega}\sqrt{-\dfrac{p^3}{27}}$,

$$y = \sqrt{-\frac{p}{3}}\cdot\sqrt[3]{\tang\frac{\omega}{2}} \quad\text{et}\quad z = \sqrt{-\frac{p}{3}}\cdot\sqrt[3]{\cot\frac{\omega}{2}}.$$

Soit maintenant φ un angle auxiliaire déterminé par l'équation :

$$\tang\varphi = \sqrt[3]{\tang\frac{\omega}{2}},$$

on aura : $\quad y = \sqrt{-\dfrac{p}{3}}\cdot\tang\varphi, \quad z = \sqrt{-\dfrac{p}{3}}\cdot\cot\varphi;$

et, par suite, les valeurs de x seront :

$$\sqrt{-\frac{p}{3}}\cdot[\tang\varphi+\cot\varphi] = \sqrt{-\frac{p}{3}}\cdot\frac{2}{\sin 2\varphi},$$

et $\quad -\tfrac{1}{2}\sqrt{-\dfrac{p}{3}}\cdot[\tang\varphi+\cot\varphi]\pm\tfrac{1}{2}\sqrt{-1}\cdot\sqrt{-p}\cdot[\tang\varphi-\cot\varphi],$

ou $\quad -\dfrac{1}{\sin 2\varphi}\sqrt{-\dfrac{p}{3}}\pm\sqrt{-1}\cdot\sqrt{-p}\cdot\cot 2\varphi;$

formules calculables par logarithmes.

On cherchera d'abord :

$$1°\qquad \sin\omega = \frac{2}{q}\sqrt{-\frac{p^3}{27}},$$

ensuite, $2°\quad \tang\varphi = \sqrt[3]{\tang\frac{\omega}{2}},$

après, $3°\qquad x_1 = 2\sqrt{-\frac{p}{3}}\cosec 2\varphi,$

et enfin, $4°\qquad x = -\sqrt{-\frac{p}{3}}\cosec 2\varphi \pm \sqrt{-1}\cdot\sqrt{-p}\cot 2\varphi.$

Quant aux signes des racines, on tiendra compte de ce que la racine réelle est toujours de signe contraire à celui du terme tout connu de l'équation, et que la somme des trois racines est nulle.

508. EXEMPLE III. $x^3 - 10{,}871385 x + 18{,}01032 = 0.$

On a : $\qquad p = -10{,}871385, \quad q = +18{,}01032;$

donc : $\qquad \log\left(-\dfrac{p^3}{27}\right) = 1{,}6774908,$

et $\qquad \log\sqrt{-\dfrac{p^3}{27}} = 0{,}8387454;$

mais $\qquad\qquad \log 2 = 0{,}3010300,$

et $\qquad C^t.\log q - 10 = \overline{2}{,}7444786,$

1° donc $\qquad \log\sin\omega = \overline{1}{,}8842540;$

de là : $\qquad\qquad \omega = 50^0, \quad$ et $\quad \dfrac{\omega}{2} = 25^0$

$$\log\text{tang}^3\varphi = \log\text{tang}\frac{\omega}{2} = \overline{1}{,}6686725;$$

2° donc : $\qquad\qquad \log\text{tang}\,\varphi = \overline{1}{,}8895575;$

de là $\qquad\qquad \varphi = 37^0\,47'\,31''{,}287$

et $\qquad\qquad 2\varphi = 75^0\,35'\ 2''{,}574;$

3° $\quad \log\sqrt{-\dfrac{p}{3}} = 0{,}2795818 \qquad \log\sqrt{-p} = 0{,}5181424$

$\qquad\quad \log 2 = 0{,}3010300 \qquad\qquad \log\cot 2\varphi = \overline{1}{,}4100229$

$\dfrac{C^t.\log\sin 2\varphi - 10 = 0{,}0138941}{\qquad \log x_1 = 0{,}5945059} \qquad \dfrac{\log\sqrt{-p}\cot 2\varphi = \overline{1}{,}9281653}{\sqrt{-p}\cot 2\varphi = 0{,}8475501}$

$$x_1 = 3{,}931026.$$

Donc les trois racines sont :

$$x = -3{,}931026,$$

et $\qquad x = +1{,}960513 \pm 0{,}8475501 \times \sqrt{-1}.$

509. EXEMPLE IV. *Déterminer les dimensions d'un cylindre*

inscrit à là sphère, et tel que sa surface convexe soit égale à la sur-
face convexe des deux calottes, qui ont même base que lui.

Soient : $r = 1$ le rayon de la sphère,

$\qquad\qquad$ y le rayon de la base du cylindre,

et $\qquad\qquad$ x la distance de cette base au centre de la sphère

On aura : $\qquad\qquad 4\pi(1 - x) = 4xy\pi$;

mais $\qquad\qquad\qquad y = \sqrt{1 - x^2}$;

donc : $\qquad\qquad\qquad 1 - x = x^2(1 + x)$,

ou $\qquad\qquad x^3 + x^2 + x - 1 = 0$.

Posons : $\qquad\qquad x = \dfrac{z - 1}{3}$,

l'équation deviendra :

$$z^3 + 6z - 34 = 0.$$

On a ici : $\qquad\qquad p = 6, \quad q = -34$;

mais, dans cette équation :

$$\frac{p^3}{27} + \frac{q^2}{4} = 297 ;$$

donc l'équation a deux racines imaginaires, dont nous ne nous occuperons pas.

En résolvant directement l'équation proposée, à l'aide de la formule (**299**), nous aurons :

$$z = \sqrt[3]{17 + \sqrt{297}} + \sqrt[3]{17 - \sqrt{297}},$$

$$= \sqrt[3]{34{,}2336879396} - \sqrt[3]{0{,}2336879396}.$$

En se servant des tables de logarithmes pour extraire les racines cubiques, on aura :

$$z = 3{,}2470172 - 0{,}6159499$$

ou $\qquad\qquad z = 2{,}6310673$;

donc $\qquad x = 0{,}5436891$;

et $\qquad 2x = 1{,}0873782$, hauteur du cylindre.

310. 2° CAS OÙ p EST POSITIF : on posera :

[1] $\qquad \sqrt{\dfrac{p^3}{27}} = \dfrac{q}{2} \, \text{tang} \, \omega$;

il vient alors :

$$y = \sqrt[3]{\dfrac{-q \sin^2 \dfrac{\omega}{2}}{\cos \omega}} \quad \text{et} \quad z = \sqrt[3]{\dfrac{-q \cos^2 \dfrac{\omega}{2}}{\cos \omega}},$$

ou, en remplaçant q par $2 \cot \omega \sqrt{\dfrac{p^3}{27}}$,

$$y = \sqrt{\dfrac{p}{3}} \sqrt[3]{\text{tang} \dfrac{\omega}{2}}, \quad \text{et} \quad z = -\sqrt{\dfrac{p}{3}} \sqrt[3]{\cot \dfrac{\omega}{2}}.$$

Posant, comme plus haut :

[2] $\qquad \text{tang} \, \varphi = \sqrt[3]{\text{tang} \dfrac{\omega}{2}}$;

il vient : $\qquad y = \sqrt{\dfrac{p}{3}} \, \text{tang} \, \varphi, \quad z = -\sqrt{\dfrac{p}{3}} \cot \varphi$;

et les racines cherchées sont :

[3] $\qquad \begin{cases} x_1 = 2 \sqrt{\dfrac{p}{3}} \cot 2\varphi \pm \sqrt{-p} \cdot \text{coséc} \, 2\varphi. \\[2mm] x = -\sqrt{\dfrac{p}{3}} \cot 2\varphi \, ; \end{cases}$

311. EXEMPLE. V. Soit l'équation :

$$x^3 + 2{,}3473983\,x - 9{,}876543 = 0.$$

$$q = -9{,}876543, \qquad p = 2{,}3473983,$$

$$\log(-q) = 0{,}9946050, \qquad \log p = 0{,}3705868 \, ;$$

donc : $$\log \frac{p^3}{27} = \overline{1},6803966$$

$$\log \frac{p^3}{27} = \overline{1},6803966$$

$$\log \sqrt{\frac{p^3}{27}} = \overline{1},8401983$$

$$\log = 0,3010300$$

$$\text{C}^t. \log (-q) - 10 = \overline{1},0053950$$

Donc : [1] $$\log \tan g\,\omega = \overline{1},1466233$$

De là : $$\omega = 7^0\, 58'\, 42'',91$$

$$\frac{\omega}{2} = 3^0\, 59'\, 21'',455\,;$$

d'où $$\log \tan g\, \frac{\omega}{2} = \log \tan g^3\, \varphi = \overline{2},8434760\,;$$

donc [2] $$\log \tan g\, \varphi = \overline{1},6144920\,;$$

et de là : $$\varphi = 22^0\, 22'\, 22'',22$$

$$2\varphi = 44^0\, 44'\, 44'',44.$$

Or : $$\log 2 = 0,3010300$$

$$\log \cot 2\varphi = 0,0038555 \qquad \text{C}^t. \log \sin 2\varphi - 10 = 0,1524513$$

$$\log \sqrt{\frac{-p}{3}} = \overline{1},9467328 \qquad \log \sqrt{-p} = 0,1852934$$

Donc [3] $$\log x_1 = 0,2516183 \qquad \log \frac{\sqrt{-p}}{\sin 2\varphi} = 0,3377447$$

$$x_1 = 1,784918\,; \qquad \frac{\sqrt{-p}}{\sin 2\varphi} = 2,1764300$$

et les racines de l'équation proposée sont :

$$x_1 = 1,784918,$$
$$x = -0,892459 \pm 2,176430 \times \sqrt{-1}.$$

RÉSUMÉ.

297. Réduction de l'équation générale du troisième degré à la forme $x^3 + px + q = 0$. — **298.** Résolution de l'équation^3 $x = 1$. — **299.** Résolution algébrique de l'équation $x^3 + px + q = 0$. — **300.** On montre que la formule fournit trois racines seulement. — **301.** Discussion des cas où les trois racines ne sauraient être réelles. — **302.** Condition de réalité des racines. — **303.** Résumé. — **304.** Résolution des équations du troisième degré par le moyen des tables trigonométriques; cas des racines réelles. — **305, 306.** Exemples. — **307.** Cas où il y a deux racines imaginaires, le coefficient du second terme étant négatif. — **308, 309.** — Exemples. — **310.** Cas où ce coefficient est positif. — **311.** Exemples.

CHAPITRE IV.

RÉSOLUTION NUMÉRIQUE DE DEUX ÉQUATIONS DU SECOND DEGRÉ.

§ I. Méthode générale; exemples.

512. PROBLÈME. Nous commencerons par résoudre la question suivante :

Quelle est la condition pour qu'une équation du second degré,

[1] $$A y^2 + B x y + C x^2 + D y + E x + F = 0,$$

fournisse, pour l'inconnue y, *une valeur de la forme* $M x + N$, M *et* N *étant indépendants de* x.

On déduit de l'équation [1], en la considérant comme une équation du second degré en y :

[2] $$y = -\frac{Bx+D}{2A} \pm \frac{1}{2A}\sqrt{(B^2-4AC)x^2+2(BD-2AE)x+(D^2-4AF)}.$$

Pour que cette valeur de y ait la forme demandée, il est nécessaire et suffisant que le polynome placé sous le radical

$$(B^2-4AC)x^2+2(BD-2AE)x+(D^2-4AF),$$

soit un carré parfait ; et, pour cela, on doit avoir

$$(BD-2AE)^2 = (B^2-4AC)(D^2-4AF) ;$$

ou, en supprimant les termes B^2D^2 qui figurent dans les deux membres, et en divisant ensuite par le facteur commun 4A,

[3] $$-BDE + AE^2 = 4ACF - FB^2 - CD^2 ;$$

telle est la condition demandée. Si elle est remplie, la valeur de y prend la forme :

[4] $$y = -\frac{Bx+D}{2A} \pm \frac{1}{2A}\left(x\sqrt{B^2-4AC}+\frac{BD-2AE}{\sqrt{B^2-4AC}}\right).$$

513. Méthode générale de résolution. Proposons-nous actuellement de résoudre le système de deux équations numériques du second degré :

[5] $Ay^2 + Bxy + Cx^2 + Dy + Ex + F = 0,$

[6] $A'y^2 + B'xy + C'x^2 + D'y + E'x + F' = 0.$

Si nous ajoutons ces deux équations, après avoir multiplié la première par λ, le résultat pourra remplacer l'une d'elles. On obtient ainsi :

[7] $(A\lambda + A')y^2 + (B\lambda + B')xy + (C\lambda + C')x^2 + (D\lambda + D')y$

$+ (E\lambda + E')x + (F\lambda + F') = 0.$

λ étant arbitraire, nous pouvons la déterminer par la condition que les valeurs de y, déduites de l'équation [7], soient du premier degré en x.

Il suffira (**512**) de poser :

[8] $-(B\lambda + B')(D\lambda + D')(E\lambda + E') + (A\lambda + A')(E\lambda + E')^2$

$= 4(A\lambda + A')(C\lambda + C')(F\lambda + F') - (F\lambda + F')(B\lambda + B')^2$

$- (C\lambda + C')(D\lambda + D')^2,$

équation du troisième degré en λ, qui aura, par conséquent, une racine réelle au moins. On calculera cette racine par approximation ; et, en faisant usage de la formule [4] (**512**), on obtiendra alors, pour y, deux valeurs de la forme :

$$y = Mx + N, \quad y = M_1x + N_1$$

M, N, M_1, N_1, étant connus en fonction de la racine λ, en substituant successivement ces valeurs de y dans l'une des équations [5] et [6], on obtiendra deux équations du second degré en x; il y aura, par conséquent, en tout, quatre valeurs pour x et autant pour y.

514. Discussion. Il y a plusieurs cas à considérer dans l'application de la méthode précédente ; nous les discuterons avec quelques détails. Pour plus de simplicité, nous remarquerons tout d'abord, que le problème revient à déterminer l'intersection de deux courbes du second degré. La méthode indiquée équivaut à la détermination préalable des droites qui réunissent deux des points d'intersection.

1° Si l'équation du troisième degré en λ admet trois racines réelles, et si, en même temps, deux au moins de ces racines rendent positives la quantité

$$(B\lambda + B')^2 - 4(A\lambda + A')(C\lambda + C') = k,$$

ces deux racines déterminent deux couples de sécantes réelles, qui se coupent en général en quatre points. Ces quatre points sont les points d'intersection des deux courbes, et leurs coordonnées donnent les solutions des équations proposées.

2° Si l'équation du troisième degré a trois racines réelles, dont une seule rend positive la quantité k; ou, si l'équation n'a qu'une seule racine réelle, mais qui satisfasse à cette condition, les deux courbes n'admettent qu'un seul couple de sécantes communes.

Il faudra alors chercher, si ces sécantes rencontrent l'une quelconque des courbes proposées ou non : dans le premier cas, les deux équations auront deux solutions réelles et deux solutions imaginaires; dans le second cas, elles auront quatre solutions imaginaires.

3° Si enfin les racines réelles de l'équation en λ rendent négative la quantité k, les deux équations ont quatre solutions imaginaires.

315. EXEMPLE I. *Soient données les deux équations :*

$$3y^2 + 4xy + 3x^2 - 9y - 15x = 0 \ (ellipse),$$

$$y^2 - 2xy + x^2 + 2y - 10x = 0 \ (parabole).$$

Ces deux équations, combinées ensemble, donnent l'équation

$$(3+\lambda)y^2 + (4-2\lambda)xy + (3+\lambda)x^2 - (9-2\lambda)y - (15+10\lambda)x = 0 ;$$

et l'on obtient pour l'équation [8] ;

$$32\lambda^3 + 388\lambda^2 + 564\lambda + 189 = 0.$$

Cette équation a trois racines réelles et négatives, qui sont :

$$\lambda = -\tfrac{1}{2}, \quad \lambda = -\tfrac{9}{8}, \quad \lambda = -\tfrac{21}{2}.$$

La quantité $\qquad k = -20(1 + 2\lambda)$

étant positive ou nulle pour chacune des trois valeurs de λ, les courbes données admettent trois systèmes de sécantes communes réelles, dont les points d'intersection se confondent avec ceux des deux courbes.

Il ne s'agit plus que de déterminer deux systèmes de sécantes et de chercher leurs points de rencontre.

Pour $\qquad\qquad \lambda = -\tfrac{1}{2},$

les deux équations du premier degré sont :

$$y = -x + 2 \pm 2,$$

système de deux droites parallèles.

Pour $\qquad\qquad \lambda = -\tfrac{21}{2},$

nous aurons : $\qquad y = \dfrac{5x}{3} - 2 \pm \left(\dfrac{4x}{3} + 2\right).$

Les points d'intersection des quatre sécantes sont :

$$x = 0, \quad y = 0,$$
$$x = 1, \quad y = 3,$$
$$x = 3, \quad y = -3,$$
$$x = 6, \quad y = -2.$$

Ces quatre points sont les sommets d'un trapèze dont les côtés sont formés par les quatre sécantes. Les deux autres sécantes, correspondant à $\lambda = -\tfrac{9}{8}$, seraient les diagonales du trapèze.

516. EXEMPLE II. *Déterminer les points d'intersection des courbes*

$$xy - 3x + 6 = 0 \ (hyperbole),$$
$$x^2 - 9y = 0 \ (parabole).$$

Si, dans la première de ces deux équations, on substitue à y sa valeur tirée de la seconde équation,

$$y = \frac{x^2}{9},$$

on obtient immédiatement l'équation du troisième degré :

$$x^2 - 27x + 54 = 0,$$

dont les racines déterminent les points d'intersection des deux courbes. Cette équation a trois racines réelles, deux positives égales, $x = 3$, et une négative, $x = -6$.

A ces deux abscisses correspondent les ordonnées

$$y = 1 \quad \text{et} \quad y = 4;$$

donc les deux courbes se *touchent* au point $(3,1)$, et se coupent au point $(-6,4)$.

517. EXEMPLE III. *Soient données les deux équations*

$$y^2 + x^2 - 2x = 0 \quad (cercle),$$

$$2xy - 1 = 0 \quad (hyperbole);$$

l'équation résultant de la combinaison sera :

$$y^2 + 2\lambda xy + x^2 - 2x - \lambda = 0$$

et en écrivant que cette équation représente deux droites, on trouvera :

$$\lambda^3 - \lambda - 1 = 0.$$

Cette dernière équation a une racine réelle et deux racines imaginaires.

Pour évaluer la racine réelle, nous nous servirons des formules données (**507**) ; nous aurons alors :

$$\log \sin \omega = \overline{1},585\ 3481,$$

$$\log \tan \frac{\omega}{2} = \overline{1},301\ 3783,$$

$$\log \tan \varphi = \overline{1},767\ 1261,$$

$$\log \sin 2\varphi = \overline{1},940\ 3459,$$

$$\log \lambda = 0,122\ 1235,$$

$$\lambda = 1,324\ 718;$$

la quantité $k = 4(\lambda^2 - 1)$ ou $\dfrac{4}{\lambda}$, étant positive pour la valeur de λ que nous venons de trouver, les deux équations du premier degré,

$$y = -\lambda x \pm \frac{1}{\sqrt{\lambda}}\,(x + \lambda),$$

auront leurs coefficients réels; et, par conséquent, les deux courbes admettent un système de deux sécantes réelles communes.

En substituant ces deux valeurs de y dans l'équation :

$$2xy - 1 = 0,$$

on arrive à l'équation du second degré :

$$2x^2\left(-\lambda \pm \frac{1}{\sqrt{\lambda}}\right) \pm \frac{2\lambda x}{\sqrt{\lambda}} - 1 = 0.$$

Pour que les valeurs de x soient réelles, il faut que l'on ait :

$$-\lambda \pm \frac{1}{\sqrt{\lambda}} > 0.$$

Si nous prenons le signe inférieur, le premier membre devient négatif, et la condition de réalité n'est pas remplie; par conséquent, la droite

$$y = -\lambda x - \frac{2}{\sqrt{\lambda}}\,(x + \lambda)$$

ne rencontre pas la courbe.

Si, au contraire, nous prenons le signe supérieur, le premier membre devient positif, et la sécante

$$y = -\lambda x + \frac{1}{\sqrt{\lambda}}\,(x + \lambda)$$

rencontre la courbe en deux points.

En substituant à λ et $\sqrt{\lambda}$ leurs valeurs numériques, la dernière équation deviendra :

$$y = -0{,}455881x + 1{,}150964 \,;$$

équation qui, combinée avec celle de la courbe,

$$2xy - 1 = 0,$$

donne les deux solutions réelles des équations proposées,

$$x = 1{,}967160, \qquad y = 0{,}254173,$$

et $\qquad\qquad x = 0{,}557424, \qquad y = 0{,}896791.$

518. EXEMPLE IV. *Résoudre les deux équations :*

$$4y^2 + 9x^2 - 36x = 0 \ (\text{ellipse}),$$

$$xy - 12 = 0 \ (\text{hyperbole})$$

L'équation de condition est :

$$\lambda^3 - 144\lambda - 432 = 0.$$

Cette équation a ses trois racines réelles ; la première positive, et comprise entre 13 et 14 ; les deux autres négatives, et comprises entre −3 et −4, et entre −10 et −11.

Parmi ces trois racines, il n'y a que la première qui rende positive la quantité

$$k = \lambda^2 - 144 = \frac{432}{\lambda} \,;$$

par conséquent, il n'y a qu'un seul couple de sécantes réelles, dont l'équation est :

$$y = -\frac{\lambda x}{8} \pm \frac{3}{2} \sqrt{\frac{3}{\lambda}\left(x + \frac{2\lambda}{3}\right)} \,;$$

mais nous allons démontrer directement qu'aucune de ces deux droites ne peut rencontrer les courbes ; car en substituant la valeur de y dans la seconde des deux équations proposées,

$$xy - 12 = 0$$

on obtient les deux équations du second degré

$$x^2 \left(-\frac{\lambda}{8} \pm \frac{3}{2} \sqrt{\frac{3}{\lambda}} \right) \pm x\sqrt{3\lambda} - 12 = 0.$$

La condition de réalité des valeurs de x est :

$$3\lambda + 48 \left(-\frac{\lambda}{8} \pm \frac{3}{2} \sqrt{\frac{3}{\lambda}} \right) > 0,$$

ou

$$-\lambda \pm 24 \sqrt{\frac{3}{\lambda}} > 0.$$

Il est évident que cette condition n'est pas satisfaite, lorsqu'on prend le signe négatif; car alors tous les termes du membre à gauche seraient négatifs.

Mais comme on a $\lambda > 13$, la condition n'est pas remplie non plus, lorsqu'on prend le signe positif.

Par conséquent, les deux droites ne peuvent pas rencontrer les courbes ; donc les deux équations proposées n'ont que des racines imaginaires.

519. EXEMPLE V. *Soient données les deux hyperboles,*

$$4y^2 - 4xy + 9 = 0,$$

$$8xy - 42y + 9 = 0; \quad .$$

déterminer leurs points d'intersection.

La valeur de y, tirée de la seconde équation et substituée dans la première, conduit à l'équation du second degré en x,

$$4x^2 - 35x + 75 = 0,$$

équation qui a deux racines réelles $x = 5$ et $x = 3\frac{3}{4}$.

Les valeurs correspondantes de y sont $y = \frac{9}{2}$ et $y = \frac{3}{4}$.

Mais les deux courbes proposées sont des hyperboles, rapportées à une asymptote commune prise pour axe des abscisses; donc, en outre des deux points d'intersection que nous venons de trouver, elles ont encore deux autres points de rencontre éloignés à l'infini de l'origine.

En effet, lorsqu'on remplace x par $\dfrac{1}{z}$, et qu'on égale les valeurs de y tirées de la première et de la seconde des équations proposées, on obtient l'équation du quatrième degré,

$$5z^2 - 35z^3 + 75z^4 = 0.$$

Les quatre racines de cette équation sont :

$$z^2 = 0, \quad \text{donc} \quad z = 0,$$
$$z = \tfrac{1}{5} \quad \text{et} \quad z = \tfrac{4}{15},$$

et comme $x = \dfrac{1}{z}$, nous aurons les quatre solutions des équations proposées :

$$z = 0, \qquad x = \infty, \qquad y = 0,$$
$$z = 0, \qquad x = -\infty, \qquad y = 0,$$
$$z = \tfrac{1}{5}, \qquad x = 5, \qquad y = \tfrac{9}{2},$$
$$z = \tfrac{4}{15}, \qquad x = 3\tfrac{3}{4}, \qquad y = \tfrac{3}{4}.$$

520. Cas particuliers. La résolution de deux équations du second degré, à deux inconnues, se réduit, dans certains cas particuliers, à la résolution d'une équation bicarrée ou d'une équation du second degré.

1° Lorsque les deux courbes sont *concentriques*, et rapportées à leur centre commun pris pour origine, leurs équations ne contiennent plus de termes du premier degré par rapport aux variables; et l'élimination d'une variable donnera une équation bicarrée par rapport à l'autre variable.

Exemple. $16y^2 - 16xy + 5x^2 - 400 = 0$ (*ellipse*),

$$y^2 - x^2 + 16 = 0 \qquad (hyperbole).$$

Les solutions sont égales deux à deux, mais de signes contraires.

2° Lorsque les deux courbes sont *homofocales*, et rapportées à leur foyer commun, pris pour origine des coordonnées, les deux équations se mettent sous la forme

$$\begin{cases} y^2 + x^2 = (ay + bx + c)^2, \\ y^2 + x^2 = (a'y + b'x + c')^2 \, ; \end{cases}$$

donc $\qquad ay + bx + c = \pm (a'y + b'x + c')$,

ou $\qquad (a \pm a') y + (b \pm b') x + (c \pm c') = 0 \, ;$

et l'on aura deux équations du premier degré, que l'on combinera avec l'une des équations proposées.

EXEMPLE. $\quad 3y^2 - 4xy + 4y - 2x + 1 = 0$ (*hyperbole*),

$$y^2 - 2xy + x^2 - 3y - 3x - \tfrac{9}{4} = 0 \ (parabole).$$

3° Lorsque les deux courbes ont un *diamètre* commun, et qu'elles sont rapportées à un système de coordonnées obliques, ayant pour axe des abscisses le diamètre commun, et pour axe des ordonnées une parallèle aux cordes, les deux équations ne contiennent la variable y qu'à la seconde puissance, et l'élimination de cette variable réduira le problème à la résolution d'une équation du second degré en x.

EXEMPLE. $\qquad 2y^2 - 3x - 36 = 0$ (*parabole*),

$$y^2 + 5x^2 - 80 = 0 \ (ellipse).$$

4° Si les deux courbes sont *semblables* et *semblablement situées*, les termes du second degré dans les deux équations ont les coefficients proportionnels.

Donc, si l'on multiplie l'une des deux équations par un facteur convenable, et qu'on la retranche de l'autre équation, on obtiendra pour reste une équation du premier degré.

EXEMPLE. $\quad y^2 + 2xy - 3x^2 + 6x + 40 = 0$ (*hyperbole*),

$$2y^2 + 2xy - 6x^2 - 5y + 37 = 0 \ (hyperbole).$$

5° Lorsque les deux courbes sont des hyperboles ayant une *même asymptote*, et rapportées à cette asymptote commune comme axe de x, les deux équations ne contiennent la variable x

que dans le terme xy; et l'élimination de x donne une équation du second degré en y.

EXEMPLE. $\qquad y^2 - 4xy + 6y - 10 = 0,$

$$3y^2 + 2xy - 10y + 8 = 0.$$

§ II. Résolution des équations du quatrième degré.

521. MÉTHODE DE RÉSOLUTION. La méthode, que nous venons d'exposer, sert à réduire la résolution de l'équation du quatrième degré,

$$x^4 + ax^3 + bx^2 + cx + d = 0,$$

à la résolution d'une équation du troisième degré.

En effet, si dans l'équation proposée on remplace x^2 par y, on arrive à l'équation :

$$y^2 + axy + by + cx + d = 0 ;$$

et la résolution de l'équation du quatrième degré est ramenée à la résolution de deux équations du second degré à deux inconnues, que nous pouvons résoudre au moyen d'une équation du troisième degré en λ.

322. EXEMPLE. Soit donné l'équation,

$$x^4 - 2x^3 - 8x^2 + 12x - 4 = 0,$$

équation qui n'a pas de racines commensurables.

En posant $\qquad x^2 = y \ (parabole),$

l'équation proposée deviendra :

$$y^2 - 2xy - 8y + 12x - 4 = 0 \ (hyperbole).$$

La résolution de ces deux équations est ramenée à celle de l'équation du troisième degré,

$$\lambda^3 + 16\lambda^2 + 56\lambda - 64 = 0,$$

qui a trois racines réelles,

$$\lambda = -8 \quad \text{et} \quad \lambda = -4 \pm 2\sqrt{6}.$$

la quantité $k = 4(1 - \lambda)$

est positive pour chacune de ces trois valeurs de λ ; donc, les deux équations proposées admettent trois couples de sécantes communes et quatre solutions réelles.

Les équations des sécantes, qui correspondent à la deuxième et à la troisième racine de l'équation en λ, sont ;

$$\begin{cases} \lambda = -4 + 2\sqrt{6}, \\ y = x + 2 + \sqrt{6} \quad \pm(\sqrt{2} + \sqrt{3})\left(x - \dfrac{4 + \sqrt{6}}{5 - 2\sqrt{6}}\right) \end{cases}$$

et

$$\begin{cases} \lambda = -4 - 2\sqrt{6}, \\ y = x + 2 - \sqrt{6} \quad \pm(\sqrt{3} + \sqrt{2})\left(x - \dfrac{4 + \sqrt{6}}{5 + 2\sqrt{6}}\right) \end{cases}$$

En cherchant les points d'intersection de ces deux systèmes de droites, on obtient immédiatement les racines de l'équation du quatrième degré,

$$x = 2 \pm \sqrt{2} \quad \text{et} \quad x = -1 \pm \sqrt{3}.$$

RÉSUMÉ.

512. Condition pour qu'une équation du second degré à deux variables se réduise à deux équations du premier degré. — 513. Réduction de deux équations du second degré, à deux inconnues, à une équation du troisième degré. — 514. Indication de divers cas. — 515, 516, 517, 518, 519. Exemples. — 520. Cas particuliers. — 521. Résolution d'une équation du quatrième degré. — 522. Exemple.

CHAPITRE V.

QUELQUES EXEMPLES D'ARTIFICES ALGÉBRIQUES.

523. BUT DE CE CHAPITRE. Dans un grand nombre de cas, si l'on suivait, sans modification, les règles générales du calcul, on serait conduit à des opérations compliquées, qui dépasseraient quelquefois la patience du calculateur. L'habileté du géomètre consiste à trouver, dans la forme particulière des questions qu'il traite, l'occasion de simplifier les opérations, et de parvenir plus immédiatement aux conclusions qu'il a en vue. De pareilles modifications exigent une grande habitude de l'analyse et, souvent même, un véritable génie d'invention; et l'on comprend qu'il ne nous est pas possible de donner des règles générales sur les artifices de ce genre. Nous nous bornerons à choisir, parmi les calculs algébriques les plus célèbres, quelques exemples, dans lesquels d'illustres géomètres ont poussé à un haut degré la dextérité analytique dont nous parlons.

524. PROBLÈME I. *On donne un polynome du second degré, à trois variables,*

$$[1] \qquad Ax^2 + A'y^2 + A''z^2 + 2Byz + 2B'xz + 2B''xy$$

$$+ 2Cx + 2C'y + 2C''z + D;$$

et l'on demande de remplacer x, y, z, *par trois variables nouvelles, liées aux premières par les relations,*

$$[2] \qquad \begin{cases} x = \alpha u + \alpha' v + \alpha'' w, \\ y = \beta u + \beta' v + \beta'' w, \\ z = \gamma u + \gamma' v + \gamma'' w, \end{cases}$$

et s'imposant les conditions suivantes :

1° *Le polynome prendra la forme*

$$[3] \qquad Gu^2 + G'v^2 + G''w^2 + Hu + H'v + H''w + K;$$

2° *Les neuf coefficients* α, α', α'', β, β', β'', γ, γ', γ'', *seront liés par les relations*,

$$[4] \quad \begin{cases} \alpha^2 + \beta^2 + \gamma^2 = 1, \\ \alpha'^2 + \beta'^2 + \gamma'^2 = 1, \\ \alpha''^2 + \beta''^2 + \gamma''^2 = 1, \end{cases} \quad \begin{cases} \alpha\alpha' + \beta\beta' + \gamma\gamma' = 0, \\ \alpha\alpha'' + \beta\beta'' + \gamma\gamma'' = 0, \\ \alpha'\alpha'' + \beta'\beta'' + \gamma'\gamma'' = 0, \end{cases}$$

Ce problème se présente en géométrie analytique, lorsque l'on veut simplifier une équation du second degré, en changeant les directions des axes des coordonnées, sans qu'ils cessent d'être rectangulaires.

En multipliant respectivement les équations [2] par α, β, γ, et en les ajoutant ensuite membre à membre, on a, d'après les équations [4].

$$u = \alpha x + \beta y + \gamma z;$$

et l'on trouvera, d'une manière analogue :

$$v = \alpha'x + \beta'y + \gamma'z,$$

$$w = \alpha''x + \beta''y + \gamma''z.$$

Par conséquent, pour que les polynomes [1] et [3] soient équivalents, on doit avoir, en identifiant les termes du second degré :

$$G(\alpha x + \beta y + \beta z)^2 + G'(\alpha'x + \beta'y + \gamma'z)^2 + G''(\alpha''x + \beta''y + \gamma''y)^2$$
$$= Ax^2 + A'y^2 + A''z^2 + 2Byz + 2B'xz + 2B''xy;$$

ce qui donne les six équations suivantes :

$$[5] \quad \begin{cases} G\alpha^2 + G'\alpha'^2 + G''\alpha''^2 = A \\ G\beta^2 + G'\beta'^2 + G''\beta''^2 = A, \\ G\gamma^2 + G'\gamma'^2 + G''\gamma''^2 = A'; \end{cases} \quad \begin{cases} G\alpha\beta + G'\alpha'\beta' + G''\alpha''\beta'' = B'', \\ G\alpha\gamma + G'\alpha'\gamma' + G''\alpha''\gamma'' = B', \\ G\beta\gamma + G'\beta'\gamma' + G''\beta''\gamma'' = B. \end{cases}$$

Multiplions respectivement la première, la quatrième et la cinquième équation du groupe [5] par α, β, γ, et ajoutons-les ensuite; il viendra :

$$[A] \qquad G\alpha = A\alpha + B''\beta + B'\gamma.$$

Si l'on multiplie la seconde, la quatrième et la sixième équation du même groupe par β, α, γ, on aura de même :

[A]
$$G\beta = A'\beta + B''\alpha + B\gamma ;$$

et l'on trouvera de même :

[A]
$$G\gamma = A''\gamma + B'\alpha + B\beta .$$

Ces trois équations ont lieu entre α, β, γ; elles sont du premier degré; donc on ne pourra en tirer qu'une seule valeur de chaque inconnue, à *moins* que le dénominateur commun ne soit nul. Or, on satisfait à ces équations, en posant :

$$\alpha = 0, \quad \beta = 0, \quad \gamma = 0.$$

Cette solution n'étant pas admissible à cause des relations [4], il faut que le dénominateur soit nul; et l'on doit avoir, par conséquent :

$$(A-G)(A'-G)(A''-G) - B^2(A-G) - B'^2(A'-G) - B''^2(A''-G)$$
$$+ 2BB'B'' = 0,$$

équation du troisième degré à laquelle G doit satisfaire.

En multipliant la première, la quatrième et la cinquième équation du groupe [5], respectivement par α', β', γ', on obtiendrait :

[B]
$$G'\alpha' = A\alpha' + B''\beta' + B'\gamma',$$

et, d'une manière analogue :

[B]
$$G'\beta' = A'\beta' + B''\alpha' + B\gamma'$$

[B]
$$G'\gamma' = A''\gamma' + B'\alpha' + B\beta' :$$

et, en raisonnant comme plus haut, on prouvera que le dénominateur des valeurs inconnues α', β', γ', déduites de ces dernières équations, doit être égal à zéro, et que l'on doit avoir :

$$(A-G')(A'-G')(A''-G') - B^2(A-G') - B'^2(A'-G') - B''^2(A''-G')$$
$$+ 2BB'B'' = 0.$$

enfin on prouvera, par un procédé tout semblable, que l'on doit avoir :

$$(A-G'')(A'-G'')(A''-G'') - B^2(A-G'' - B'^2(A'-G'') - B''^2(A''-G'')$$
$$+ 2BB'B'' = 0.$$

et, par suite, G, G', G'', sont les trois racines de l'équation du troisième degré :

$$[6] \quad (A-x)(A'-x)(A''-x) - B^2(A-x) - B'^2(A'-x) - B''^2(A''-x)$$
$$+ 2BB'B'' = 0.$$

On peut prouver que cette équation a ses trois racines réelles; et, pour cela, on remarquera qu'il est permis de lui donner la forme :

$$[7] \quad \frac{P}{(A-x)-P} + \frac{P'}{(A'-x)-P'} + \frac{P''}{(A''-x)-P''} = -$$

Si, en effet, nous chassons les dénominateurs de cette équation [7], en identifiant le résultat avec l'équation [6], il viendra :

$$2P'P'' = B^2, \quad 2P''P = B'^2, \quad 2PP' = B''^2,$$
$$PP'P'' = BB'B'';$$

équations auxquelles on satisfait en posant :

$$P = \frac{B'B''}{B}, \quad P' = \frac{BB''}{B'}, \quad P'' = \frac{B'B}{B''}.$$

De sorte que l'équation [6] deviendra :

$$[8] \quad \frac{\dfrac{B'B''}{B}}{\left(A-x-\dfrac{B'B''}{B}\right)} + \frac{\dfrac{BB''}{B'}}{A'-x-\dfrac{BB''}{B'}} + \frac{\dfrac{B'B}{B''}}{A''-x-\dfrac{B'B}{B''}} + = 0.$$

Pour prouver que cette équation a ses trois racines réelles, posons :

$$A - \frac{B'B''}{B} = \lambda, \quad A' - \frac{BB''}{B} = \mu, \quad A'' - \frac{B'B}{B''} = \nu;$$

et supposons que ces trois quantités soient classées par ordre de grandeur; de telle sorte que λ soit la plus petite et ν la plus grande. Substituons successivement, à la place de x, dans le premier membre de [8],

$$-\infty, \quad \lambda - \varepsilon, \quad \lambda + \varepsilon, \quad \mu - \varepsilon, \quad \mu + \varepsilon, \quad \nu - \varepsilon, \quad \nu + \varepsilon, \quad +\infty,$$

ε désignant un nombre excessivement petit; $-\infty$ et ∞ donnent au premier membre la valeur $+1$, et le résultat des autres substitutions se voit immédiatement; car chacune d'elles rend l'un des termes infiniment plus grand que tous les autres. Remarquons, de plus, que les trois numérateurs ont essentiellement le même signe, celui de BB'B''; et supposons, pour fixer les idées, que ce signe soit $+$. Les résultats sont indiqués dans le tableau suivant:

$-\infty$	$+$
$\lambda - \varepsilon$	$+$
$\lambda + \varepsilon$	$-$
$\mu - \varepsilon$	$+$
$\mu + \varepsilon$	$-$
$\nu - \varepsilon$	$+$
$\nu + \varepsilon$	$-$
$+\infty$	$+$

Les substitutions fournissent donc six changements de signe; mais entre $\lambda - \varepsilon$ et $\lambda + \varepsilon$, $\mu - \varepsilon$ et $\mu + \varepsilon$, $\nu - \varepsilon$ et $\nu + \varepsilon$, la fonction passe par l'infini et est discontinue; on doit donc conclure l'existence de trois racines seulement, l'une comprise entre $\lambda + \varepsilon$ et $\mu - \varepsilon$, l'autre entre $\mu + \varepsilon$ et $\nu - \varepsilon$, et la troisième entre $\nu + \varepsilon$ et ∞; c'est-à-dire que les racines sont comprises respectivement entre λ et μ, μ et ν, ν et ∞. On voit qu'elles sont inégales, toutes les fois que les nombres λ, μ, ν, sont différents.

Après avoir résolu l'équation [6] et trouvé les valeurs de G, G', G'', les équations [A][B][C], qui sont du premier degré, donnent les rapports des quantités $\alpha, \beta, \gamma, \alpha'\ \beta'\ \gamma'; \alpha'', \beta'', \gamma''$.

Nous laissons au lecteur le soin de discuter les divers cas particuliers que peut présenter cette solution, et notamment celui où les quantités λ, μ, ν deviennent égales.

325. PROBLÈME II. *On propose de résoudre les trois équations* :

$$[1] \qquad \frac{x^2}{\mu^2} + \frac{y^2}{\mu^2 - b^2} + \frac{z^2}{\mu^2 - c^2} = 1,$$

$$[2] \qquad \frac{x^2}{\nu^2} + \frac{y^2}{\nu^2 - b^2} + \frac{z^2}{\nu^2 - c^2} = 1,$$

$$[3] \qquad \frac{x^2}{\rho^2} + \frac{y^2}{\rho^2 - b^2} + \frac{z^2}{\rho^2 - c^2} = 1.$$

Ces équations se présentent lorsqu'on cherche l'intersection de trois surfaces du second ordre, dont les sections principales ont les mêmes foyers.

Si, dans l'équation [1], on chasse les dénominateurs, on obtient :

$$\mu^6 - \mu^4(b^2 + c^2 + x^2 + y^2 + z^2) + \mu^2(b^2 c^2 + b^2 x^2 + c^2 x^2 + c^2 y^2 + b^2 z^2)$$
$$- b^2 c^2 x^2 = 0 ;$$

si l'on chasse de même les dénominateurs des équations [2] et [3], on trouve :

$$\nu^6 - \nu^4(b^2 + c^2 + x^2 + y^2 + z^2) + \nu^2(b^2 c^2 + b^2 x^2 + c^2 x^2 + c^2 y^2 + b^2 z^2)$$
$$- b^2 c^2 x^2 = 0,$$

$$\rho^6 - \rho^4(b^2 + c^2 + x^2 + y^2 + z^2) + \rho^2(b^2 c^2 + c^2 x^2 + c^2 x^2 + b^2 z^2)$$
$$- b^2 c^2 x^2 = 0 ;$$

et ces trois équations prouvent que μ^2, ν^2, ρ^2, sont les trois racines de l'équation :

$$[4] \quad X^3 - X^2(b^2 + c^2 + x^2 + y^2 + z^2) + X(b^2 c^2 + b^2 x^2 + c^2 x^2 + c^2 y^2 + b^2 z^2)$$
$$- b^2 c^2 x^2 = 0.$$

On en conclut :

$$\rho^2 \mu^2 \nu^2 = b^2 c^2 x^2,$$

et cette équation fera connaître x^2

Pour obtenir y^2 et z^2, remarquons qu'en posant :

$$\mu^2 - b^2 = \mu'^2,$$

$$\nu^2 - b^2 = \nu'^2,$$

$$\rho^2 - b^2 = \rho'^2.$$

les équations proposées deviennent :

$$\frac{y^2}{\mu'^2} + \frac{x^2}{\mu'^2 + b^2} + \frac{z^2}{\mu'^2 + (b^2 - c^2)} = 1,$$

$$\frac{y^2}{\nu'^2} + \frac{x^2}{\nu'^2 + b^2} + \frac{z^2}{\nu'^2 + (b^2 - c^2)} = 1,$$

$$\frac{y^2}{\rho'^2} + \frac{x^2}{\rho'^2 + b^2} + \frac{z^2}{\rho'^2 + (b^2 - c^2)} = 1,$$

et ne diffèrent des proposées que par le changement de x^2 et y^2 en y^2 et x^2, et par celui de ρ, μ, ν, en ρ', μ', ν', de b^2 en $- b^2$, et de c^2 en $c^2 - b^2$.

On peut donc écrire :

$$b^2(c^2 - b^2)y^2 = (\mu^2 - b^2)(\nu^2 - b^2)(b^2 - \rho^2).$$

On trouvera par un artifice tout semblable :

$$c^2(c^2 - b^2)z^2 = (\mu^2 - c^2)(c^2 - \nu^2)(c^2 - \rho^2);$$

et ces deux équations feront connaître x^2 et y^2.

On pourrait arriver à des valeurs de x^2, y^2, z^2, par la résolution directe des équations proposées, qui sont du premier degré; mais les calculs seraient beaucoup plus longs.

Nous remarquerons enfin que ρ^2, μ^2, ν^2, étant les racines de l'équation [4], on a :

$$\rho^2 + \mu^2 + \nu^2 = b^2 + c^2 + x^2 + y^2 + z^2,$$

et, par suite :

$$x^2 + y^2 + z^2 = \rho^2 + \mu^2 + \nu^2 + b^2 + c^2,$$

formule utile dans plusieurs recherches, et dont la vérification directe exigerait quelques calculs.

326. Problème III. *Désignons par* v, v′, v″,... *les fonctions linéaires suivantes des indéterminées* x, y, z,...

[1]
$$\begin{cases} v = ax + by + cz + \ldots + l, \\ v' = a'x + b'y + c'z + \ldots + l', \\ v'' = a''x + b''y + c''z + \ldots + l'', \\ \ldots \ldots \ldots \ldots \ldots \ldots \ldots \ldots \end{cases}$$

(Le nombre des fonctions v, v', v'',... est supérieur au nombre des indéterminées x, y, z,...)

Parmi tous les systèmes de coefficients x, x′, x″... *qui donnent identiquement :*

[k]
$$xv + x'v' + x''v'' + \ldots = x - K,$$

x, x′, x″,... *étant indépendants de* x, y, z,... *trouver celui pour lequel la somme*
$$x^2 + x'^2 + x''^2 + \ldots$$
est minimum.

Posons :

[2]
$$\begin{cases} av + a'v' + a''v'' + \ldots = \xi, \\ bv + b'v' + b''v'' + \ldots = \eta, \\ cv + c'v' + c''v'' + \ldots = \zeta, \\ \ldots \ldots \ldots \ldots \ldots \ldots \ldots \end{cases}$$

ξ, η, ζ,... seront des fonctions linéaires de x, y, z,...; et l'on aura :

[3]
$$\begin{cases} \xi = x\Sigma a^2 + y\Sigma ab + z\Sigma ac + \ldots + \Sigma al, \\ \eta = x\Sigma ab + y\Sigma b^2 + z\Sigma bc + \ldots + \Sigma bl, \\ \zeta = x\Sigma ac + y\Sigma bc + z\Sigma c^2 + \ldots + \Sigma cl, \\ \ldots \ldots \ldots \ldots \ldots \ldots \ldots \ldots \end{cases}$$

où
$$\Sigma a^2 = a^2 + a'^2 + a''^2 + \ldots,$$

$$\Sigma ab = ab + a'b' = a''b'' + \ldots,$$

et de même pour les autres Σ.

Le nombre des quantités ξ, η, ζ,... est égal au nombre n des inconnues x, y, z,...; on pourra donc obtenir, par élimination, une équation de la forme suivante :

[A]
$$x = A + (\alpha\alpha)\xi + (\alpha\beta)\eta + (\alpha\gamma)\zeta + \ldots,$$

dans laquelle $(\alpha\alpha)$, $(\alpha\beta)$, $(\alpha\gamma)$,… sont des coefficients indépendants de x, y, z,… et de ξ, η, ζ,… que l'on sait trouver ; et cette équation sera satisfaite identiquement, lorsqu'on remplacera ξ, η, ζ; par leurs valeurs [3]. Par conséquent, si l'on pose :

[4]
$$\begin{cases} a(\alpha\alpha) \;+ b(\alpha\beta) \;+ c(\alpha\gamma) \;+\ldots = \alpha, \\ a'(\alpha\alpha) + b'(\alpha\beta) + c'(\alpha\gamma) +\ldots = \alpha', \\ a''(\alpha\alpha) + b''(\alpha\beta) + c''(\alpha\gamma) +\ldots = \alpha'', \\ \cdot \quad \cdot \quad \cdot \quad \cdot \quad \cdot \quad \cdot \quad \cdot \quad \cdot \quad \cdot \end{cases}$$

en multipliant respectivement ces équations par v, v', v'',… et en les ajoutant, on aura identiquement, en vertu des équations [2] et [A] :

[5]
$$\alpha v + \alpha'v' + \alpha''v'' +\ldots = x - A,$$

pourvu que l'on remplace v, v', v'',… par leurs valeurs [1].

Cette équation montre que, parmi les différents systèmes de coefficients x, x', x''…, qui satisfont à la condition [k], on doit compter le système :

$$x = \alpha, \quad x' = \alpha', \quad x'' = \alpha''.$$

On aura d'ailleurs, pour un système quelconque, en retranchant l'identité [5] de l'identité [k] :

$$(x - \alpha)v + (x' - \alpha')v' + (x'' - \alpha'')v'' +\ldots = A - K;$$

et cette équation étant identique, en vertu des équations [1], entraîne les suivantes :

$$(x - \alpha)a + (x' - \alpha')a' + (x'' - \alpha'')a'' +\ldots = 0,$$

$$(x - \alpha)b + (x' - \alpha')b' + (x'' - \alpha'')b'' +\ldots = 0,$$

$$(x - \alpha)c + (x' - \alpha')c' + (x'' - \alpha'')c'' +\ldots = 0,$$
$$\cdot \quad \cdot \quad \cdot \quad \cdot \quad \cdot \quad \cdot \quad \cdot \quad \cdot \quad \cdot \quad \cdot \quad \cdot$$

que l'on obtient en remplaçant v, v', v''… par leurs valeurs [1], et en égalant à zéro le coefficient de x, y, z… Ajoutons ces équations, après les avoir multipliées par $(\alpha\alpha)$, $(\alpha\beta)$, $(\alpha\gamma)$; nous aurons, en vertu du système [4] :

$$(x - \alpha)\alpha + (x' - \alpha')\alpha' + (x'' - \alpha'')\alpha'' +\ldots = 0;$$

d'où en doublant cette égalité, et en la retranchant de l'identité :

$$x^2 + x'^2 + x''^2 \ldots = x^2 + x'^2 + x''^2 + \ldots$$

$$x^2 + x'^2 + x''^2 + \ldots = \alpha^2 + \alpha'^2 + \alpha''^2 \ldots + (x - \alpha)^2 + (x' - \alpha')^2 + \ldots$$

Par conséquent, l'expression

$$x^2 + x'^2 + x''^2 + \ldots$$

aura une valeur minimum, lorsqu'on aura :

$$x = \alpha, \quad x' = \alpha', \quad x'' + \alpha'', \ldots .$$

527. EXPRESSION DU MINIMUM. Les valeurs de α, α', α'',... sont définies par les équations [4]; et pour les obtenir, il suffira d'y remplacer $(\alpha\alpha)$, $(\alpha\beta)$, $(\alpha\gamma)$, par leurs valeurs, que l'on pourra déduire des équations [3] par les méthodes connues. Mais le minimum s'obtiendra de la manière suivante. L'identité [5] montre que l'on a :

[6] $$\begin{cases} a\alpha + a'\alpha' + a''\alpha'' + \ldots = 1, \\ b\alpha + b'\alpha' + b''\alpha'' + \ldots = 0, \\ c\alpha + c'\alpha' + c''\alpha'' + \ldots = 0, \\ \cdot \quad \cdot \quad \cdot \quad \cdot \quad \cdot \quad \cdot \end{cases}$$

équations que l'on obtient, en remplaçant v, v', v'',... par leurs valeurs [1], et en identifiant les coefficients de x, de y, de z,.. dans les deux membres.

Multiplions ces équations, respectivement, par $(\alpha\alpha)$, $(\alpha\beta)$, $(\alpha\gamma)$, et ajoutons-les, en ayant égard aux relations [4]; nous trouverons :

[7] $$\alpha^2 + \alpha'^2 + \alpha''^2 + \ldots = (\alpha\alpha).$$

Ainsi $(\alpha\alpha)$ est le minimum cherché.

528. VALEURS ADOPTÉES POUR x, y, z... Si v, v', v'' étaient nuls, l'identité [5] montre que la valeur de x, qui vérifierait les équations [1], serait $x = A$. Mais le nombre des équations

$$v = 0, \quad v' = 0, \quad v'' = 0, \ldots$$

étant supérieur au nombre des inconnues, il est, en général, impossible de satisfaire rigoureusement à ces équations. Dans cette circonstance, les géomètres adoptent la valeur $x = A$, comme satisfaisant aussi exactement que possible aux équations. Un calcul analogue fournirait les valeurs que l'on adopterait pour y, z,... et que nous désignerons par B, C...

On peut prouver que ces valeurs, sans annuler toutes les quantités v, v', v'', ce qui est impossible, rendent la somme de leurs carrés aussi petite que possible. Mais disons d'abord pour quelle raison les coefficients de ces diverses formules ont été désignés par la notation que nous avons adoptée.

Nous avons trouvé plus haut :

$$[7] \qquad \alpha^2 + \alpha'^2 + \alpha''^2 + \ldots = (\alpha\alpha).$$

On peut prouver d'une manière analogue que l'on a :

$$(\alpha\beta) = \alpha\beta + \alpha'\beta' + \alpha''\beta'' + \ldots$$

En effet, β, β', β''..., vérifient les formules :

$$[8] \qquad \begin{cases} a\beta + a'\beta' + a''\beta'' + \ldots = 0 \\ b\beta + b'\beta' + b''\beta'' + \ldots = 1 \\ c\beta + c'\beta' + c''\beta'' + \ldots = 0 \\ \cdot \quad \cdot \quad \cdot \quad \cdot \quad \cdot \quad \cdot \quad \cdot \end{cases}$$

Si l'on multiplie les valeurs de α, α'...., [4], par β, β.... et qu'on ajoute les résultats, on trouvera, en ayant égard aux équations [8] qui définissent β, β'...:

$$[9] \qquad \alpha\beta + \alpha'\beta' + \alpha''\beta'' + \ldots = (\alpha\beta);$$

et la démonstration sera la même pour les autres formules analogues. On voit donc que la notation, adoptée pour les coefficients, sert à rappeler la formation des expressions qui leur sont égales.

529. MINIMUM DE $v^2 + v'^2 + v''^2 + \ldots$ Si dans l'équation

$$v = ax + by + cz + \ldots + l,$$

on substitue à x, y, z... la valeur trouvée plus haut [A], et les valeurs analogues, on obtiendra, en ayant égard aux formules [4] :

$$[10] \qquad v = \alpha\xi + \beta\eta + \gamma\zeta + \ldots + \lambda,$$

en posant : $\qquad \lambda = a\mathrm{A} + b\mathrm{B} + c\mathrm{C} + \ldots + l.$

ALG. SP. B. 23

On aura de même :

$$[10] \quad \begin{cases} v' = \alpha'\xi + \beta'\eta + \gamma'\zeta + \ldots + \lambda', \\ v'' = \alpha''\xi + \beta''\eta + \gamma''\zeta + \ldots + \lambda'', \\ \cdots \cdots \cdots \cdots \cdots \end{cases}$$

en posant :
$$\begin{cases} \lambda' = a'A + b'B + c'C + \ldots + l', \\ \lambda'' = a''A + b''B + c''C + \ldots + l''; \\ \cdots \cdots \cdots \cdots \cdots \end{cases}$$

c'est-à-dire en représentant par λ, λ', λ''... les valeurs de v, v', v''... qui résultent des valeurs A, B, C... de x, y, z...

Si nous posons actuellement :

$$\Omega = v^2 + v'^2 + b''^2 + \ldots,$$

nous pourrons former cette somme, en ajoutant les équations [1], après les avoir respectivement multipliées par v, v', v''...; et nous trouverons, en ayant égard aux équations [2] :

$$\Omega\xi = x + \eta y + \zeta z + \ldots + lv + l'v' + l''v'' + \ldots$$

En substituant, pour v, v', v''..., les valeurs trouvées plus haut, et en remarquant que l'on a, en vertu de l'identité [5] :

$$\alpha l + \alpha'l' + \alpha''l'' + \ldots = -A,$$

il viendra :

$$\Omega = \xi x + \eta y + \zeta z + \ldots - \xi A - \eta B - \zeta C \ldots + \lambda l + \lambda'l' + \lambda''l'' + \ldots$$

Mais, en multipliant respectivement les équations qui définissent λ, λ', λ''... par λ, λ', λ''..., et en les ajoutant, on trouve :

$$\lambda^2 + \lambda'^2 + \lambda''^2 + \ldots = \lambda l + \lambda'l' + \lambda''l'' + \ldots + (\lambda a + \lambda'a' + \lambda''a'' \ldots)A$$

$$+ (\lambda b + \lambda'b' + \lambda''b'' + \ldots)B + (\lambda c + \lambda'c' + \lambda''c'' + \ldots)C + \ldots$$

Or chacune des quantités, entre parenthèses, est nulle d'elle-même ; car $(\lambda a + \lambda'a' + \lambda''a'' + \ldots)$, par exemple, est la valeur que prend ξ [2], quand on y remplace v, v', v'',... par λ, λ', λ'',... ou, ce qui est la même chose, x, y, z..., par A, B, C...; et cette substitution annule ξ, comme on le voit d'après les équations [3] et]A].

Ainsi, l'on a :

$$\lambda^2 + \lambda'^2 + \lambda''^2 + \ldots = \lambda l + \lambda' l' + \lambda'' l'' \ldots;$$

et, par suite :

$$\Omega = \xi(x - A) + \eta(y - B) + \zeta(z - C) \ldots + \lambda^2 + \lambda'^2 + \lambda''^2 + \ldots$$

Substituant pour $(x - A)$, $(y - B)$, $(z - C)$..., les valeurs fournies par l'équation [A], et les équations analogues en y, z..., il vient :

$$\Omega = (\alpha\alpha)\xi^2 + (\beta\beta)\eta^2 + (\gamma\gamma)\zeta^2 + \ldots + 2(\alpha\beta)\xi\eta + 2(\alpha\gamma)\xi\zeta$$
$$+ 2(\beta\gamma)\eta\zeta + \ldots + \lambda^2 + \lambda'^2 + \lambda''^2 + \ldots$$

Ce qui, d'après les formules démontrées plus haut [7], [9], [10], revient à

$$\Omega = (v - \lambda)^2 + (v' - \lambda')^2 + \ldots + \lambda^2 + \lambda'^2 + \lambda''^2 + \ldots$$

Par où l'on voit que

$$\lambda^2 + \lambda'^2 + \lambda''^2 + \ldots$$

est, comme nous l'avions annoncé, le minimum de Ω.

RÉSUMÉ.

323. But de ce chapitre. — **324.** Simplifier le premier membre d'une équation du second degré, à trois variables, en changeant les directions des axes coordonnés, sans qu'ils cessent d'être rectangulaires. — **325.** Trouver les points d'intersection de trois surfaces du second ordre, dont les sections principales ont les mêmes foyers. — **326, 327, 328, 329.** Résolution d'un système, dans lequel le nombre des inconnues est inférieur à celui des équations, par la condition que la somme des carrés des premiers membres de ces équations soit un minimum, ou méthode des moindres carrés.

NOTE

SUR LA RÉSOLUTION DES ÉQUATIONS DU PREMIER DEGRÉ.

350. FORMULE GÉNÉRALE QUI REPRÉSENTE L'UNE DES INCONNUES. Considérons n équations à n inconnues :

$$\begin{cases} a_1 x_1 + a_2 x_2 + a_3 x_3 + \ldots + a_i x_i + \ldots + a_n x_n = l_1, \\ a_1^2 x_1 + a_2^2 x_2 + a_3^2 x_3 + \ldots + a_i^2 x_i + \ldots + a_n^2 x_n = l_2, \\ \cdots\cdots\cdots\cdots\cdots\cdots\cdots\cdots\cdots\cdots\cdots \\ a_1^k x_1 + a_2^k x_2 + a_3^k x_3 + \ldots + a_i^k x_i + \ldots + a_n^k x_n = l_k, \\ \cdots\cdots\cdots\cdots\cdots\cdots\cdots\cdots\cdots\cdots\cdots \\ a_1^n x_1 + a_2^n x_2 + a_3^n x_3 + \ldots + a_i^n x_i + \ldots + a^n_n x_n = l_n. \end{cases}$$

$a_1, a_2 \ldots a_n, a_1^2, a_2^2 \ldots a_i^k \ldots a_n^n$ désignent des coefficients quelconques, tout à fait indépendants les uns des autres ; a_1^2 n'est, par exemple, nullement égal au carré de a_1 ; et le chiffre 2 n'y figure que comme un indice. En général, a_i^k n'a aucune liaison avec a_i, et n'en est nullement la puissance k ; l'indice inférieur i indique le numéro d'ordre de l'inconnue, et l'indice supérieur k, le numéro de l'équation.

Cela posé, considérons le produit :

$$P = a_1 a_2 a_3 \ldots a_n (a_2 - a_1)(a_3 - a_1) \ldots (a_i - a_1) \ldots (a_n - a_1)(a_3 - a_2)(a_4 - a_2) \ldots$$

$$(a_i - a_2) \ldots (a_n - a_2)(a_4 - a_3) \ldots (a_n - a_3) \ldots (a_n - a_{n-1}),$$

obtenu en faisant le produit de tous les coefficients de la première équation par leurs différences deux à deux, et ayant soin de prendre, avec le signe —, dans chaque différence, le terme affecté du plus petit indice. Ce produit P se composera d'un grand nombre de termes, dans lesquels les quantités $a_1, a_2 \ldots a_n$ auront divers exposants ; chacun des termes contiendra toutes les lettres $a_1, a_2 \ldots a_n$; mais l'exposant de chacune d'elles sera au plus égal à n. Nommons R ce que devient ce produit, lorsque l'on considère les exposants comme des indices supérieurs : R contiendra alors les différents coefficients du système d'équation proposé ; et chacun d'eux figurera, dans chaque terme, au premier degré, puisque, par hypothèse, nous avons remplacé les exposants par des indices. Si, par exemple, la puissance k de a_i figure dans le produit P, nous la remplacerons, pour obtenir R, par a_i^k, coefficient de x_i dans l'équation de rang k; en sorte que les deux expressions P et R s'écriront de même, mais représenteront des valeurs très-différentes.

Supposons maintenant que l'on rassemble, en un seul, tous les termes de R, qui contiennent a_i affecté du même indice supérieur; R prendra la forme

$$[2] \quad R = A_i^1 a_i^1 + A_i^2 a_i^2 + A_i^3 a_i^3 + \ldots + A_i^k a_i^k + \ldots + A_i^n a_i^n,$$

A_i^1, $A_i^2 \ldots A_i^n$ étant des sommes de produits, dans lesquels ne figure évidemment aucune des quantités a_i^1, $a_i^2 \ldots a_i^n$.

Or je dis qu'on a les équations suivantes :

$$[3] \quad \begin{cases} 0 = A_i^1 a_1 + A_i^2 a_1^2 + A_i^3 a_1^3 \ldots + A_i^n a_1^n, \\ 0 = A_i^1 a_2 + A_i^2 a_2^2 + A_i^3 a_2^2 \ldots + A_i^n a_2^n, \\ \cdots \cdots \cdots \cdots \cdots \cdots \\ 0 = A_i^1 a_k + A_i^2 a_k^2 + A_i^3 a_k^3 \ldots + A_i^n a_k^n, \\ \cdots \cdots \cdots \cdots \cdots \cdots \\ 0 = A_i^1 a_n + A_i^2 a_n^2 + A_i^3 a_n^3 \ldots + A_i^n a_n^n; \end{cases}$$

ou, en d'autres termes, que l'expression R s'annule, si l'on y remplace, dans tous les termes, l'indice inférieur i de la lettre a par une *autre* valeur quelconque $1, 2 \ldots k \ldots n$. En effet, l'expression P, renfermant en facteur $(a_1 - a_i)(a_2 - a_i) \ldots (a_n - a_i)$, s'annule identiquement, si l'on suppose, par exemple, $a_i = a_k$: le résultat de cette substitution doit être zéro, indépendamment de toute valeur attribuée aux lettres a_1, $a_2 \ldots a_n$. Les termes doivent donc se détruire identiquement, et être égaux deux à deux et de signes contraires. Or, il est évident que cette identité ne sera pas altérée, quand on considérera les exposants comme des indices, afin de passer de l'expression P à l'expression R.

Les équations [3] étant démontrées, on obtiendra évidemment la valeur de x_i, en multipliant les équations proposées [1] par A_i^1, $A_i^2 \ldots A_i^n$, et en les ajoutant. Les coefficients de x_1, $x_2 \ldots x_{i-1}$, $x_{i+1} \ldots x_n$, deviendront, en effet, égaux à zéro, en vertu des équations [3]; et le coefficient de x_i deviendra égal à R, en vertu de [2].

On aura donc :

$$Rx_i = A_i^1 l_1 + A_i^2 l_2 + \ldots + A_i^n l_n,$$

d'où [4] $$x_i = \frac{A_i^1 l_1 + A_i^2 l_2 + \ldots + A_i^n l_n}{R}.$$

Ainsi, *quand on a formé le dénominateur* R, *on forme le numérateur d'une inconnue quelconque* x_i, *en remplaçant, dans chaque terme de* R, *les coefficients* a_i^1, $a_i^2 \ldots a_i^n$ *de* x_i *par les termes tout connus correspondants* l_1, $l_2 \ldots l_n$.

On obtiendra, par ce procédé, la valeur de chacune des inconnues. On voit que toutes ces valeurs ont le même dénominateur R. Si R n'est pas nul, chaque inconnue a une valeur unique et déterminée; et le système des équations ne présente aucune particularité. L'étude de l'expression R conduit à une théorie importante d'analyse algébrique, que nous ne pouvons indiquer ici.

531. Nous donnerons cependant quelques développements sur la forme du dénominateur R. Nous établirons d'abord la proposition suivante :

THÉORÈME. *Le produit* P, *et, par suite, l'expression* R, *change de signe, sans changer de valeur, si deux indices* c *et* c' *y sont changés l'un dans l'autre.*

Remarquons, en effet, que, dans le produit P, les seuls facteurs, sur lesquels ce changement exerce une influence, sont ceux dans lesquels figure a_c ou $a_{c'}$, c'est-à-dire, en supposant $c < c'$:

$$(a_c - a_1)(a_c - a_2) \ldots (a_c - a_{c-1})(a_{c+1} - a_c) \ldots (a_{c'} - a_c) \ldots (a_n - a_c)$$

$$(a_{c'} - a_1) \ldots (a_{c'} - a_{c-1})(a_{c'} - a_{c+1}) \ldots (a_{c'} - a_{c'-1})(a_{c'+1} - a_{c'}) \ldots (a_n - a_{c'}).$$

Si l'on change c en c', et c' en c (sans changer, bien entendu, $c - 1$, $c + 1$, $c' - 1$, $c' + 1$, qui sont des indices différents de c et c'), ces facteurs, pris ensemble, conservent les mêmes valeurs absolues, et ne font que se substituer les uns aux autres; mais il y en a un certain nombre qui changent de signe.

1° Les facteurs $(a_c - a_1)(a_c - a_2)...(a_c - a_{c-1})$ de la première ligne et les facteurs $(a_{c'} - a_1)(a_{c'} - a_2)...(a_{c'} - a_{c-1})$ de la seconde ligne, ne font que se changer les uns dans les autres.

2° Les facteurs $(a_{c+1} - a_c)(a_{c+2} - a_c)...(a_{c'-1} - a_c)$,

$$(a_{c'} - a_{c+1})(a_{c'} - a_{c+2})...(a_{c'} - a_{c-1}),$$

échangent leurs valeurs absolues; mais chacun d'eux devient égal et de signe contraire à celui qui lui correspond. Cela fait en tout $2(c' - c - 1)$ changements de signes, qui n'exercent pas d'influence sur le signe du produit.

3° Le facteur $\qquad (a_{c'} - a_c)$

change de signe sans changer de valeur.

4° Les facteurs $(a_{c'+1} - a_c)(a_{c'+2} - a_c)...(a_n - a_c)$

$$(a_{c'+1} - a_{c'})(a_{c'+2} - a_{c'})...(a_n - a_{c'})$$

ne font que se changer les uns dans les autres.

En résumé, le seul changement, que subisse le produit, provient du changement de signe de $(a_{c'} - a_c)$; et, par suite, P et R changent de signe, sans changer de valeur, lorsqu'on change c en c', et c' en c.

552. Corollaire. Il résulte de la proposition précédente, que, *dans chaque terme des polynomes* P *et* R, *les exposants de deux lettres* a_c *et* $a_{c'}$ *sont toujours inégaux.*

Si, en effet, dans un terme de ces expressions, a_c et $a_{c'}$ avaient le même exposant, ce terme ne changerait pas par le changement des indices c et c'; il ferait donc partie du polynome $+$ P et du polynome égal et de signe contraire $-$ P; et, par suite, il entrerait deux fois dans P avec des signes différents, et pourrait être supprimé.

Il est clair, d'ailleurs, que chaque terme contient, au moins une fois, chacun des facteurs a_1, $a_2...a_n$; et comme l'exposant de ces lettres ne surpasse jamais n, ils ne peuvent être tous différents, qu'en reproduisant, dans un certain ordre, la série des nombres 1, 2...n; en sorte que le terme général de P (ou de R, car c'est la même chose) est

$$\pm a_1{}^{\alpha 1} a_2{}^{\alpha 2} a_3{}^{\alpha 3} \ldots a_n{}^{\alpha n},$$

α_1, $\alpha_2 \ldots \alpha_n$, désignant les nombres entiers 1, 2...n, pris dans un certain ordre.

On pourra donc, en intervertissant convenablement les facteurs, écrire ce terme général de la manière suivante :

$$a^1{}_{\beta 1}\, a^2{}_{\beta 2} \ldots a^n{}_{\beta n},$$

β_1, $\beta_2 \ldots \beta_n$, représentant aussi les nombres 1, 2...n, écrits dans un certain ordre.

333. Formation de R. Cette remarque permet de former tous les termes de R ; mais il reste à déterminer le signe qui convient à chacun d'eux. On remarquera pour cela que, si l'on change dans R (**330**) deux indices inférieurs l'un dans l'autre, R doit changer de signe. Les termes positifs doivent donc se transformer en ceux qui sont actuellement négatifs, et réciproquement. En faisant deux changements d'indices de suite, les termes primitivement positifs reprendront le signe $+$ (sans que pour cela chacun d'eux reprenne sa valeur); et, en général, un nombre pair de permutations, effectuées sur deux indices, changerait les termes positifs entre eux, tandis qu'un nombre impair de permutations transformera les termes positifs en termes actuellement négatifs, et réciproquement.

Si donc on veut savoir, si deux termes donnés ont le même signe ou des signes contraires, il suffit de compter le nombre de permutations d'indices inférieurs nécessaires pour passer de l'un à l'autre : si ce nombre est pair, les termes ont le même signe ; s'il est impair, leur signe est différent.

D'après cela, pour former tous les termes de R, on prendra le premier terme

$$a^1{}_1 a^2{}_2 a^3{}_3 \ldots a^n{}_n;$$

puis on changera successivement les uns dans les autres les indices inférieurs, en ne faisant qu'un seul changement à la fois, et changeant chaque fois le signe du terme obtenu.

Si, par exemple, $n = 3$, on obtiendra :

$$a_1{}^1 a_2{}^2 a_3{}^3 - a_1{}^1 a_3{}^2 a_2{}^3 + a_3{}^1 a_1{}^2 a_2{}^3 - a_3{}^1 a_2{}^2 a_1{}^2 + a_2{}^1 a_3{}^2 a_1{}^3 - a_2{}^1 a_1{}^2 a_3{}^3 \,;$$

expression dans laquelle chaque terme s'obtient du précédent, en changeant son signe, après avoir interverti deux indices inférieurs de la lettre a.

RÉSUMÉ.

334. Formule générale qui représente la valeur d'une inconnue satisfaisant à un système de n équations à n inconnues. — **331.** Le dénominateur commun change de signe, lorsqu'on permute deux indices inférieurs l'un avec l'autre. — **332.** Les indices supérieurs de deux lettres sont toujours inégaux, dans un même terme. — **333.** Formation du dénominateur commun.

TABLE DES ARCS ET DES SINUS ET TANGENTES,

EXPRIMÉS EN PARTIES DU RAYON,

pour servir à la résolution des équations transcendantes.

Arc.		Sinus.	Cosinus.	Tangente.	Cotangente.		Arc.
0	0°	0	1,0000	0	∞	90°	1,5708
0,0175	1°	0,0175	0,9998	0,0175	57,2900	89°	1,5533
0,0349	2°	0,0349	0,9994	0,0349	28,6363	88°	1,5359
0,0524	3°	0,0523	0,9086	0,0524	19,0811	87°	1,5184
0,0698	4°	0,0698	0,9976	0,0699	14,3007	86°	1,5010
0,0873	5°	0,0872	0,9962	0,0875	11,4301	85°	1,4835*
0,1047	6°	0,1045*	0,9945*	0,1051	9,5144	84°	1,4661
0,1222	7°	0,1219	0,9925*	0,1228	8,1443	83°	1,4486
0,1396	8°	0,1392	0,9903	0,1405*	7,1154	82°	1,4312
0,1571	9°	0,1564	0,9877	0,1584	6,3138	81°	1,4137
0,1745	10°	0,1736	0,9848	0,1763	5,6713	80°	1,3963
0,1920	11°	0,1908	0,9816	0,1944	5,1446	79°	1,3788
0,2094	12°	0,2079	0,9781	0,2126	4,7046	78°	1,3614
0,2269	13°	0,2250	0,9744	0,2309	4,3315	77°	1,3439
0,2443	14°	0,2419	0,9703	0,2493	4,0108	76°	1,3265
0,2618	15°	0,2588	0,9659	0,2679	3,7321	75°	1,3090
0,2793	16°	0,2756	0,9613	0,2867	3,4874	74°	1,2915*
0,2967	17°	0,2924	0,9563	0,3057	3,2709	73°	1,2741
0,3142	18°	0,3090	0,9511	0,3249	3,0777	72°	1,2566
0,3316	19°	0,3256	0,9455*	0,3443	2,9042	71°	1,2392
0,3491	20°	0,3420	0,9397	0,3640	2,7475	70°	1,2217
0,3665*	21°	0,3584	0,9336	0,3839	2,6051	69°	1,2043
0,3840	22°	0,3746	0,9272	0,4040	2,4751	68°	1,1868
0,4014	23°	0,3907	0,9205*	0,4245	2,3559	67°	1,1694
0,4189	24°	0,4067	0,9135*	0,4452	2,2460	66°	1,1519
0,4363	25°	0,4226	0,9063	0,4663	2,1445*	65°	1,1345
0,4538	26°	0,4384	0,8988	0,4877	2,0503	64°	1,1170
0,4712	27°	0,4540	0,8910	0,5095*	1,9626	63°	1,0996
0,4887	28°	0,4695	0,8829	0,5317	1,8807	62°	1,0821
0,5061	29°	0,4848	0,8746	0,5543	1,8040	61°	1,0647
0,5236	30°	0,5	0,8660	0,5774	1,7321	60°	1,0472
0,5411	31°	0,5150	0,8572	0,6009	1,6643	59°	1,0297
0,5585*	32°	0,5299	0,8480	0,6249	1,6003	58°	1,0123
0,5760	33°	0,5446	0,8387	0,6494	1,5399	57°	0,9948
0,5934	34°	0,5592	0,8290	0,6745*	1,4826	56°	0,9774
0,6109	35°	0,5736	0,8192	0,7002	1,4281	55°	0,9599
0,6283	36°	0,5878	0,8090	0,7265*	1,3764	54°	0,9425
0,6458	37°	0,6018	0,7986	0,7536	1,3270	53°	0,9250
0,6632	38°	0,6157	0,7880	0,7813	1,2799	52°	0,9076
0,6807	39°	0,6293	0,7771	0,8098	1,2349	51°	0,8901
0,6981	40°	0,6428	0,7660	0,8391	1,1918	50°	0,8727
0,7156	41°	0,6561	0,7547	0,8693	1,1504	49°	0,8552
0,7330	42°	0,6691	0,7431	0,9004	1,1106	48°	0,8378
0,7505	43°	0,6820	0,7314	0,9325*	1,0724	47°	0,8203
0,7679	44°	0,6947	0,7193	0,9657	1,0355*	46°	0,8029
0,7854	45°	0,7071	0,7071	1,	1,	45°	0,7854
Arc.		Cosinus.	Sinus.	Cotangente	Tangente.		Arc.

N. B. Les * placés à la suite du chiffre 5 indiquent, qu'en calculant à trois décimales, on doit augmenter le chiffre qui précède.

TABLE DES MATIÈRES.

LIVRE PREMIER

COMPLÉMENT DES ÉLÉMENTS D'ALGÈBRE.

Chap. I.   Des séries..   1
Chap. II.   Combinaisons et formule du binome.......................... 27
Chap. III. Complément de la théorie des logarithmes................... 55
Chap. IV.   Vérification des formules d'algèbre............................ 74
Chap. V.   Méthode des coefficients indéterminés....................... 82

LIVRE II.

THÉORIE DES DÉRIVÉES.

Chap. I.   Calcul des dérivées des fonctions explicites d'une seule variable.   91
Chap. II.   Étude des fonctions à l'aide des dérivées : retour aux fonctions
            primitives... 117
Chap. III. Séries qui servent au calcul des logarithmes et du nombre π. 134

LIVRE III.

THÉORIE GÉNÉRALE DES ÉQUATIONS.

Chap. I.   Principes généraux sur les équations numériques de degré
            quelconque... 153
Chap. II.   Théorème de Descartes. — Théorème de Rolle.............. 169
Chap. III. Théorie des racines égales...................................... 180
Chap. IV.   Des racines commensurables................................... 194

LIVRE IV.

DES DIFFÉRENCES.

Chap. I.   Notions sur la théorie des différences........................ 207
Chap. II.   De l'interpolation... 228
Chap. III. Résolution des équations numériques........................ 237
Chap. IV.   Résolution des équations transcendantes.................... 260

APPENDICE.

CHAP. I. Décomposition des fractions rationnelles en fractions simples. 289

CHAP. II. Notions sur les expressions imaginaires.................... 303

CHAP. III. Résolution de l'équation du troisième degré.............. 315

CHAP. IV. Résolution de deux équations du second degré à deux inconnues... 331

CHAP. V. Quelques exemples d'artifices algébriques................. 343

NOTE sur la résolution des équations du premier degré............... 356

TABLE des arcs, sinus, tangentes, cotangentes, cosinus, exprimés en parties du rayon, pour servir à la résolution des équations transcendantes.. 362

TABLE DES MATIÈRES 363

FIN DE LA TABLE.

8532. — Imprimerie générale de Ch. Lahure, rue de Fleurus, 9, à Paris.

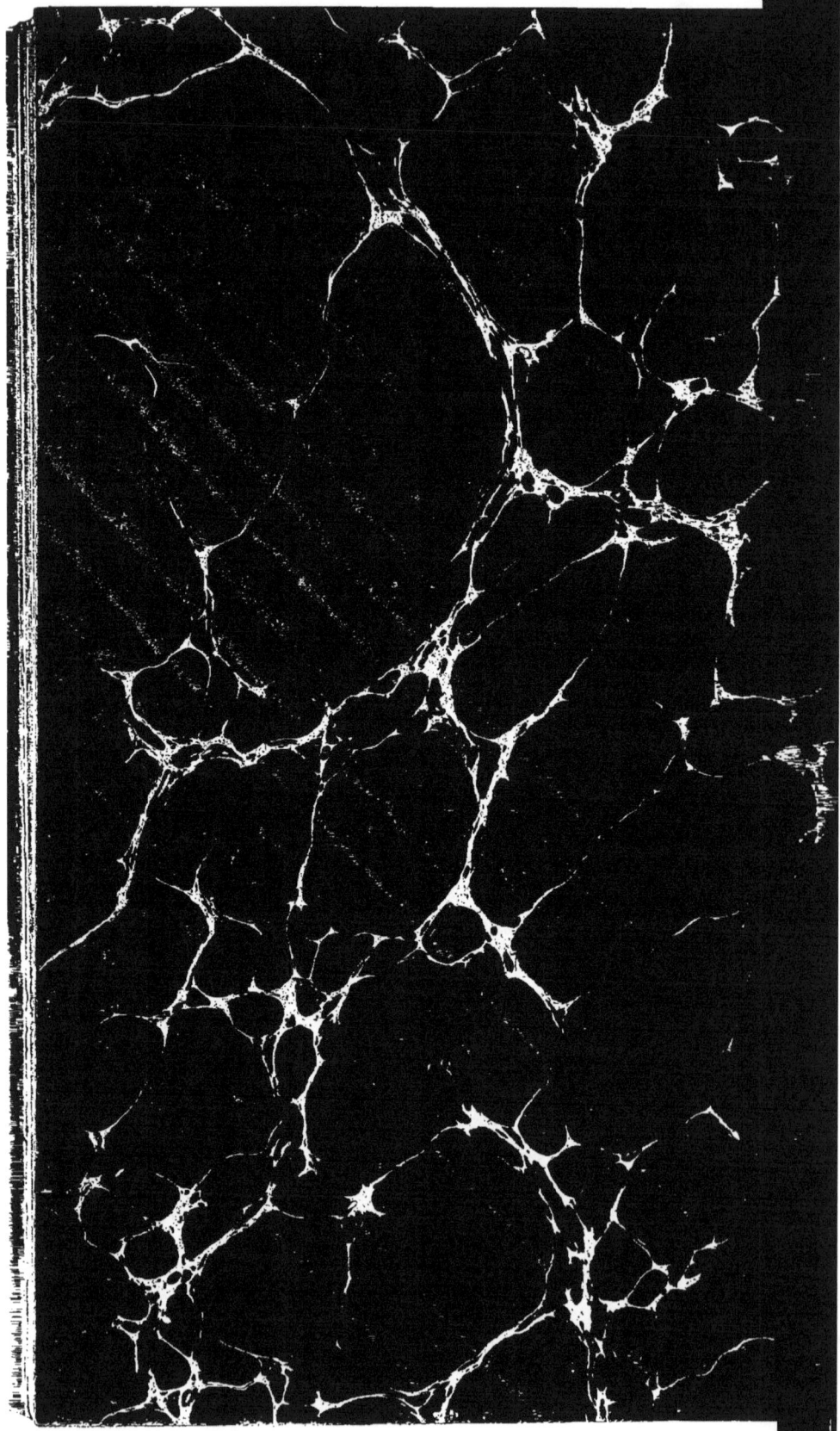

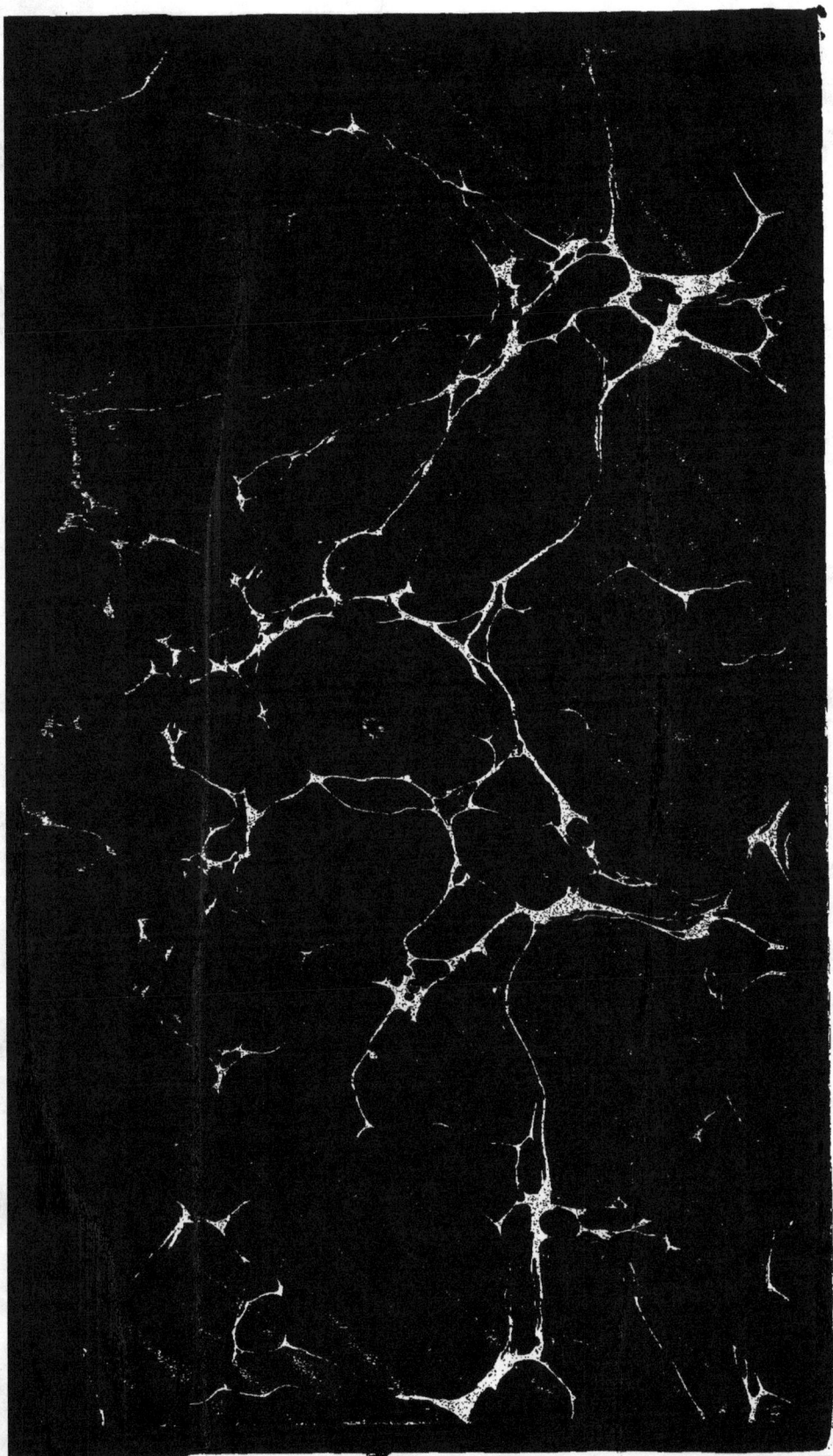

BIBLIOTHEQUE NATIONALE DE FRANCE

3 7531 03333564 8

www.ingramcontent.com/pod-product-compliance
Lightning Source LLC
Chambersburg PA
CBHW061119220326
41599CB00024B/4089